Photonik der Solarzellen II

EBOOK INSIDE

Die Zugangsinformationen zum eBook inside finden Sie
am Ende des Buchs.

Andreas Stadler

Photonik der Solarzellen II

Solarzellen mit schwefelhaltigen
Absorberschichten

 Springer Vieweg

Andreas Stadler
München, Deutschland

ISBN 978-3-658-23025-8   ISBN 978-3-658-23026-5 (eBook)
https://doi.org/10.1007/978-3-658-23026-5

Die Deutsche Nationalbibliothek verzeichnet diese Publikation in der Deutschen Nationalbibliografie; detaillierte bibliografische Daten sind im Internet über http://dnb.d-nb.de abrufbar.

Springer Vieweg
© Springer Fachmedien Wiesbaden GmbH, ein Teil von Springer Nature 2018

Springer Vieweg ist ein Imprint der eingetragenen Gesellschaft Springer Fachmedien Wiesbaden GmbH und ist ein Teil von Springer Nature.
Die Anschrift der Gesellschaft ist: Abraham-Lincoln-Str. 46, 65189 Wiesbaden, Germany

Im Andenken an Herbert Dittrich

Vorwort

In diesem Buch werden weitere Messverfahren und Experimente zu speziellen potenziellen Absorber-Material-Konzepten systematisch erarbeitet, welche ergänzend zum Buch *Photonik* **der Solarzellen**, 2. Aufl., ISBN 978-3-658-18964-8, Springer Verlag, 2017, übersichtlich zusammengestellt und diskutiert werden.

Im Buch *Photonik* **der Solarzellen** wurden exakte **theoretische Modelle** für die *optische Analyse von Dünnschichten* und die *optoelektrische Analyse von Dünnschicht-Solarzellen* entwickelt. **Experimentell untersucht** wurden vorwiegend *transparente, aluminiumdotierte Zinkoxid TCO-Schichten* und *opake Zinnsulfid-Absorberschichten* sowie *Solarzellen mit diesen aluminiumdotierten Zinkoxid (ZnO:Al) TCO-Schichten (Transparent Conducting Oxide), ggf. Cadmium-Sulfid (CdS) Pufferschichten, Zinnsulfid Absorberschichten und Molybdän Grundkontakten.*

Hier liegen **weitere experimentelle Ergebnisse zu Solarzellen mit schwefelhaltigen Absorberschichten** vor. Untersucht wurden, neben kurzen *Ergänzungen zu ZnO:Al und ITO-Transparent Conductive Oxide (TCO) Schichten*, vorwiegend unterschiedliche *Puffer- und Zwischenschichten (z. B. CdS, i-ZnO:Al, Bi_2S_3)* und deren Einfluss auf die Funktion von Solarzellen. Umfangreiche Versuche wurden zu verschiedenen *schwefelhaltigen Absorber-Materialien* durchgeführt. Hier wurden *Konzentrations-Variationen unterschiedlicher Elemente (z. B. Sn, Pb, Bi, Sb, Cu, S)* genauso analysiert, wie der Einfluss von *Raum und Zeit*, des *realen Gasgesetzes* und *typischer Sputter-Parameter* auf die physikalischen Werte der untersuchten Dünnschichten.

München, 06.06.2018
Andreas Stadler

Inhaltsverzeichnis

1.1   CI(G)S-Technologie und Sulfosalze

CI(G)S-Technologie: Bekannt ist bereits die sogenannte CI(G)S-Technologie, die primär auf chemischen Verbindungen von Kupfer, Indium (Gallium) und wahlweise Schwefel oder Selen sowie einigen weiteren Elementen basiert. Die prominentesten Vertreter sind Kupfer-Indium-Disulfid $CuInS_2$, Kupfer-Indium-Diselenid $CuInSe_2$, Kupfer-Gallium-Disulfid $CuGaS_2$ und Kupfer-Gallium-Diselenid $CuGaSe_2$. Der Bandabstand für Kupfer-Gallium-Diselenid beträgt beispielsweise $E_g = 1{,}02$ eV. Das teilweise Ersetzen von Indium durch Gallium und von Selen durch Schwefel erlaubt es, den Bandabstand an die fotovoltaische Anwendung anzupassen (*Bandgap-Engineering*). Damit ergibt sich eine große Vielfalt an möglichen Kupfer-Indium-Gallium-Diselenid $Cu(In,Ga)Se_2$ oder noch allgemeiner Kupfer-Indium-Gallium-Diselenid-Disulfid $Cu(In,Ga)(Se_2,S_2)$ Strukturen. Diese Verbindungen stellen $I-III-VI_2$-Verbindungshalbleiter dar (Gruppennummern des Periodensystems). Diese werden wegen ihres Kristallaufbaus den Chalkopyriten zugeordnet. Aufgrund des hohen Absorptionsvermögens von Licht, welches auch durch die tiefschwarze Farbe dieser Materialien belegt wird, weisen die CI(G)S-Solarzellen einen sehr hohen Wirkungsgrad und eine hohe Quanteneffizienz auf.

Solarzellen: CI(G)S-Solarzellen sind nur etwa 3 µm dick, während Solarzellen auf Siliziumbasis mindestens c.a. 150 µm dick sein müssen. Es wird damit deutlich weniger Halbleitermaterial benötigt, auch werden Dünnschichtsolarzellen aus polykristallinem Material hergestellt, was den notwendigen Energieaufwand gegenüber der Herstellung von hochreinem, kristallinem Silizium deutlich reduziert. Des Weiteren können ganze Module direkt in einer Produktionslinie hergestellt werden – ohne den Umweg über einzelne Solarzellen, die anschließend verschaltet werden müssen. Die Produktionstechnik erlaubt auch die Herstellung von semitransparenten Modulen. Der Wirkungsgrad von CI(G)S-Solarzellen liegt im Moment bei 10–12 %. Bei kleinen Laborzellen werden

© Springer Fachmedien Wiesbaden GmbH, ein Teil von Springer Nature 2018   1
A. Stadler, *Photonik der Solarzellen II*,
https://doi.org/10.1007/978-3-658-23026-5_1

Wirkungsgrade von etwas über 20 % erreicht. Dies beruht auch darauf, dass Chalkopyrite ein vergleichsweise breites Spektrum des Lichts nutzen können.

Sulfosalze: Als Sulfosalze bezeichnet man in der Chemie Salze Schwefel-, Selen- oder Tellurhaltiger Säuren (Sulfosäuren) wie beispielsweise $H_2(SnS_3)$, $H_3(BiS_3)$ und $H_3(SbS_3)$. Diesbezüglich ergeben sich die Zusammensetzungen ternärer Sulfosalze über die Formel

$$A_m \left(B_n X_p \right),$$

(1.1)

worin

- A für die Metallkationen Pb^{2+}, Ag^+, Cu^+, Zn^{2+}, Hg^{2+}, Tl^+, Cd^{2+}, Fe^{2+}, Sn^{2+}, Mn^{2+}, Au^+ steht,
- B für die Kationen As^{3+}, Sb^{3+}, Bi^{3+}, Te^{4+}, Sn^{4+}, Ge^{4+}, As^{5+}, Sb^{5+}, V^{5+}, Mo^{6+}, W^{6+}, In und
- X für Chalkogenanionen S^{2-}, Se^{2-}, Te^{2-}, die teilweise ersetzt sein können durch Cl^- oder O^{2-}.

Sulfosalze bestehen jedoch i. a. aus weit mehr als drei chemischen Elementen, die dann zu *quaternären, quinternären usw. Systemen* führen. Die Strukturformeln sind meist so komplex, dass die Anzahl der jeweiligen Atome nicht immer im ganzzahligen Verhältnis zueinander angegeben wird. Häufig werden Sulfosalzminerale aus komplexen Strukturen mit gleichen Strukturformeln (*Raumgruppen*) derart zusammengesetzt, dass sie sog. Überstrukturen bilden, in welchen gitterübergreifend unterschiedliche periodische Anordnungen dieser gleichen, vergleichsweise großen Strukturbausteine dem Kristall seinen Charakter verleihen. Auch deshalb wird ihre bislang unvollständige Klassifizierung mitunter widersprüchlich diskutiert. Die wohl umfassendste und allgemeingültigste Klassifizierung der Sulfosalze ist in [1] zu finden.

Solarzellen: Sulfosalz Dünnschicht-Solarzellen konnten an der Universität Salzburg bereits mit Erfolg hergestellt werden; jedoch ist an einer Verbesserung der Wirkungsgrade und Quanteneffizienten noch zu arbeiten.

1.2   Auswahl der Materialien, Produktionsverfahren und Analysemethoden

Auswahl der Materialien (*Prof. Dr. Herbert Dittrich*): Für die Produktion von Solarzellen sind folgende wesentliche Aspekte zu beachten:

- Kosten für Rohstoffe in ausreichender Menge und Qualität,
- zielgerichtete Verwendbarkeit dieser Rohstoffe in herkömmlichen Produktionsanlagen und -verfahren und
- Umweltverträglichkeit der Produktions- und Recyclingprozesse.

Typische CI(G)S-Materialien, wie Indium In und Gallium Ga, sind vergleichsweise teuer. Auch für Metallkationen, wie Silber Ag, und Anionen, wie Selen Se oder Tellur Te, sind die Kosten deutlich höher als für Zink Zn, Zinn Sn, Antimon Sb, Bismut Bi und Schwefel S. Der Aspekt der Umweltverträglichkeit schränkt zudem die Verwendung von Blei Pb, Quecksilber Hg, Cadmium Cd und Arsen As ein.

Im Rahmen dieser Arbeit wurden für die Absorberschichten bevorzugt ungiftige, preisgünstige Materialien verwendet. Für die TCO-Schichten wurden aluminiumdotiertes Zinkoxid (ZnO:Al) und Indium-Zinn-Oxid (ITO) verwendet. Für die Pufferschichten musste auf Cadmiumsulfid (CdS) zurückgegriffen werden, das gebunden giftiges Cd enthält. Für die Metallgrundkontakte wurde Molybdän (Mo) gesputtert.

Auswahl des Produktionsverfahrens (*Prof. Dr. Herbert Dittrich*): Sulfide kommen vielfältig in der Natur vor. Vielfältig ist auch die kontrollierte Synthese von schwefelhaltigen Dünnschichten. Zur Herstellung kann das Erhitzen von pulverförmigem, stöchiometrisch vermengtem Ausgangsmaterialien [2], die Sol-Gel Technik, die Beschichtung durch Aufsprühen bzw. Zerstäuben [3], die (elektro)chemische Badabscheidung CBD (Chemical Bath Deposition) [4, 5] oder die Sonochemische Synthese [6] verwendet werden. Bei diesen Verfahren sollte eine thermische Nachbehandlung erfolgen.

Darüber hinaus können auch physikalische Gasphasenabscheidung PVD (Physical Vapour Deposition) [7–11], gepulstes DC (Direct Current) bzw. RF (Radio Frequency) Sputtern, thermisches (PE)CVD ((Plasma Enhanced) Chemical Vapour Deposition) [12–14], Elektronenstrahlverdampfung oder (gepulste) Laserablation [15, 16] verwendet werden. Auch diese Verfahren können ggf. mit thermischen Behandlungen (z. B. Tempern, Annealing) kombiniert werden.

Alle *im Rahmen dieses Buches* untersuchten Dünnschichten wurden mit einem computergesteuerten *Leybold Optics CLUSTEX 100 M* **Sputter-Cluster-Tool** (*Uwe Brendel, Dr. Hermann-Josef Schimper, Johannes Stöllinger*) erzeugt. Dieses besteht aus zwei miteinander über ein Transportsystem verbundene Vakuumkammern. Zur Evakuierung der Kammern werden eine Drehschieberpumpe (Vorpumpe) und eine Turbomolekularpumpe (Hauptpumpe) verwendet. Die Kathodenstrahlzerstäubung (Sputtern) erfolgt in beiden Kammern entweder mit (gepulstem) Gleichstrom ((Pulsed) Direct Current, (P)DC) oder mit Hochfrequenz (Radio Frequency, RF = 13,56 MHz). Hierbei werden in der ersten Kammer die sauerstoffhaltigen TCO-Schichten (z. B. aluminiumdotiertes Zinkoxid (ZnO:Al), runde 6 inch Targets mit 98 wt% ZnO, 2 wt% Al_2O_3 und einer Reinheit von 99,95 %) und die Metall-Grundkontakte (z. B. Molybdän, Mo, runde 6 inch Mo-Standardtargets) gesputtert. In der zweiten Kammer werden die schwefelhaltigen Absorberschichten (z. B. Zinnsulfid (SnS), runde 2 inch SnS-Targets mit einer Reinheit von 99,99 %) aufgebracht. Grundsätzlich wird durch das Herstellungsverfahren Sputtern (Kathodenstrahlzerstäubung) die Materialauswahl nicht eingeschränkt.

Die *Herstellung aller vermessenen Solarzellen* erfolgte durch sequenzielles Sputtern der Schichtenfolge Grundkontakt (Mo)/Absorber (z. B. $Cu_wSn_xSb_yS_z$)/ggf. Puffer- (CdS) und Zwischenschichten/TCO (ZnO:Al bzw. ITO, TCO = Transparent Conducting Oxide, ZnO:Al = aluminiumdotiertes Zinkoxid, ITO = Indium Zinn Oxid). Diese Sequenz von Sputterprozessen erfolgte in situ. Lediglich zur nasschemischen Aufbringung der Pufferschicht war das Vakuum zu brechen.

Um nun diese **Schichtenfolge in vereinzelte Solarzellen zu strukturieren** (*Dr. Andreas Stadler*), wurden – mangels photolitographischer Strukturierungsverfahren – 5×5 mm^2 große Quadrate mit einem Edelstahlskalpell derart geritzt, dass TCO-, Puffer- und Absorberschicht durchtrennt wurden, während die mechanisch sehr robuste Molybdän-Schicht über das ganze Substrat hinweg elektrisch durchgängig erhalten blieb. Abschließend wurde mit sauberer, ölfreier Druckluft gereinigt. Hierbei handelt es sich um ein vergleichsweise grobes mechanisches Vorgehen im Rahmen nanophysikalischer Produktionsverfahren für Solarzellen.

Verglichen wurden Dunkel- und Hell-Messungen, wobei die Hell-Messungen sowohl mit Sonnenlicht als auch mit künstlicher Beleuchtung durchgeführt wurden.

Analysemethoden: Grundsätzlich können für das Gewinnen von Einsichten in den atomaren und elektronischen Aufbau der Sulfide alle aus der Festkörper-, Ober- und Grenzflächenphysik bekannten, nach Möglichkeit zerstörungsfreien, Analysemethoden verwendet werden. Hierzu gehören beispielsweise die Gruppe der Spektroskopieverfahren XPS, AES, UPS, SIMS, LEED, E(E)LS, ISS, IPE, EXAFS, APS, ESD, PSD, TDS, RBS, usw.

Auch die *im Rahmen dieses Buches* verwendete **UV/Vis/NIR-Spektroskopie** (*Dr. Andreas Stadler*) gehört zu dieser Gruppe von Messverfahren. Verwendet wird ein computergesteuertes (UV-WinLab) *Perkin Elmer Lambda 750 mit einer Spektralon beschichteten 60 mm/8° (Durchmesser/Neigungswinkel) Integrationskugel (Ulbricht-Kugel)*. Hierbei werden Photonen aus dem ultra-violetten, dem sichtbaren (visible) und dem nahen infraroten Bereich des elektromagnetischen Spektrums verwendet, um wellenlängen- oder energieabhängige Transmissions- $T(\lambda,E)$ und Reflexionsraten $R(\lambda,E)$ von Dünnschichten unterschiedlicher Materialien zu bestimmen. So erfolgt die Datennahme bei Raumtemperatur von $\lambda = 2500\ nm$ bis $\lambda = 200\ nm$ in $\Delta\lambda = 10\ nm$-Schritten auf einer Fläche von etwa 0,35 cm^2.

Röntgen-Diffraktometrie (XRD) (*Gerold Tippelt, Johannes Stöllinger*) Ergebnisse wurden mit einem *Siemens D500 Pulverdiffraktometer* erarbeitet. Es verwendet graphitmonochromatisierte $CuK_{\alpha1,2}$ Strahlung, die übliche Bragg-Brentano Geometrie und ein Szintillationszählrohr als Detektor. Das Theta-Theta Goniometer erlaubt vollautomatische Messungen der Intensität als Funktion des Streuwinkels. Messdurchläufe (40 kV, 45 mA, 5 s) wurden in Schrittweiten von 0,02° über einen 2θ Bereich von 5° bis 75° durchgeführt. Die Datenauswertung erlaubt eine Bestimmung der Struktur und der Gitterkonstanten.

Die Röntgen-Diffraktometrie Messungen wiesen nicht immer exakt eine Kristallstruktur je gemessener Schicht auf. Deshalb sind im Anhang alle bislang nachgewiesenen Strukturen der untersuchten Materialien entsprechend der *Inorganic Crystal Structure Databank 10/2* aufgelistet.

Die **Mikrosonde (wellenlängen- (WDX) oder energiedispersive Analyse (EDX) von Röntgenstrahlen)** (*Dr. Dan Topa*) erlaubt eine quantitative chemische Analyse von Festkörperproben. Die computergesteuerte JEOL JXA-8600 Elektronen-Mikrosonde wird mit etwa 25 kV und 30 nA betrieben. Gemessen wird über eine Dauer von 20 s für Peaks und über 7 s für Hintergründe (Defokus ≈ 20 µm). Verwendet werden folgende Röntgenlinien: Stibnit (L_{α}(Sb), K_{α}(S)), Bi_2S_3 (L_{α}(Bi)) und reines Metall (L_{α}(Sn)). Die Rohdaten werden bereits im Computer mit einer ZAF-4 Prozedur korrigiert.

Mikrosonden-Messungen wurden für Glassubstrate, aluminiumdotiertes Zinkoxid und eine Bi_2S_3-Probe durchgeführt. Die zur Verfügung stehenden Messstandards mit den verwendeten Linien sind in Tab. 1.1 zu sehen. Auch hier kann auf die *Inorganic Crystal Structure Databank 10/2* zurückgegriffen werden, um die chemische Zusammensetzung einer untersuchten Schicht nachzuschlagen.

Leitfähigkeitsmessungen (*Dr. Andreas Stadler*) wurden mit einem *Pro4* Vier-Spitzen-Messplatz *von Lucas Labs* (*Signatone Corporation*) durchgeführt. Dieser beinhaltet einen Probenhalter mit 100 mm Durchmesser und einen Messkopfkopfhalter. Gesteuert wird der Messplatz von einem Keithley 2400 SourceMeter und einem Dell Vostro 1520 Computer mit Pro4 Software. Die Wolframcarbid Messspitzen weisen einen Radius von 10 mil und einen Abstand von 40 mil auf. Der Messkopf wird bei Raumtemperatur mit einem Federdruck von 45 g aufgesetzt.

Dünnschicht-Solarzellen sind opto-elektronische Halbleiterdioden (Heterostrukturen), deren primäre Funktion die Wandlung optischer in elektrische Energie ist. Opto-elektrische Messungen werden mit einem beleuchteten **Strom-Spannungs-Messplatz** (*Dr. Andreas Stadler*) durchgeführt. Als Messgerät dient ein computergesteuertes (LabTracer 2.0) *Keithley 2601 System Source Meter*, das über Triaxialleitungen, zur Abschirmung elektrischer und magnetischer Störfelder, mit den goldbeschichteten Federmessspitzen verbunden ist. Die derart gemessenen Strom-Spannungs-Kennlinien (j(U)-Kennlinien) wurden sowohl unter Ausschluss von Licht (Abdeckung mit einem lichtdichten Tuch) als auch beleuchtet durchgeführt. Als Lichtquellen dienten entweder die Sonne zur Mittagszeit oder eine künstliche Lichtquelle, bestehend aus fünf separat schaltbaren, dimmbaren und in ihrer Position variierbaren *Halogen Spot-Lampen* (*Philips Twistline Alu 50 W, 230 V, 40 D, L6*). Zur Messung der Beleuchtungsstärke beider Lichtquellen diente das *PRC Krochmann RadioLux 111 Lux-Meter*. Die Abhängigkeit der Lichtintensität von der Wellenlänge, d. h. das Beleuchtungsspektrum im Wellenlängenbereich von 200 nm bis etwa 1100 nm, wurde computergesteuert (SpectraSuite) mit dem *Spektrometer Ocean Optics 4000* abgeschätzt. Da elektrische Prozesse insbesondere in halbleitenden Materialien stark temperaturabhängig sind, wurden die zu untersuchenden Schichten und Solarzellen auf einem temperierbaren Probenhalter vermessen. Mit Hilfe von Peltier-Elementen, dem *Temperaturregelgerät Peltron 400/15 RS* und einer Wasserkühlung konnte der Probenhalter auf Temperaturen zwischen $-20\,°C$ und $+40\,°C$ stabilisiert werden.

Tab. 1.1 Weitere Messstandards für die verwendete Mikrosonde JEOL JXA-8600

Material	Standard	Linie
Si	Quartz (SiO_2)	K_α
Al	Al_2O_3	K_α
Mg	MgO	K_α
Na	NaCl	K_α
Ca	Wollostin ($CaSiO_4$)	K_α
Fe	FeO	K_α
Mn	MnO	K_α
Zn	$ZnSiO_4$	K_α
Ba	Ba-Glas	K_α

1.3   Untersuchte Materialsysteme

Als Trägersubstanzen für die standardgemäß mittels *UV/Vis/NIR-Spektroskopie* und der *Vier-Spitzen-Messmethode* untersuchten **Schichten**, sowie der mittels *Strom-Spannungs-Messungen* untersuchten Dünnschicht-Solarzellen wurden meist *Bor-Silikat-Glas Substrate* von der Firma Schott mit der Typenbezeichnung AF45 (AF37), aber auch optisch nahezu vergleichbare *Dia-Gläser*, verwendet. Diese **Trägersubstanzen** wurden eingangs *spektroskopisch* (*UV/Vis/NIR*) und bzgl. ihrer *chemischen Zusammensetzung* (*Mikrosonde*) untersucht.

Transparente, leitende Oxide (TCO = Transparent Conducting Oxides) waren in Form von *aluminiumdotiertem Zinkoxid* (ZnO:Al) bereits Gegenstand des ersten Bandes dieses Werkes. Ergänzend dazu werden (mit Ausnahme der Trägersubstanzen) ausschließlich für das ZnO:Al vereinzelt *Röntgendiffraktometrie-* und *Mikrosondenmessungen* nachgeliefert, vgl. auch Anhang A bis Anhang C. Zudem wird das in der Fotovoltaik übliche *Indium-Zinn-Oxid* (ITO = Indium-Tin-Oxide) untersucht, siehe auch Anhang D.

Den Hauptanteil dieses Buches nehmen jedoch mit fast 90 % die **sulfidischen Absorbermaterialien** ein. Die Systematik der verwendeten *binären, ternären* und *quaternären Zinn-, Bismut-, Antimon-, Kupfer-* sowie *Blei enthaltenden Sulfide* zeigt Tab. 1.2. Für die Herstellung dieser Schichten wurden unterschiedliche Konzepte angewandt, die aus Tab. 1.2 nicht hervorgehen. So wurde beispielsweise zuerst mit PDC eine SnS-Schicht und dann mit RF eine Sb_2S_3-Schicht gesputtert, mit dem Ziel eine inhomogene $Sn_xSb_yS_z$-Schicht (vertikale Gradientenschicht) zu erhalten. Auch wurden laterale materialspezifische Konzentrations-gradienten erzeugt, indem ein zweigeteiltes Target verwendet wurde.

Tab. 1.2 Mit UV/Vis/NIR Spektroskopie systematisch untersuchte Dünnfilme, vgl. Anhang A bis Anhang N. Die Ergebnisse der ZnO:Al- und Sn_xS_y-Schichten sind im ersten Band dieses Werkes zu finden. Die Ergebnisse aller anderen Schichten folgen in diesem Band. Das quaternäre Materialsystem $Cu_wSn_xBi_yS_z$ wurde nicht eingehend untersucht, da bereits das entsprechende ternäre Materialsystem $Sn_xBi_yS_z$ als Absorbermaterial, in den verwendeten Solarzellen, keine sinnvollen Ergebnisse lieferte

Material	r/ mm	∇c/ mm	d_{TarSub}/ mm	t_{Sp}/ min	p/ µbar	T/°C	P/W	f/ kHz	t_{Br}/ ms	S-Anneal	Anhang
ZnO:Al	×		×	×	×	×	×	×			A, B, C
ITO						×					D
Sn_xS_y	×		×	×	×	×	×	×			E, F
Bi_xS_y	×					×			×		G
Sb_xS_y						×					K
$Sn_xBi_yS_z$	×	×		(×)	(×)	×	(×)		(×)		H
$Sn_xSb_yS_z$	×	×				×	×				L
($Cu_wSn_xBi_yS_z$)											I
$Cu_wSn_xSb_yS_z$	×	×			×	×		×		×	M
$Cu_wPb_xBi_yS_z$	×	×				×			×		J
$Cu_wPb_xSb_yS_z$	×	×			×	×			×		N

Die aus diesen Schichten hergestellten **Dünnschicht-Solarzellen** wurden mit *Strom-Span-nungs Messungen* untersucht; Leerlaufspannungen, Kurzschlussstromdichten, Wirkungs-grade und Füllfaktoren bestimmt. Eingehendere Untersuchungen von Solarzellen wurden mit SnS/$Cu_wSb_yS_z$ Gradienten-Absorberschichten gemacht. Dies, da hier durchwegs die höchsten Wirkungsgrade zu verzeichnen waren.

Ein *Exkurs* zeigt vorab systematisch die opto-elektrischen Eigenschaften der einzel-nen – die Standard-Solarzelle bildenden – Schichten (Molybdän Grundkontakt, SnS/$Cu_wSb_yS_z$ Gradienten-Absorberschichten, Cadmiumsulfid Pufferschichten, ZnO:Al TCO-Schichten). Die Probenbeschaffenheit wurde mittels *REM* sowohl im Querschnitt als auch in der Draufsicht veranschaulicht und der Einfluss der Lichtquelle auf die Mess-ergebnisse untersucht.

Die **Absorberschicht** innerhalb dieser Standard-Solarzellen

- wurde bei unterschiedlichen Temperaturen gesputtert,
- Gradienten- und Doppel-Gradientenschichten wurden verwendet,
- die Abkühldauer nach dem Sputtern der Absorberschicht wurde variiert,
- es wurde nach Fertigstellung der Absorberschicht in Argonatmosphäre getempert,
- nach dem Sputtern der Schicht, in situ die folgenden Schichten gesputtert, aber auch das Vakuum gebrochen (Luft- bzw. Sauerstoffzufuhr).

Pufferschichten wurden aus *Cadmiumsulfid* hergestellt; der Einfluss sowohl deren Dicke (bei gleichbleibend dicker Absorberschicht), als auch der Dicke der Absorberschicht (bei gleichbleibend dicker Pufferschicht), auf die Messergebnisse untersucht. Als **Zwischen-schichten** wurden zudem *intrinsisches ZnO:Al* und *Bi_2S_3* verwendet. Dies, da damit alle Dotierungen von Puffer- und Zwischenschichten getestet werden konnten. Die intrinsi-schen ZnO:Al-Schichten wurden mit entsprechendem Sauerstoffgehalt im Prozessgas in etwa gleich dick hergestellt, wie die CdS Puffer- und Bi_2S_3-Zwischenschichten.

Als **TCO-Schichten** wurden für diese Standard-Solarzellen sowohl *aluminiumdotier-tes Zinkoxid*, als auch *Indium-Zinn-Oxid* verwendet.

Literatur

1. Y. Moëlo, E. Makovicki et al., Eur. J. Mineral. 2008, **20**, 7–46.
2. T. Balic-Zunic et al., Acta Crystallographica Section B, Structural Science, ISSN 0108–7681, 2005.
3. S.A. Manolache et al., Thin Solid Films 515 (2007) 5957–5960.
4. P.S. Sonowane et al., Mat. Chem. & Physics 84 (2004) 221–227.
5. Y. Rodriguez-Lazcano, J. Electrochem.Soc. 152 (2005) G635-G638.
6. B. Pejova et al., Chem. Mater. 2008, 20, 2551–2565.
7. H. Dittrich et al., Inst. Phys. Conf. Ser. No. 152 (1998) Section B: Thin Film Growth and Chacracterization, 293–296.

8. C. Laubis et al., Inst. Phys. Conf. Ser. No. 152 (1998) Section B: Thin Film Growth and Chacracterization, 289–292.

9. P.H. Soni et al., Bull. Mater. Sci. 26 (2003) 683–684.

10. L.I. Soliman et al., Fizika A 11 (2002) 139–152.

11. A. Rabhi et al., Materials Letters 62 (2008) 3576–3678.

12. J. Gutwirth et al., MRS Symposium Proceedings, Vol. 918 (2006) 65–74.

13. J. Gutwirth et al., J. Phys. Chem. Solids 68 (2007) 835–840.

14. M.Y. Versavel et al., Chem. Commun. 2006, 3543–3545.

15. T. Wagner et al., Appl. Phys. A 79 (2004) 1563–1565.

16. J. Gutwirth et al., J. Non-Cryst. Solids 354 (2008) 497–502.

Transparente, isolierende und leitende Materialien

2

2.1 Glas- und Bor-Silikat-Glas (BSG) Substrate

Generell sollten **transparente, isolierende Glas- und BSG-Substrate** (Bor-Silikat-Glas) sehr geringe Reflexionen (ggf. mit Antireflexionsschicht) und Transmissionen von nahezu 100 % aufweisen – ihre Absorptionen sollten folglich vernachlässigbar klein sein. Die Tatsache, dass es sich hierbei um Isolatoren handelt, beruht einerseits auf dem Mangel an kostengünstigen transparenten, leitenden Substraten. Andererseits können hiermit ggf. auch undefinierte Substratströme vermieden werden.

Theorie
Dünnschicht-Solarzellen können auf diesen Substraten grundsätzlich entweder **Bottom-Up** aufgebaut werden, d. h. die Schichtenfolge lautet: *BSG/Mo/Absorber/ggf. Puffer/TCO* – oder sie werden **Top-Down** aufgebaut, hier lautet die Schichtenfolge: *BSG/TCO/ggf. Puffer/Absorber/Mo* (BSG = Bor-Silikat-Glas, Mo = Molybdän, TCO = Transparent Conducting Oxide).

Für *Laborzwecke* empfiehlt sich der erste Fall, da hier Verluste an einfallendem Licht lediglich durch die TCO (Transparent Conducting Oxide) Schichten verursacht werden, die meist auch schon ein gewisses Antireflexionsverhalten aufweisen. Für die *industrielle Serienfertigung* kann jedoch auch die Top-Down-Variante von Vorteil sein, da eine schützende Glasscheibe für die Solarzellen unerlässlich ist.

Sowohl isolierende als auch leitfähige, optisch transparente Materialien sind also für die Produktion von Solarzellen erforderlich. Als isolierende Substrate wurden zwei unterschiedliche **Dia-Deckgläser**, ein **Objektträger (Mikroskopie)** und zwei **Bor-Silikat-Gläser (BSG, Schott AF37 und AF45)** miteinander verglichen.

© Springer Fachmedien Wiesbaden GmbH, ein Teil von Springer Nature 2018
A. Stadler, *Photonik der Solarzellen II*,
https://doi.org/10.1007/978-3-658-23026-5_2

Diese Materialien auf Siliziumoxid Basis weisen innerhalb des wellenlängen- oder energieabhängigen Bereichs Transmissionsraten T_S zwischen 89 % (Objektträger) und 94 % (Schott AF45) und Reflexionsraten R_S von 10 % bis 6 % auf. Damit kann die Absorption dieser Substrate wegen der Bilanzgleichung

$$A_S = 1 - \left(R_S + T_S \right)$$
(2.1)

weitestgehend vernachlässigt werden. Im Vergleich der verwendeten Substrate weist das Bor- Silikat-Glas AF45 von Schott die höchsten Transmissions- und geringsten Reflexionsraten auf, vgl. Abb. 2.1.

Die **Fehlerdiskussion zur UV/Vis/NIR-Spektroskopie** soll hier für alle folgenden Messungen einmalig erfolgen. So zeigt Abb. 2.2 den typischen Messfehler für ein wellenlängenabhängiges Spektrum. Dieser beläuft sich im Wellenlängenbereich von $\lambda = 200$ nm bis etwa $\lambda = 2000$ nm auf $\Delta R = \Delta T < 0,2$ % und verbleibt für Wellenlängen $\lambda > 2000$ nm auch unter $\Delta R = \Delta T = 1$ %. Da i. a. primär der Wellenlängenbereich von $\lambda = 200$ nm bis etwa $\lambda = 2000$ nm von Interesse ist, kann für den weiteren Verlauf dieses Kapitels der Messfehler des Geräts ohne Beschränkung der Allgemeinheit vernachlässigt werden.

Von den bereits gezeigten Substraten, wurden das Bor-Silikat-Glas (Schott AF45) und die beiden Diagläser auch mit der **Mikrosonde** untersucht. Dies mit dem Ziel, deren chemische Zusammensetzung zu bestimmen. Beide Diagläser weisen neben dem Hauptbestandteil SiO_2 nennenswerte Anteile Na_2O, CaO, MgO und Al_2O_3 (in abnehmender Menge)

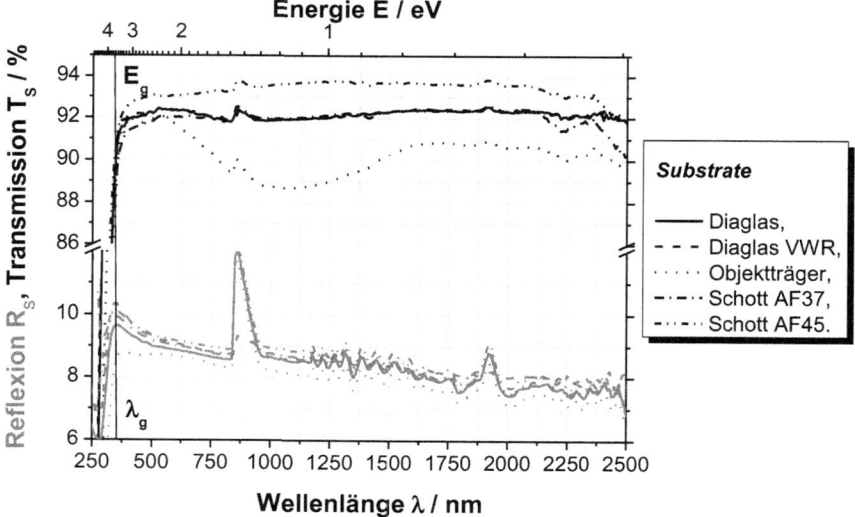

Abb. 2.1 Reflexions- R_S und Transmissionsspektren T_S der verwendeten Glas-Substrate. Der Peak bei 800 nm … 850 nm beruht auf einem Monochromatorwechsel und ist typisch für das Perkin Elmer Lambda 750

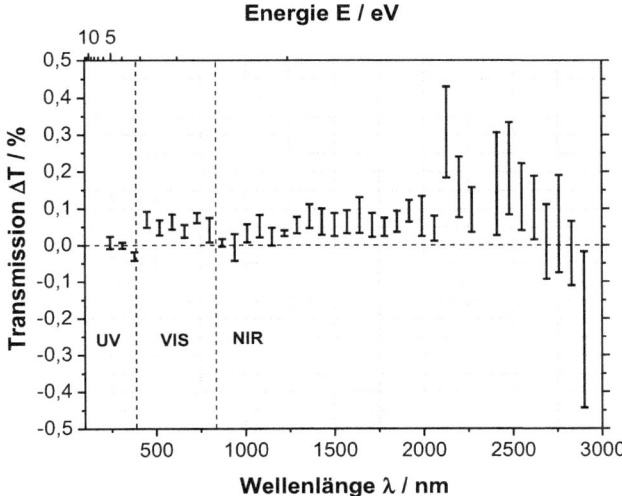

Abb. 2.2 Typischer Messfehler ΔT des UV/Vis/NIR-Spektrometers Lambda 750 von der Firma Perkin-Elmer

Tab. 2.1 Mikrosondenergebnisse für Dia- und Bor-Silikat-Gläser

Referenzen	$c_{Dia}/\%_{at}$	$c_{Dia,VWR}/\%_{at}$	$c_{BSG,AF45}/\%_{at}$
SiO₂	75,0325	72,574	51,096
Al₂O₃	1,8225	1,26	11,472
MgO	4,5	4,44	0
Na₂O	12,7275	13,91	0,1
CaO	6,45	6,484	0,118
K₂O	0,0975	0,958	0,008
FeO	0,095	0,012	0,022
MnO	0,0125	0,006	0,002
ZnO	0,0225	0,022	0,004
BaO	0,0025	0,028	23,828
O	0	0	0
Summe	*100,7625*	*99,694*	*86,65*

auf. Das Bor-Silikat-Glas (BSG) hingegen zeigt hohe Bestandteile BaO und Al₂O₃, sowie einer oder mehrerer oxidischer Verbindungen, welche nicht in Tab. 2.1 verzeichnet sind, in Höhe von insgesamt etwa 13,35 %$_{at}$. Da es sich um *Bor*-Silikat-Glas handelt, dürfte dies bevorzugt eine Bor-Verbindung sein.

Die Bandlückenenergie von SiO₂ liegt bei etwa $E_{g,SiO2}$ = 8,9 eV, die aller untersuchten Gläser hingegen bei etwa $E_{g,Glas}$ = 3,6 eV, siehe Abb. 2.1. Dem entsprechend müssen die, dem SiO₂ zugesetzten, Elemente für diese erhebliche *Senkung der Bandlücke* verantwortlich sein.

2.2   Transparente, leitende Oxide (TCO)

2.2.1   Ergänzendes zu aluminiumdotierten Zinkoxidschichten (ZnO:Al)

Gesputterte, aluminiumdotierte Zinkoxidschichten (ZnO:Al) als transparente, leitende Schichten (TCO = Transparent Conducting Oxides) wurden bereits im ersten Band dieses Werkes ausführlich diskutiert. Anhand des Beispiels: *Sauerstoffzusatz zum inerten Argongas beim Sputtern von ZnO:Al-Schichten*, sollen diese jedoch nochmals ausführlicher aufgearbeitet werden.

Theorie
Die bisherigen Analysen von Dünnschichten und Solarzellen basierten auf *UV/Vis/ NIR-Messungen*, *Schichtwiderstandsmessungen mit Vier-Spitzen-Messplatz*, und *j(U)-Messungen*, die zu **makroskopischen physikalischen Größen** führen. Um **mikroskopische, struktur-bestimmende Aussagen** über die analysierten Schichten machen zu können müssen weitere Messverfahren herangezogen werden, wie *Mikrosonden-* und *Röntgendiffraktometriemessungen*. Diese sind jedoch grundsätzlich Gegenstand anderer Arbeiten (vgl. Dan Topa, Johannes Stöllinger) und werden deshalb nur beispielhaft in diesem Kapitel verwendet.

UV/Vis/NIR-Messungen: Aluminiumdotierte Zinkoxid (ZnO:Al) Dünnschichten auf Bor-Silikat-Glas (BSG) zeigen über 80 % Transmission im sichtbaren (Vis) und dem angrenzenden ultravioletten (UV) und nahen infraroten (NIR) Bereich des optischen Spektrums, vgl. Abb. 2.3. Da etwa 20 % des einfallenden Lichts reflektiert wird, wird im sichtbaren Bereich nahezu nichts absorbiert.

Hochenergetische UV-Strahlung und thermische NIR-Strahlung hingegen wird sehr wohl absorbiert. *Die Aufnahme thermischer Strahlung kann unterbunden werden, wenn über 1 % reaktiver Sauerstoff dem inerten Argon-Prozessgas zugesetzt werden.* Die bestimmten Bandlückenenergien E_g von ZnO:Al Dünnschichten bleiben unabhängig von der Sauerstoffkonzentration c_{O2} bei etwa $E_g = 3{,}15\,\text{eV}$.

Im sichtbaren Bereich des Spektrums betragen die Brechungsindizes $n_{Sch} \approx 1{,}9$ und die Lichtgeschwindigkeiten $c_{Sch} \approx 1{,}6 \times 10^8\ \text{ms}^{-1}$, vgl. Abb. 2.4. Sputterprozesse mit bis zu 4,78 % Sauerstoffzusatz zum inerten Argongas zeigen, insbesondere mit steigenden Wellenlängen, erhöhte Brechungsindizes n_{Sch} (zunehmende optische Dichte des Materials). Dies ist auf den Einfluss einer steigenden Anzahl an Defekten (Korngrenzen) zurückzuführen, die mit einem überstöchiometrischen Angebot an reaktiven Sputteranteilen n (Zustandsgleichung des realen Gases) zwangsläufig entstehen. Belegt wird dies durch die, mit steigendem Sauerstoffgehalt c_{O2}, sinkende Kristallgröße d_{cry}, vgl. Tab. 2.4.

Die Absorptionskoeffizienten α_{Sch} (und Imaginärteile der Wellenfunktionen) sind für gewöhnlich in transparenten Spektralbereichen vergleichsweise klein und steigen zum Absorptionsbereich hin an, vgl. Abb. 2.5. Sauerstoffzufuhr zum Prozessgas senkt die Absorptionskoeffizienten.

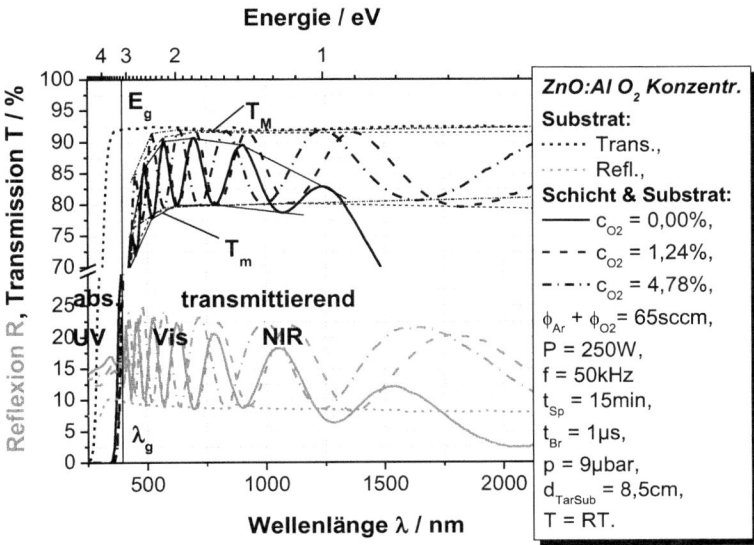

Abb. 2.3 UV/Vis/NIR Spektren aluminiumdotierter Zinkoxid (ZnO:Al) Schichten auf BSG Substraten. Gezeigt sind auch Reflexions- und Transmissions-Spektren unbeschichteter Bor-Silikat-Glas (BSG) Substrate und die Einhüllenden T_m, T_M der Transmissions-Spektren, wie sie für das Keradec/Swanepoel Modell verwendet werden. Der Sauerstoffgehalt des Argon-Prozessgases wurde von 0 % bis zu etwa 5 % erhöht

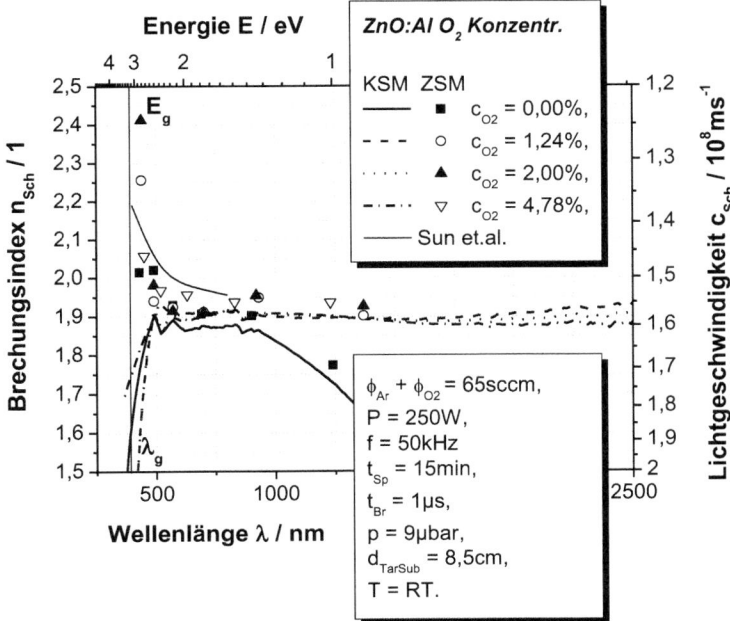

Abb. 2.4 Brechungsindizes n_{Sch}, und Lichtgeschwindigkeiten c_{Sch} für ZnO:Al Schichten, gesputtert mit unterschiedlichen Konzentrationen reaktiven Sauerstoffs im inerten Argon Prozessgas. Ausgewertet wurde mit dem Zwei-Schichten-Modell (ZSM) und dem Keradec/Swanepoel Modell (KSM). Die Brechungsindizes wurden mit Werten von Sun et al. [1] verglichen

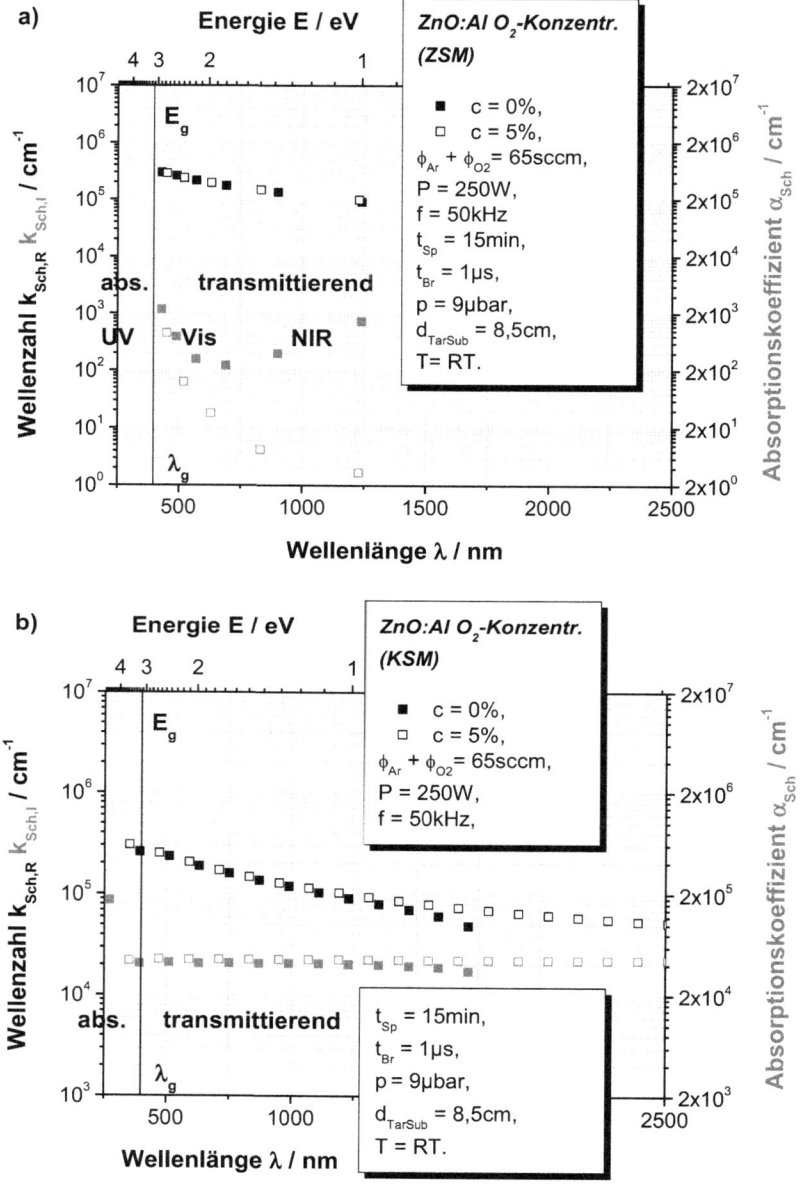

Abb. 2.5 Real- $k_{Sch,R}$ und Imaginärteil $k_{Sch,I}$ der komplexwertigen Wellenzahlen sowie Absorptions-koeffizienten α_{Sch} von aluminiumdotierten Zinkoxid (ZnO:Al) Schichten. Die Werte wurden **a** über das Zwei-Schichten-Modell (ZSM) und **b** über das Keradec/Swanepoel Modell (KSM) für unterschiedliche Sauerstoffzugaben zum inerten Argon Prozessgas ermittelt

Die durchwegs deutlich höheren Realteile der Wellenzahlen fallen, wie auch die von ihnen dominierten Beträge der Wellenzahlen, mit steigender Wellenlänge ab. Sie sind kaum vom Sauerstoff- und Stickstoffgehalt des Argongases abhängig.

Eine Anhebung des Sauerstoffgehalts im Prozessgas von 0 % auf 4,78 % verursacht eine etwa 15 %ige Schichtdickenreduktion, vgl. Abb. 2.6. Dies kann möglicherweise auf Desorptionsprozesse zurückgeführt werden, die von gasförmigen O_2 Molekülen verursacht werden. Mit steigenden Sauerstoffgehalten sinkende Kristalldurchmesser d_{cry} stützen diese Hypothese, vgl. Tab. 2.4 (Zustandsgleichung realer Gase). Bemerkenswert ist hierbei jedoch auch, dass eine zunehmende Anzahl raumgreifender Korngrenzen eigentlich zu einer Anhebung der Schichtdicke führen sollte.

Die Verwendung von Tauc-Plots zur Bandlückenbestimmung zeigt, vgl. Abb. 2.7, Tab. 2.2, dass Ergänzung von bis zu 5 % reaktiven Sauerstoffs zum inerten Prozessgas zu einer Senkung der Bandlücke um etwa 0,1 eV führt, d. h. von 3,2 eV auf etwa 3,1 eV.

Die gemessenen Leitfähigkeiten σ_{Sch} von aluminiumdotierten Zinkoxidschichten (ZnO:Al) sind, da n-leitend, höher als die des reinen, intrinsischen Zinkoxids (ZnO). Mittels UV/Vis/NIR-Spektroskopie berührungsfrei, optisch gemessene Werte dazu sind in Abb. 2.8 zu sehen. Über Vier-Spitzen-Messplatz elektrisch gemessene Leitfähigkeiten zeigt Abb. 2.9. Optisch gemessene Leitfähigkeiten berücksichtigen, typisch für diese Messmethode, den Einfluss

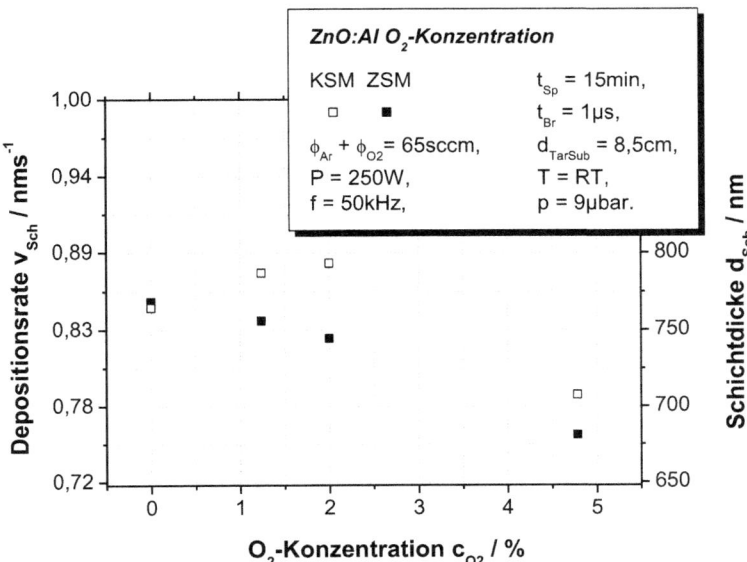

Abb. 2.6 Sputterraten v_{Sch} und Schichtdicken d_{Sch}, berechnet über das Zwei-Schichten-Modell (ZSM) und Keradec/Swanepoel Modell (KSM). Gezeigt ist der Einfluss von bis zu 5 % reaktiven Sauerstoffs im inerten Argon-Prozessgas

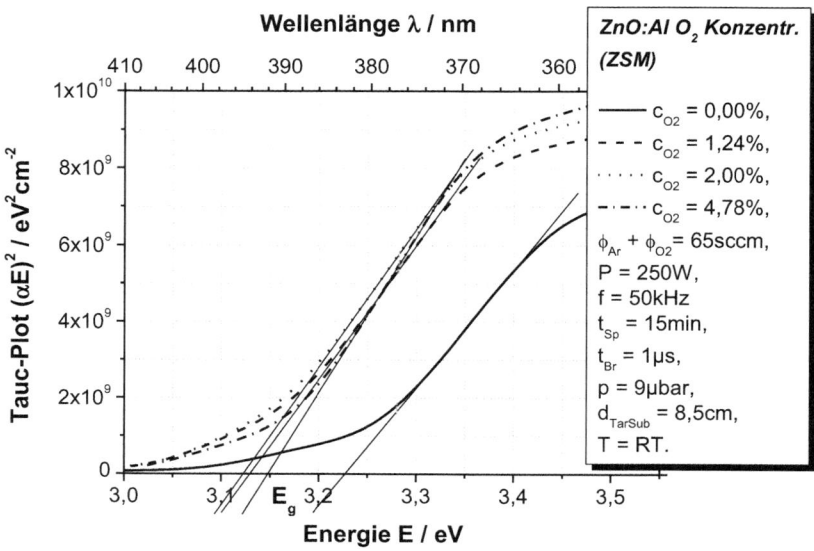

Abb. 2.7 Tauc-plot für berührungsfrei, optisch bestimmte Bandlücken E_g, berechnet mit dem Zwei-Schichten-Modell (ZSM)

Tab. 2.2 Direkte Bandlücken E_g für aluminiumdotierte Zinkoxid-Schichten (ZnO:Al) auf Bor-Silikat-Glas Substraten (BSG), gesputtert mit unterschiedlichen Sauerstoffkonzentrationen im inerten Argongas (Zwei-Schichten-Modell (ZSM), Keradec/Swanepoel Modell (KSM))

$c_{O2}/\%$	0	1.24	2.00	4.78
$E_{g,ZSM}/eV$	3,23	3,13	3,12	3,15
$E_{g,KSM}/eV$	4,34	4,33	4,34	4,35

optisch generierter Ladungsträger. Wie bereits diskutiert, stimmen auch hier die optisch über das Zwei-Schichten-Modell (ZSM) bestimmten Leitfähigkeiten für hohe Wellenlängen (weit entfernt von der Bandlücke) sehr gut mit den elektrisch gemessenen Werten überein.

Abb. 2.13a und Abb. 2.14 zeigen, dass eine zunehmende Oxidation aluminiumdotierten Zinkoxids die Leitfähigkeit der Schichten stark reduziert.

Vier-Spitzen-Messungen: Auch die Vier-Spitzen-Messungen belegen, dass Zufuhr reaktiven Sauerstoffs zum inerten Prozessgas zu einer erheblichen Senkung der Leitfähigkeit führen. Möglicher Grund hierfür dürften zunehmende, isolierende Al_xO_y-Anteile in der Schicht sein. Verwendung von vergleichsweise reaktionsträgem Stickstoff hingegen ändert die Leitfähigkeit nur geringfügig.

Röntgendiffraktometrieergebnisse: XRD-Messungen geben primär Auskunft über die Gitterkonstanten a, c, die bevorzugten Orientierungen und die mittleren Durchmesser der Kristalle d_{cry}. In Abhängigkeit von der Sauerstoffkonzentration c_{O2} nimmt die Gitterkonstante a der hexagonalen ZnO:Al-Struktur geringfügig zu, die Gitterkonstante c hingegen bleibt konstant. Die bevorzugte Orientierung im Kristall bleibt erhalten und die

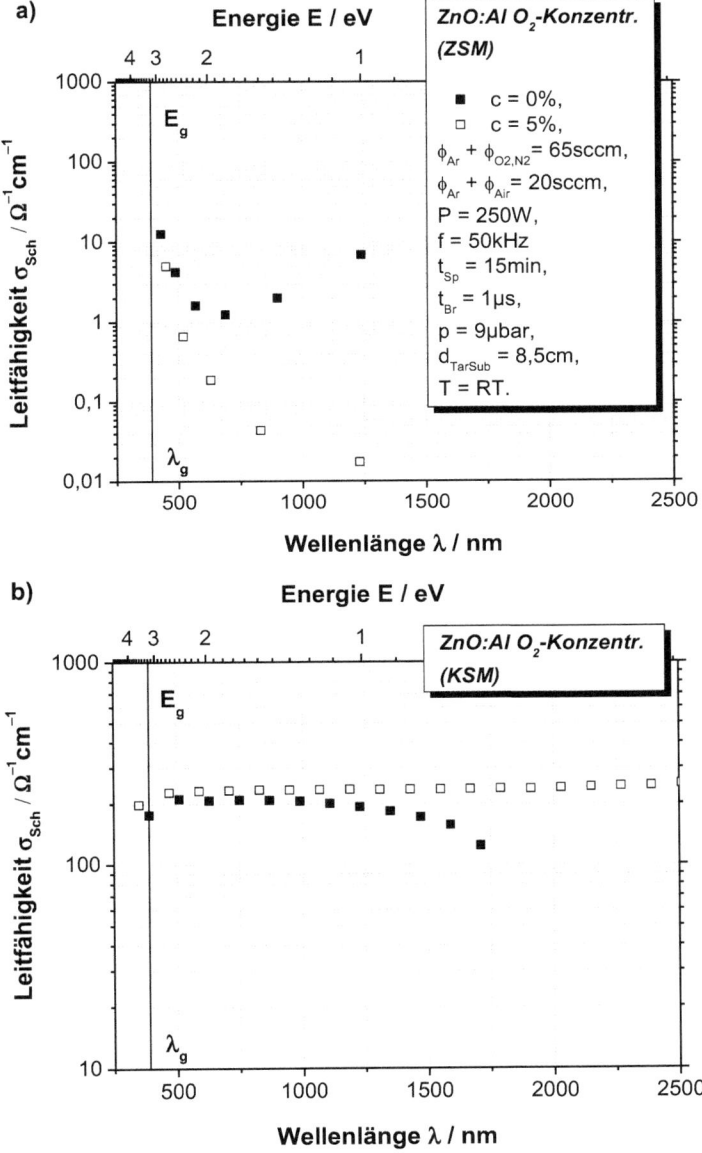

Abb. 2.8 Berührungsfrei, optisch gemessene Leitfähigkeiten, berechnet mit **a** dem Zwei-Schichten-Modell (ZSM) und **b** dem Keradec/Swanepoel Modell (KSM) als Funktion von Wellenlänge und Energie für unterschiedliche Sauerstoffgehalte im inerten Argon-Prozessgas

Kristalldurchmesser d_{cry} nehmen zu, vgl. Tab. 2.3. Verantwortlich hierfür ist der Einbau interstitiellen und aktivierten Sauerstoffs im Gitter.

Abb. 2.10a zeigt für einen Winkel von $2\theta \approx 34{,}5°$ den (002)-Peak und für den Winkel $2\theta \approx 73°$ den (004)-Peak. Abb. 2.10b zeigt die „Aufweichung" der Struktur durch zunehmenden Einbau von Sauerstoff, erkennbar an der sinkenden Höhe des Peaks (002).

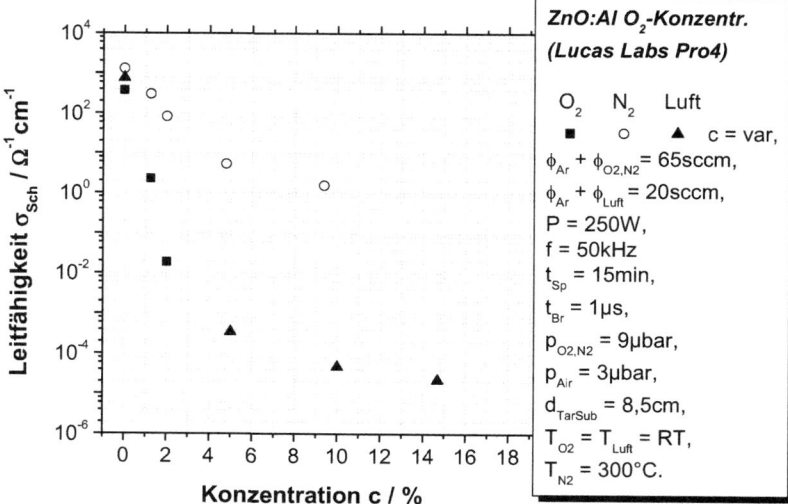

Abb. 2.9 Herkömmliche Leitfähigkeitsmessungen (Lucas Labs Pro4 Vier-Spitzen-Messplatz) als Funktion der Konzentration c_{O2}, c_{N2} und c_{Luft}. Unterschiede bei c = 0 % sind auf verschiedene Flüsse ϕ, Drücke p und Temperaturen T zurückzuführen. Auch hier ist zu erkennen, dass der Zusatz reaktiven Sauerstoffs zum inerten Prozessgas (Argon, Stickstoff) eine deutliche Senkung der Leitfähigkeit mit sich bringt

Die **Mikrosondenergebnisse** geben keinen Aufschluss darüber, ob mehr Sauerstoff in die Schicht eingebaut wird oder nicht. Dies liegt einerseits daran, dass die Messstandards Metall- und Halbleiter*oxide* sind und andererseits der Sauerstoff offensichtlich nicht molekular eingebaut wird, vgl. Tab. 2.4. Erkennbar sind jedoch etwa 2 % Al_2O_3-Gehalt in der ansonsten geringfügig verunreinigten Zinkoxidschicht.

Bemerkung

Weitere **Röntgendiffraktometriemessungen** weisen einen mit der Sputtertemperatur ansteigenden mittleren Kristallitdurchmesser d_{cry} aus. Die Gitterkonstanten und bevorzugten Orientierungen jedoch sind von der *Temperatur* weitestgehend unabhängig, vgl. Tab. 2.5. Hier gehen wohl bereits in der Wachstumsphase, angeregt durch höhere Temperaturen, nebeneinanderliegende Kristallkörner eine Verbindung ein.

Nach den **Mikrosondenmessungen**, in Tab. 2.6, ist die chemische Zusammensetzung der aluminiumdotierten Zinkoxidschicht (ZnO:Al) nicht abhängig von der *Sputterfrequenz (DC, PDC)*.

Tab. 2.3 Ergebnisse der Röntgen-Pulverdiffraktometrie (Siemens D500) für aluminiumdotiertes Zinkoxid (ZnO:Al) mit hexagonaler Gitterstruktur. Gezeigt ist der Einfluss von bis zu 5 % Sauerstoffzugabe zum Argon-Prozessgas auf die durchschnittlichen Kristalldurchmesser d_{cry}, auf die bevorzugten Orientierungen und die Gitterkonstanten a, c ($P = 250$ W, $f = 50$ kHz, $t_{Br} = 1$ µs, $p = 9$ µbar, $T = $ RT, $t_{Sp} = 15$ min)

c_{O2}/%	d_{cry}/nm	Bevorz. Orient.	a; c/Å
0	153,7	0,1121	3,3438; 5,2001
1,24	104,5	0,1255	3,3517; 5,1971
2,00	096,9	0,1257	3,4325; 5,1985
4,78	078,7	0,1271	3,4334; 5,1948

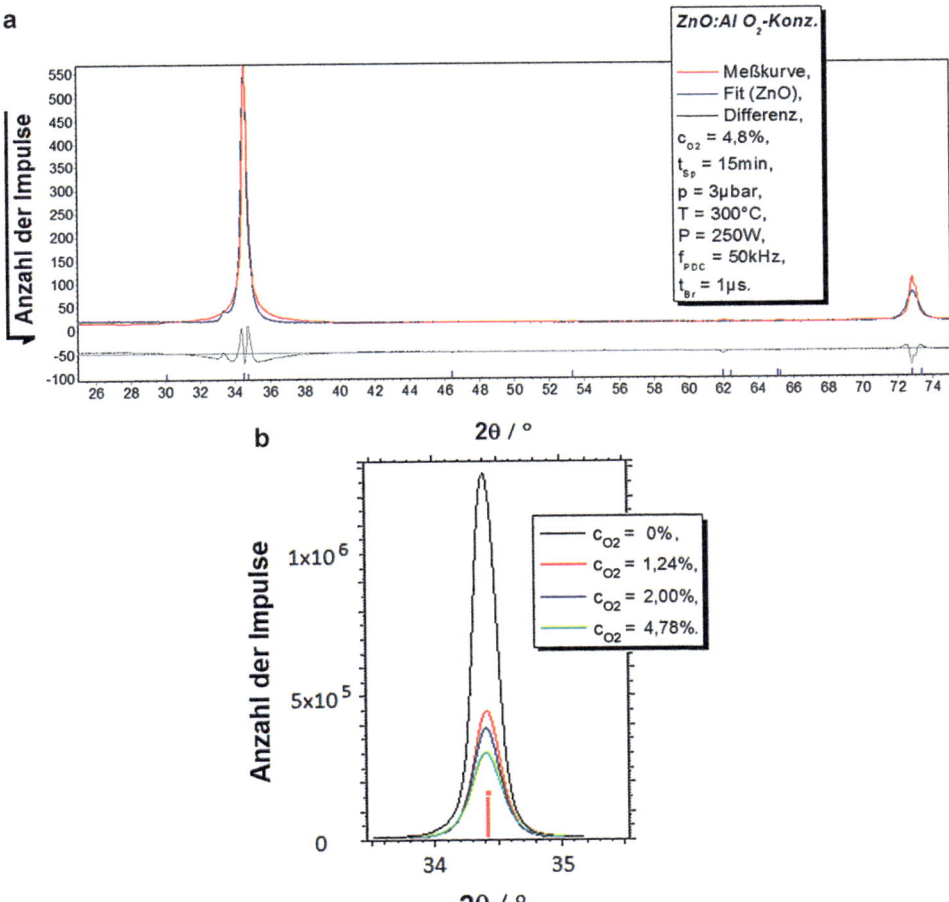

Abb. 2.10 Röntgenbeugungskurven für eine ZnO:Al Schicht ($P = 250$ W, $f = 50$ kHz, $t_{Br} = 1$ µs, $p = 9$ µbar, $T = $ RT, $t_{Sp} = 15$ min), die **a** mit $c_{O2} = 4{,}78$ % Sauerstoffzusatz zum Argon-Prozessgas und **b** mit unterschiedlichen Sauerstoffzusätzen c_{O2} zur Argon-Atmosphäre gesputtert wurden

Tab. 2.4 Mikrosondenergebnisse für
aluminiumdotierte Zinkoxid-Schichten
($P = 250$ W, $f = 50$ kHz, $t_{Br} = 1$ μs, $p = 9$ μbar,
$T = $ RT, $t_{Sp} = 15$ min), die sowohl ohne, als auch
mit Sauerstoffzusatz zur Argon-Atmosphäre auf
Diagläser gesputtert wurden

Referenzen	$c/\%_{at}$	$c_{O2}/\%_{at}$
SiO$_2$	0,09857	0,59
Al$_2$O$_3$	2,03429	2,17429
MgO	0,00571	0,00143
Na$_2$O	0	0
CaO	0,11143	0,21857
K$_2$O	0,01143	0,03
FeO	0,00714	0,01143
MnO	0,00857	0,00143
ZnO	96,08	94,76857
BaO	0,01714	0,01143
O	0	0
Summe	*98,37429*	*97,80714*

Tab. 2.5 Ergebnisse der Röntgenbeugung für ZnO:Al Schichten ($P = 250$ W, $f = 50$ kHz, $t_{Br} = 1$ μs, $p = 3$ μbar, $t_{Sp} = 15$ min), die bei unterschiedlichen Substrat-Temperaturen gesputtert wurden

T/°C	$d_{cry}/$nm	Bevorz. Orient.	a; c/Å
RT	78	0,2059	3,2608; 5,2030
150	71	0,2154	3,2533; 5,2121
300	168	0,1181	3,3262; 5,1990
370	157	0,1164	3,3288; 5,1987

Tab. 2.6 Mikrosonden-Ergebnisse für
aluminiumdotierte Zinkoxid-Schichten
($P = 250$ W, $f_{PDC} = 50$ kHz, $t_{Br} = 1$ μs, $f_{DC} = 0$ Hz,
$p = 5$ μbar, $T = $ RT, $t_{Sp} = 15$ min), die einerseits
mit Gleichstrom (DC), andererseits mit
gepulstem Gleichstrom (PDC) in Argon-
Atmosphäre auf Diagläser gesputtert wurden

Referenzen	$c_{DC}/\%_{at}$	$c_{PDC}/\%_{at}$
SiO$_2$	0,17286	0,246
Al$_2$O$_3$	2,10143	2,096
MgO	0,00143	0
Na$_2$O	0	0
CaO	0,13857	0,15
K$_2$O	0,00714	0,004
FeO	0,00571	0,018
MnO	0,01714	0,006
ZnO	97,05857	96,128
BaO	0,01857	0,012
O	0	0
Summe	*99,52142*	*98,66*

2.2.2 Indium-Zinn-Oxid (ITO)

Indium Zinn Oxid (ITO = Indium Tin Oxide) Schichten werden üblicherweise mittels Ionenassistierter Plasma-Evaporation [2], (Niedertemperatur-)Elektronenstrahlverdampfung [3–5], Gleichstrom- (DC = Direct Current), gepulstem Gleichstrom (PDC = Pulsed Direct Current, HPPMS = High Power Pulsed Magnetron Sputtering) bzw. Hochfrequenz-Sputtern (RF = Radio Frequency) [6–11], thermisches Aufdampfen [11] oder gepulster Laser Deposition (PLD = Pulsed Laser Deposition) [12–15] hergestellt. Thermische Nachbehandlungen werden beispielsweise in [3–6] diskutiert, Sauerstoff-Plasma Behandlungen in [16] und der Einfluss von Säuren und Laugen auf die ITO-Schichten in [17]. Untersucht wurden bereits elektrische [2–14, 16, 17], optische [2–12, 14, 17, 18] und strukturelle [3, 7, 8, 12, 14, 15, 18, 19] Eigenschaften dieses halbleitenden Materials. Interessant ist hierbei die Untersuchung des Übergangs vom amorphen zum kristallinen Zustand [3] und der Wachstumsmechanismen (Volmer-Weber, Frank-van der Merwe) [15]. Auf die Bandstruktur und die Austrittsarbeit wurde in [20–22] genauer eingegangen.

Temperaturabhängigkeit: *Indium-Zinn-Oxid (ITO = Indium-Tin-Oxide)* ist das gängigste TCO-Material in der Fotovoltaik. Deshalb wurden auch einige, wenige Sputter-Versuche mit ITO-Targets durchgeführt. Ergebnisse opto-elektrischer Messungen an *ITO-Schichten, die bei unterschiedlichen Substrat-Temperaturen gesputtert wurden*, sollen im Folgenden gezeigt werden.

Aus den UV/Vis/NIR-Spektren in Abb. 2.11 kann abgeschätzt werden, dass mit steigender Sputtertemperatur T die Bandlückenenergie E_g steigt und die Absorption A im sichtbaren

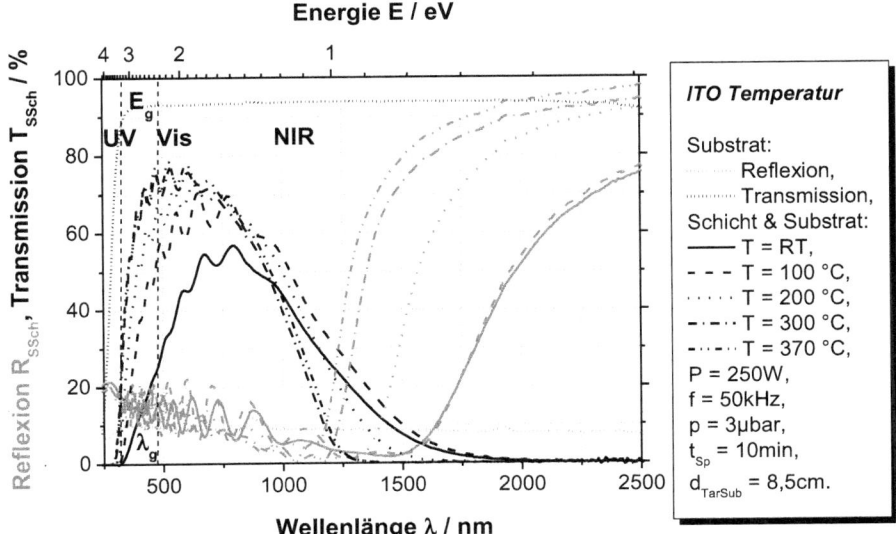

Abb. 2.11 UV/Vis/NIR-Spektren für ITO-Schichten, die mit unterschiedlichen Temperaturen gesputtert wurden

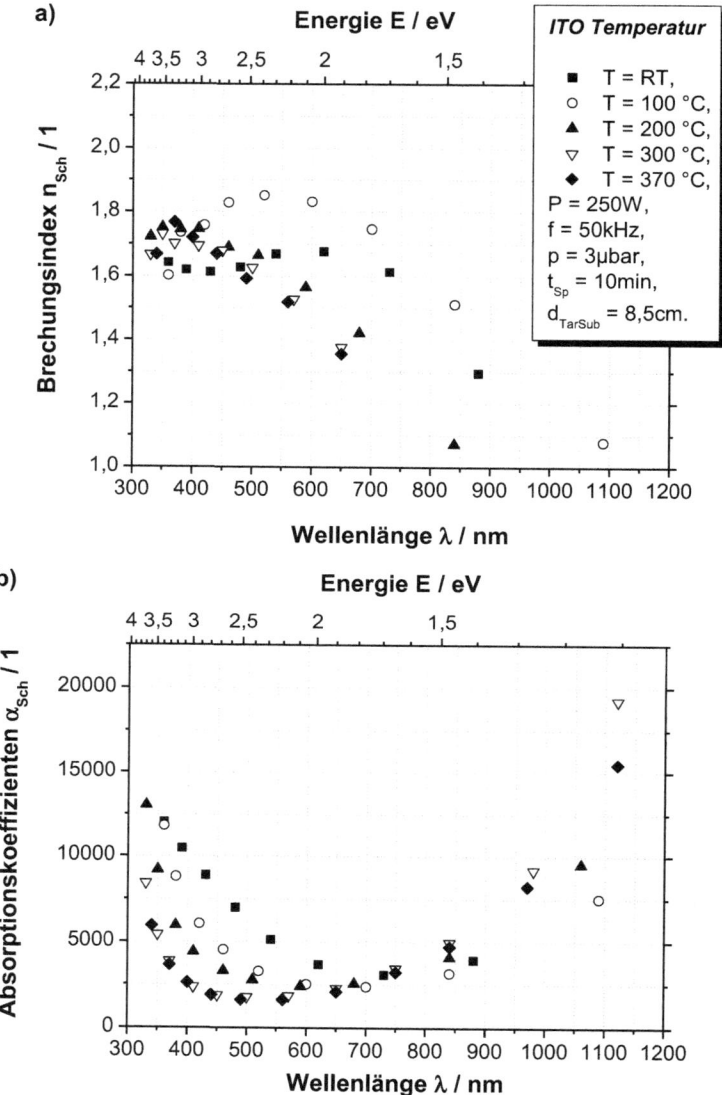

Abb. 2.12 a Brechungsindizes und **b** Absorptionskoeffizienten für ITO-Schichten, die mit unterschiedlichen Substrattemperaturen gesputtert wurden

und nahen infraroten Bereich des Spektrums (Vis, NIR) sinkt. In beiden Fällen ist dies wünschenswert. Im NIR-Bereich, da hier die Erwärmung der Solarzellen durch Absorption thermischer Strahlung vermieden wird. Im Vis-Bereich, da hier zur Wandlung optischer in elektrische Energie am pn-Übergang der Solarzelle mehr Licht transmittiert wird.

In Abhängigkeit von der Temperatur lässt sich die Bandlücke in einem großen Energiebereich variieren („Bandgap Engineering").

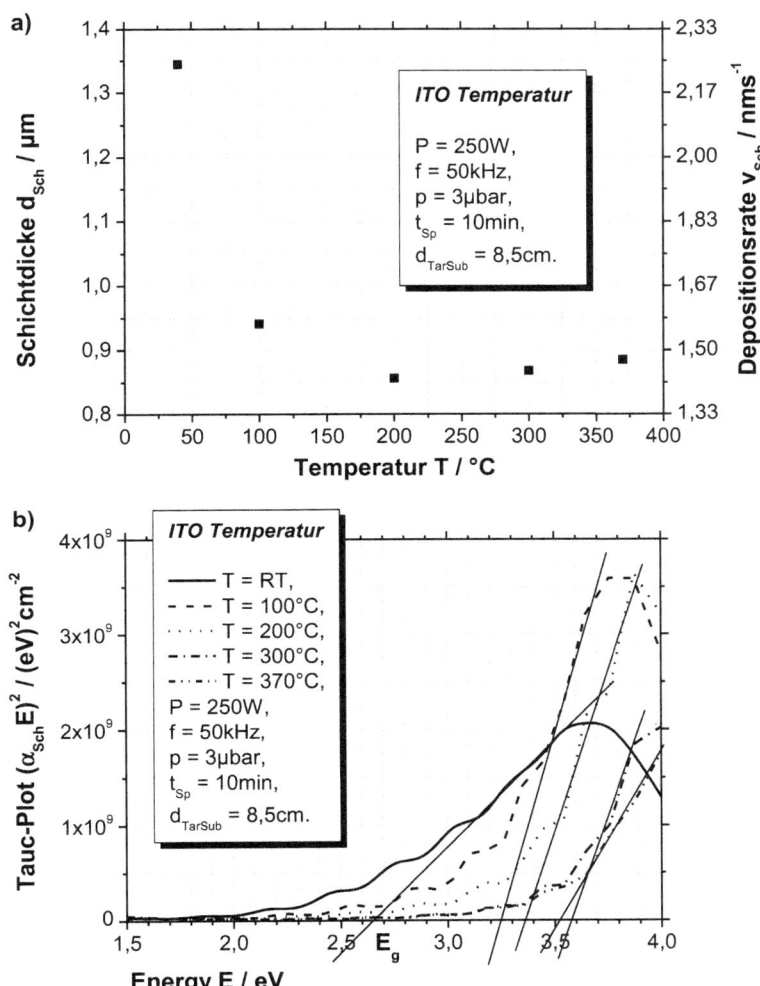

Abb. 2.13 a Schichtdicken, Sputterraten und **b** Tauc-Plots zur Bandlückenbestimmung für ITO-Schichten, in Abhängigkeit unterschiedlicher Sputtertemperaturen

Aus diesen UV/Vis/NIR-Spektren lassen sich Brechungsindizes n_{Sch} und Absorptionskoeffizienten α_{Sch} ableiten, vgl. Abb. 2.12. In beiden Fällen fallen die Größen mit steigender Sputtertemperatur.

Auch die Schichtdicken und Depositionsraten fallen mit steigender Substrattemperatur beim Sputtern, vgl. Abb. 2.13a. Dies ist primär auf zunehmende Desorption von Material, aufgrund steigender thermischer Anregung der Materialmoleküle, in der Schicht zurückzuführen. Wobei diesbezüglich für Temperaturen ab $T \approx 150\,°C$ ein Sättigungseffekt einzutreten scheint.

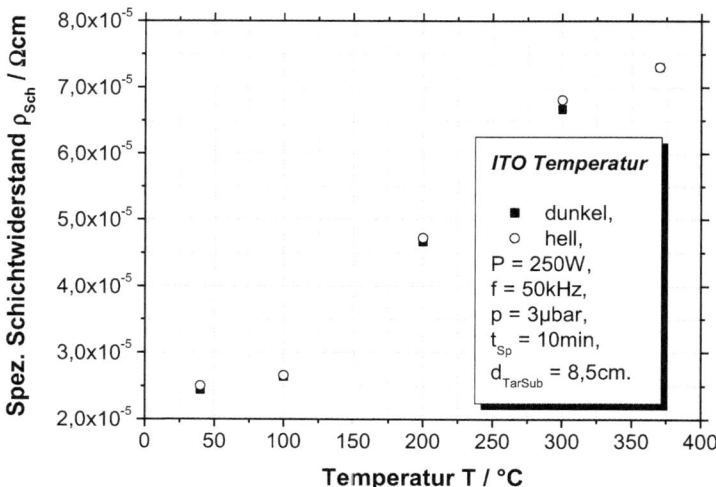

Abb. 2.14 Spezifische Schichtwiderstände für ITO-Schichten (Zwei-Spitzen-Messung), die mit unterschiedlichen Temperaturen gesputtert wurden. Zu sehen ist auch, dass bei Beleuchtung der ITO-Dünnschichten der Schichtwiderstand nicht wesentlich beeinflusst wird

Die Bandlücken steigen, wie in Abb. 2.11 bereits zu sehen war, mit steigender Temperatur erheblich an. Dies ergibt sich auch über die Tauc-Plots in Abb. 2.13b.

Die spezifischen Schichtwiderstände steigen mit zunehmender Sputtertemperatur etwas an – unabhängig von der Beleuchtung der ITO-Schicht, vgl. Abb. 2.14. Dies dürfte auf einer abnehmenden thermischen Anregung von Ladungsträgern beruhen, die in Schichten, gesputtert mit höheren Temperaturen, größere Bandlücken überbrücken müssen, vgl. Abb. 2.13.

Die Austrittsarbeit von ITO variiert zwischen 4,3 eV und 5,1 eV. Verwendet man deshalb eine mittlere Austrittsarbeit von 4,7 eV und eine effektive Masse von $0{,}3\,m_e$, dann erhält man folgende effektive Ladungsträgerdichten, Beweglichkeiten und Lebensdauern. Eine Tendenz in der Temperaturabhängigkeit ist hier nicht wirklich auszumachen (Abb. 2.15).

Abb. 2.15 a
Ladungsträgerdichten, **b**
Beweglichkeiten und **c**
Lebensdauern für ITO-
Schichten, die mit
unterschiedlichen
Substrattemperaturen
gesputtert wurden

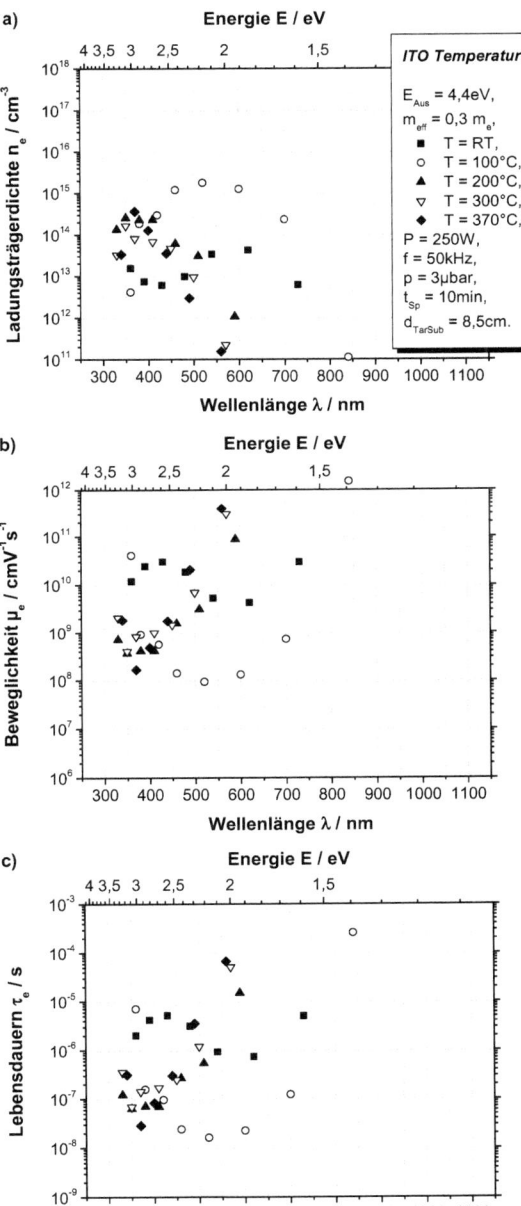

2.3   Weiterführende Literatur

Weitere Literatur zu diesem Kapitel ist im ersten Band dieses zweibändigen Werkes zu finden.

Literatur

1. X. Sun, H. Kwok, Jour. Appl. Phys. Vol. 86, No. 1, 1st July 1999.
2. S. Laux et al., Thin Solid Films 335 (1998) 1-5.
3. D.C. Paine et al., J. Appl. Phys. 85 (1999) 8445.
4. C.H. Chen et al., IEEE Photon. Tech. Let., Vol. 13, No. 8 (2001) 848-850.
5. J.K. Sheu et al., Appl. Phys. Let., Vol. 72(25) (1998/2009) 3317-3319.
6. T. Karasawa, Y. Miyata, Thin Solid Films, Vol 223(1) (1993) 135-139.
7. S.T. Kim et al., Jour. Korean Phys. Soc., Vol. 50(3) (2007) 662-665.
8. Sittinger et al., Thin Solid Films 516 (2008) 5847–5859.
9. S.K. Park et al., Thin Solid Films, Vol. 397(1-2) (2001) 49-55.
10. L. Meng, M.P. dos Santos, Thin Solid Films 322 (1998) 56–62.
11. R.-H. Horng et al., Appl. Phys. Lett. 79 (2001) 2925.
12. H. Kim et al., Appl. Phys. Lett. 74 (1999a) 3444.
13. H. Ohta et al., Appl. Phys. Lett. 76 (2000) 2740.
14. H. Kim et al., J. Appl. Phys. 86 (1999b) 6451.
15. X.W. Sun, H.C. Huang, H.S. Kwok, Appl. Phys. Lett. 68 (1996) 2663.
16. D.J. Milliron et al., J. Appl. Phys. 87 (2000) 572.
17. F. Nüesch et al., Appl. Phys. Lett. 74 (1999) 880.
18. R.A. Synowicki, Thin Solid Films, Vol. 313-314 (1998) 394-397.
19. T. Ishida et al., Jour. Appl. Phys., Vol 73(9) (1993) 4344-4350.
20. O.N. Mryasov, A.J. Freeman, Phys. Rev. B 64, 233111 (2001).
21. K. Sugiyama et al., J. Appl. Phys. 87 (2000) 295.
22. Y. Park et al., Appl. Phys. Lett. 68 (1996) 2699.

Opake, absorbierende Sulfide (Absorber)

3

Ziel ist es letztendlich mittels Sulfosalzen, d. h. sehr komplexer Sulfidstrukturen, funktionierende Solarzellen mit hohen Wirkungsgraden herzustellen. Eingangs jedoch ist es sicher sinnvoll vergleichsweise einfache Materialkombinationen mit überschaubaren atomaren Einheitszellen zu untersuchen. So verwendeten wir vorerst **reine binäre Sulfide**, wie Zinnsulfid SnS (vgl. erster Band dieses Werkes), Bismutsulfid Bi_2S_3 und versuchsweise auch reines Antimonsulfid Sb_2S_3. Wenngleich die stöchiometrische Zusammensetzung der Targets zur Herstellung dieser Sulfide als exakt angenommen werden soll, können insbesondere in den gesputterten Schichten, u. a. bedingt durch Segregation und Desorption, lokal oder auch global andere Stöchiometrien auftreten. Es ist deshalb sinnvoller bei diesen Sulfiden von Sn_xS_y, Bi_xS_y oder Sb_xS_y zu sprechen.

Ausführlich wurden dann aber auch **ternäre und quaternäre schwefelhaltige Systeme** $(Cu_w)Sn_xBi_yS_z$,$(Cu_w)Sn_xSb_yS_z$, $Cu_wPb_xBi_yS_z$ und $Cu_wPb_xSb_yS_z$ untersucht – d. h. Kombinationen von SnS bzw. PbS mit entweder Bi_2S_3 oder Sb_2S_3, sowie teilweiser Beimischung von etwas (w = 5 % … 10 %) Kupfer in Form von CuS. Hierbei ist es sinnvoll, stets mit Schwefel-Überschuss zu arbeiten, da der Schwefel während des Sputterns leicht entweicht.

3.1 Bismutsulfid Bi_xS_y

Die binäre Stoffverbindung aus Bismut und Schwefel, d. h. Bismutsulfid Bi_2S_3, kann mit Hilfe von Sprühverfahren (Spray pyrolysis) [1] oder der Chemischen Badabscheidung (Chemical bath deposition) [2] auf ein Substrat aufgebracht werden. Qualitativ hochwertige Schichten wurden bereits mit dem Solvothermal Process [3], der (Niederdruck (Low Pressure, LP)) Gasphasenabscheidung (Vapour Phase Deposition, VPD) [4] und der (Niederdruck (Low Pressure, LP)) (MO) Chemischen Gasphasenabscheidung (Chemical Vapour Deposition, CVD) hergestellt [5].

© Springer Fachmedien Wiesbaden GmbH, ein Teil von Springer Nature 2018
A. Stadler, *Photonik der Solarzellen II*,
https://doi.org/10.1007/978-3-658-23026-5_3

Die physikalischen Eigenschaften der derart hergestellten Schichten lassen sich durch thermische Nachbehandlung (Annealing), z. B. in inerter Argon Atmosphäre oder reaktiver Wasser- und Sauerstoffatmosphäre [6, 7], beeinflussen.

Auch die Diffusion von Elementen benachbarter Schichten in die Bismutsulfid Schicht beeinflussen deren charakteristische Parameter, wie z. B. das Cadmium aus einer CdS Puffer-Schicht [5].

3.1.1 Variation des Abstandes *r* vom Depositionszentrum

Theorie
Die Bestimmung der physikalischen Größen dieser Schichten stellt theoretisch einen Grenzfall dar. Dies da – aus welchen Gründen auch immer – **keine Fabry-Perot Interferenzen in den UV/Vis/NIR-Spektren** zu erkennen sind, vgl. Abb. 3.1.

Hier wurde deshalb unterstellt, dass diese mit vernachlässigbar kleinen Amplituden existent sind. Damit aber gilt: Fabry-Perot Minimum ≈ Fabry-Perot Maximum; und folglich ist damit *die gesamte Spektralkurve ein Fabry-Perot Extremum*, das für die Auswertung herangezogen werden kann.

Eine Verschiebung des Messpunktes auf der gesputterten Schicht um die Distanz r, ausgehend vom Depositionszentrum zum Rand der Probe, bringt primär eine systematische Abnahme der Schichtdicke und der Depositionsraten mit sich, vgl. erster Band und Abb. 3.3b. Kleinere Wachstumsraten und Schichtdicken jedoch beeinflussen die physikalischen Größen der Schicht nicht unerheblich, wie bereits aus den UV/Vis/NIR-Spektren hervorgeht.

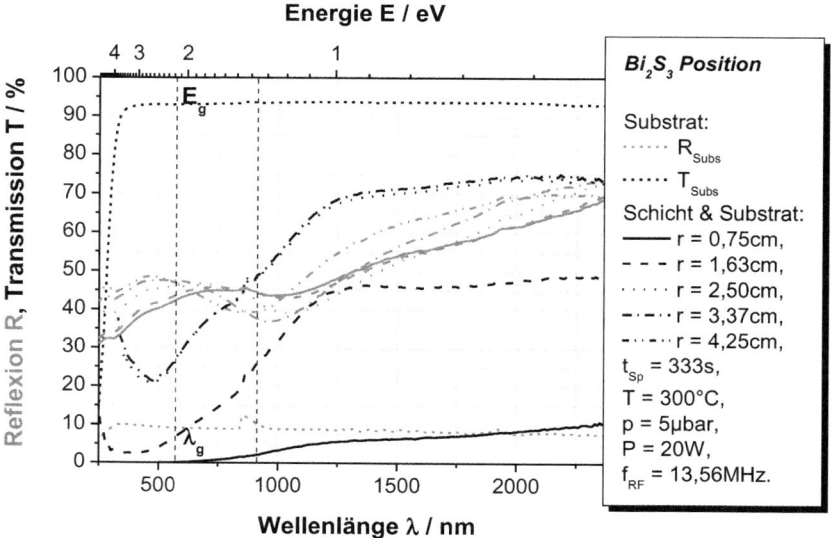

Abb. 3.1 UV/Vis/NIR-Spektren für eine Bi_2S_3-Schicht, die für unterschiedliche Abstände r vom Depositionszentrum vermessen wurde

So steigen die Brechungsindizes und Absorptionskoeffizienten tendenziell mit sinkender Schichtdicke, vgl. Abb. 3.2. Wohingegen die schichtdickenabhängige Absorption sinkt, aufgrund steigender Transmissionen T, entsprechend Abb. 3.1 und Gl. 2.1.

Die schichtdickenabhängigen Leitfähigkeiten nehmen nach Abb. 3.3 mit abnehmender Schichtdicke zu. Gleiches gilt für die Bandlücken in Tab. 3.1.

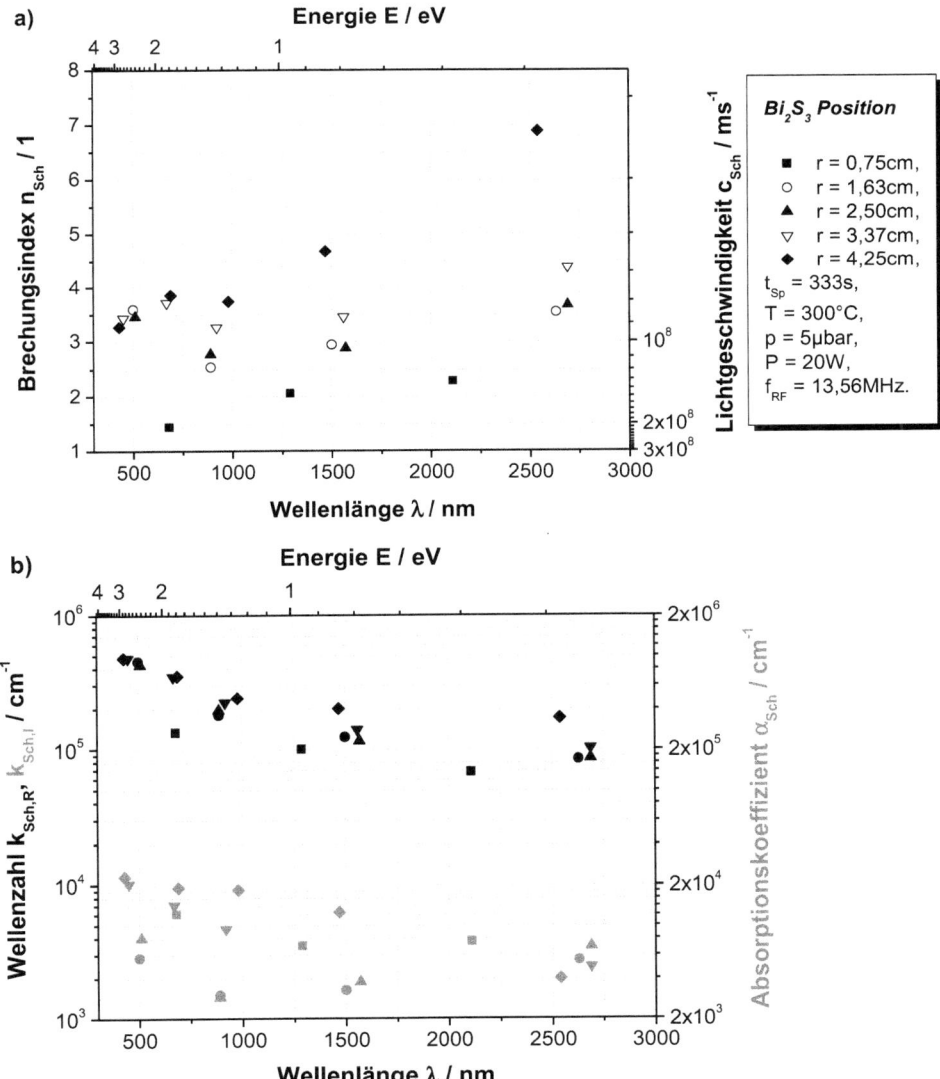

Abb. 3.2 **a** Brechungsindizes, Lichtgeschwindigkeiten, **b** Real- und Imaginärteile von Wellenzahlen sowie Absorptionskoeffizienten für eine Bi$_2$S$_3$-Schicht als Funktion der Wellenlänge bzw. der Energie einfallender Photonen. Laufparameter ist hier der Abstand r vom Depositionszentrum auf der Probenoberfläche

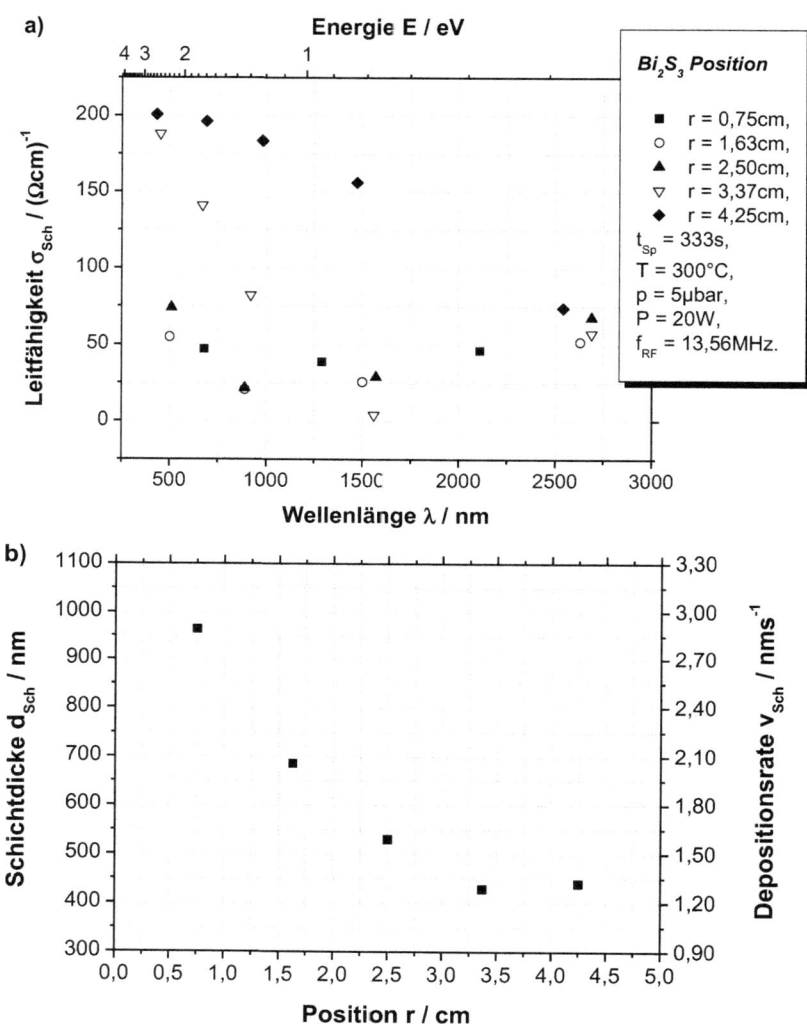

Abb. 3.3 a Berührungsfrei, optisch gemessene Leitfähigkeiten als Funktion der Wellenlänge bzw. der Energie sowie **b** Schichtdicken und Depositionsraten als Funktion vom Abstand r zum Depositionszentrum für eine Bi$_2$S$_3$-Schicht

Tab. 3.1 Bandlücken E$_g$ für Bi$_2$S$_3$-Schichten ($P = 20$ W, $f_{RF} = 13,56$ MHz, $p = 5$ µbar, T = 300 °C, $t_{Sp} = 333$ s), die mittels Tauc-Plot für unterschiedliche Abstände r vom Depositionszentrum bestimmt wurden

r/cm	0,75	1,63	2,50	3,37	4,25
E$_g$/eV	1,76	1,86	1,88	2,11	2,15

3.1.2   Variation der Substrat-Temperatur während des Sputterns

UV/Vis/NIR-Spektren von Bismutsulfidschichten zeigen für Sputtertemperaturen über $T = 300\,°C$ eine deutliche Abnahme der Reflexion R im absorbierenden Bereich des Spektrums. Die vergleichsweise niedrigen Transmissionen weisen somit hohe Absorptionen aus, leider auch im NIR-Bereich, so dass diese Schichten unerwünscht warm werden, vgl. Abb. 3.4.

Die Brechungsindizes werden für Sputtertemperaturen über $T = 300\,°C$ ähnlich gering wie die der herkömmlichen TCO-Schichten (Transparent Conducting Oxide, wie ITO oder ZnO:Al). Damit können im Betrieb von Solarzellen Verluste durch Reflexion an der Grenzfläche zwischen TCO- und Absorberschicht weitgehend vermieden werden. Die Absorptionskoeffizienten sind im Absorptionsbereich des Spektrums (überhalb der Bandlückenenergie), wie üblich, etwas höher als im Transmissionsbereich, vgl. Abb. 3.5. Ansonsten sind auch hier nur die Schichten, welche bei $T = 300\,°C$ gesputtert wurden, auffällig.

Bedauerlicherweise sind die Leitfähigkeiten der ansonsten idealen Bismutsulfidschichten, welche mit $T = 300\,°C$ hergestellt wurden, deutlich geringer als die der Schichten, die bei niedrigeren Temperaturen produziert wurden. Die Depositionsraten hingegen sind, mit Blick auf eine industrielle Fertigung, erfreulich hoch, vgl. Abb. 3.6. Die Bandlücken sind entsprechend Abb. 3.7 und Tab. 3.2 für mittlere Temperaturen, etwa bei $T = 150\,°C$, minimal.

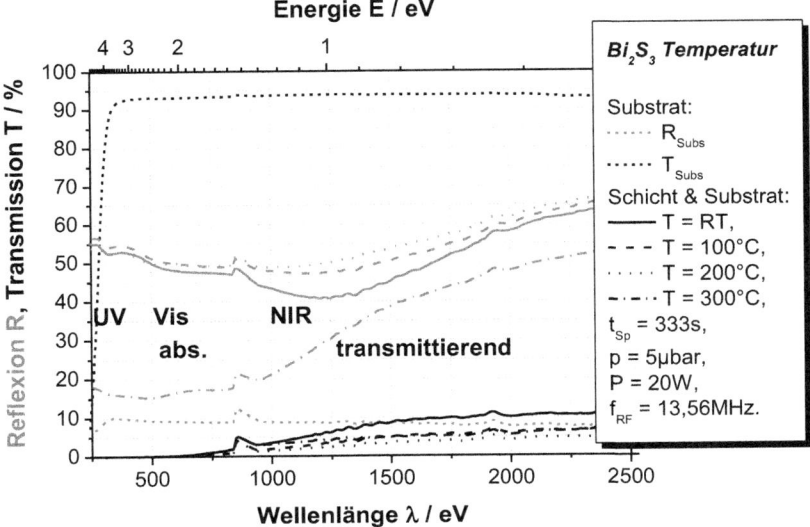

Abb. 3.4 UV/Vis/NIR-Spektren für Bi$_2$S$_3$-Schichten, die mit unterschiedlichen Substrattemperaturen hergestellt wurden

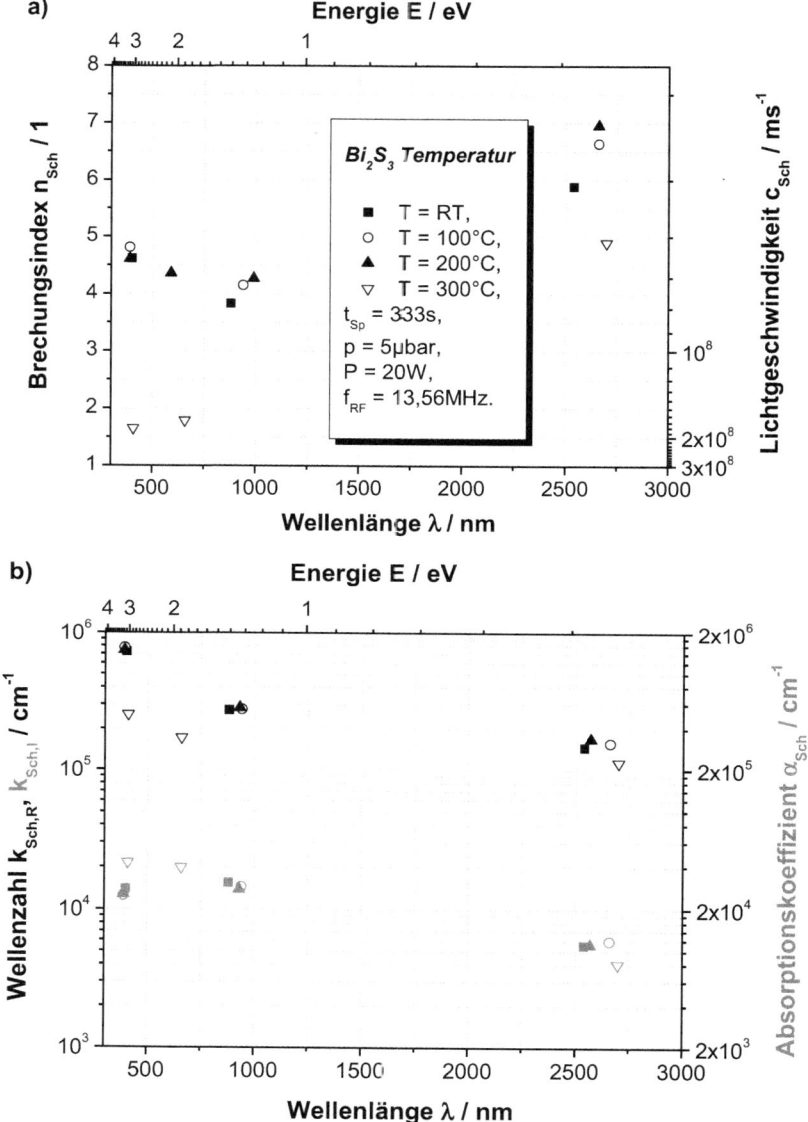

Abb. 3.5 **a** Brechungsindizes, Lichtgeschwindigkeiten, **b** Real- und Imaginärteile von Wellenzahlen sowie Absorptionskoeffizienten für Bi_2S_3-Schichten als Funktion der Wellenlänge bzw. der Energie einfallender Photonen. Laufparameter ist hier die Substrattemperatur T während des Sputterprozesses

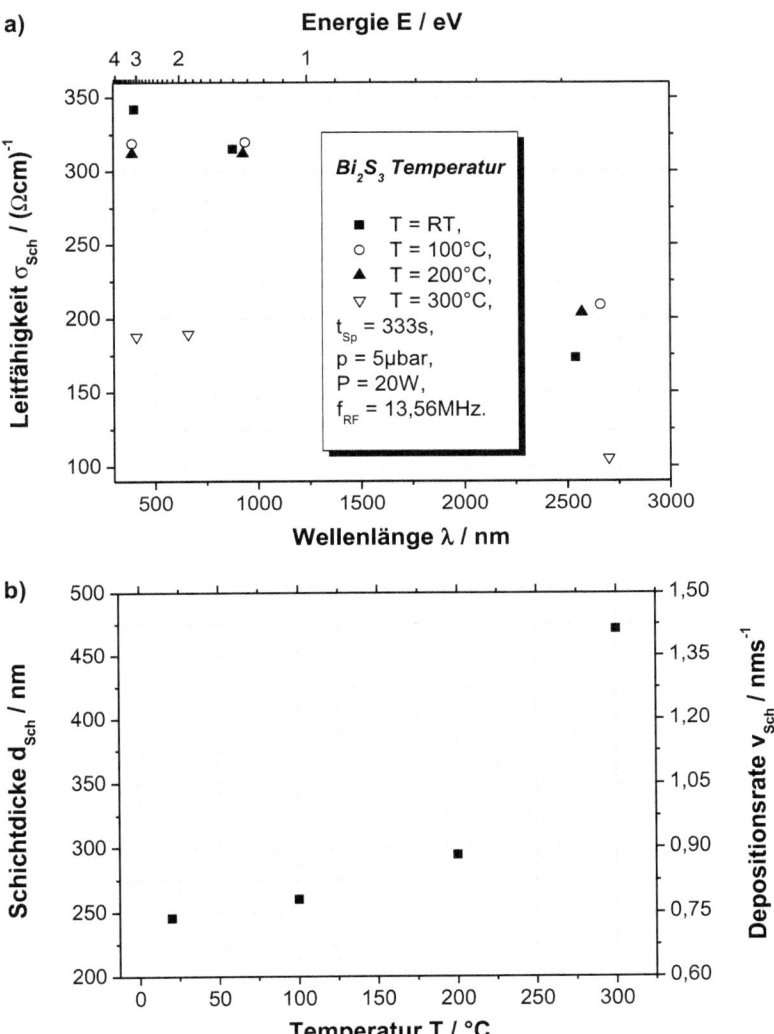

Abb. 3.6 **a** Berührungsfrei, optisch gemessene Leitfähigkeiten als Funktion der Wellenlänge bzw. der Energie sowie **b** Schichtdicken und Depositionsraten als Funktion von der Sputtertemperatur für Bi$_2$S$_3$-Schichten

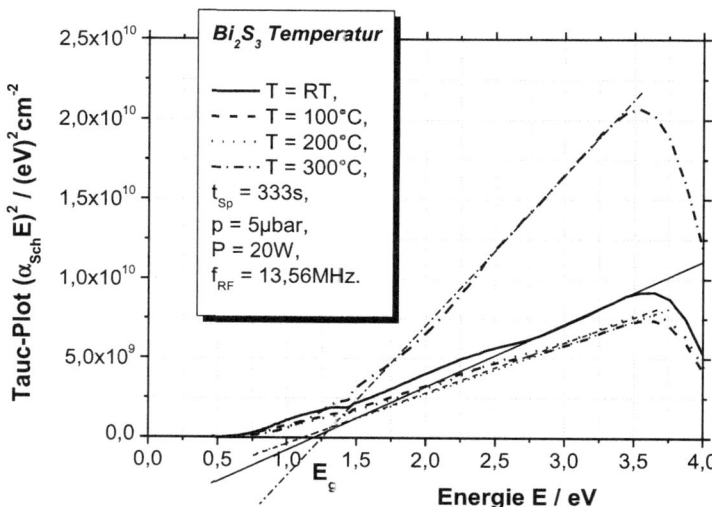

Abb. 3.7 Tauc-Plot zur Bestimmung der Bandlückenenergien E_g von Bi_2S_3-Schichten als Funktion der Sputtertemperatur

Tab. 3.2 Bandlücken E_g für Bi_2S_3-Schichten (P = 20 W, f_{RF} = 13,56 MHz, p = 5 µbar, t_{Sp} = 333 s), die mittels Tauc-Plot für unterschiedliche Sputtertemperaturen bestimmt wurden

T/°C	RT	100	200	300
E_g/eV	1,21	1,12	1,13	1,26

3.1.3 Annealing in Schwefelatmosphäre bei unterschiedlichen Temperaturen

Um den Einfluss der stöchiometrischen Zusammensetzung von Bismut und Schwefel auf die physikalischen Eigenschaften der Bismutsulfid Dünnschichten zu untersuchen, wurden die – mit den bereits bekannten Prozessparametern (P = 20 W, f_{RF} = 13,56 MHz, p = 5 µbar und t_{Sp} = 333 s) – abgeschiedenen Schichten in Schwefelatmosphäre bei unterschiedlichen Temperaturen (RT = Raumtemperatur, 100 °C, 200 °C, 300 °C) für eine Dauer von t_{Ann} = 1 h nachbehandelt. Das Sputtern der Dünnschichten bei Raumtemperatur ermöglichte es, das gesamte Temperaturbudget gering zu halten; ausgenommen hiervon war die bei Raumtemperatur nachbehandelte Probe, welche der Vergleichbarkeit halber bereits während der Herstellung mit einer Temperatur von T = 300 °C beaufschlagt wurde.

Tendenziell führt die thermische Nachbehandlung in Schwefelatmosphäre mit zunehmender Temperatur zu einem „Aufblasen der Schicht". Damit dürfte Schwefel einerseits auf „Gitterplätzen" eingebaut werden, was neben einer Änderung der Stöchiometrie lokal auch zu Inhomogenitäten der Gitterstruktur führt, und andererseits auf „Zwischengitterplätzen", was eine Erhöhung der Gitterkonstanten zur Folge hat. Für Temperaturen über $T_{Ann} = 300\,°C$ werden die Schichten deutlich porös.

Die Spektren, Abb. 3.8, der thermisch in Schwefel-Atmosphäre nachbehandelten Proben, weisen deutlich amplitudenstärkere Fabry Pérot Extrema auf, als diejenigen in Abb. 3.4. Die Brechungsindizes sind etwas kleiner als diejenigen der nicht in Schwefel-Atmosphäre thermisch behandelten Schichten; die Absorptionskoeffizienten sind in vergleichbarer Größe, siehe Abb. 3.5 und 3.9. Die Schichtdicken und Depositionsraten steigen bei diesem Materialsystem grundsätzlich mit der Sputtertemperatur, vgl. Abb. 3.6 und 3.9. Entsprechend dieser beiden Abbildungen ist der temperaturabhängige Schichtdickenanstieg während des Annealing-Prozesses in S-Atmosphäre etwas geringer als für den Fall, dass die gleiche Temperatur schon während des Sputterns verwendet würde. Optisch und elektrisch gemessene Leitfähigkeiten sind in Abb. 3.10 zu sehen; Schwefelzusatz senkt, unabhängig vom Messverfahren, die Leitfähigkeit einer Schicht. Die Bandlückenenergien werden für $T_{Ann} = 200\,°C$ mit $E_g = 2,03$ maximal und sind durchwegs ohne Schwefelzusatz im optimalen Bereich von $1,12 < E_g < 1,44$, vgl. Abb. 3.7 und 3.11, Tab. 3.2 und 3.3.

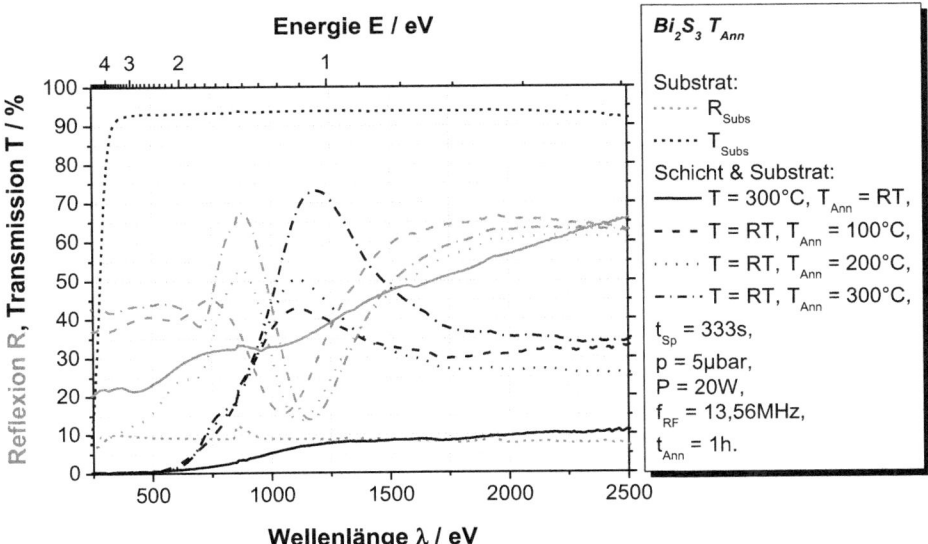

Abb. 3.8 UV/Vis/NIR-Spektren für Bi$_2$S$_3$-Schichten, die bei unterschiedlichen Temperaturen T_{Ann} in Schwefelatmosphäre für die Dauer von $t_{Ann} = 1$ h nachbehandelt wurden; ausgenommen hiervon war die bei Raumtemperatur nachbehandelte Probe, welche der Vergleichbarkeit halber bereits während der Herstellung mit einer Temperatur von $T = 300\,°C$ beaufschlagt wurde

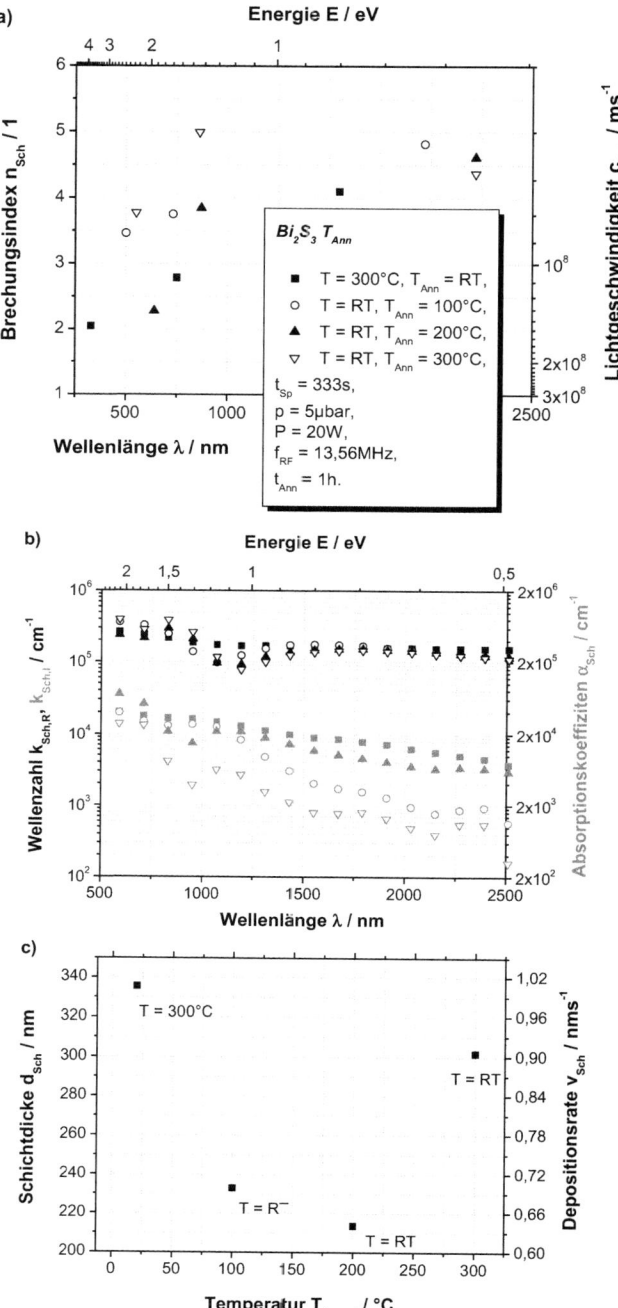

Abb. 3.9 **a** Brechungsindizes, Lichtgeschwindigkeiten, **b** Real- und Imaginärteile von Wellenzahlen sowie Absorptionskoeffizienten für Bi_2S_3-Schichten als Funktion der Wellenlänge bzw. der Energie einfallender Photonen. Laufparameter ist hier die Temperatur T_{Ann} während der thermischen Nachbehandlung in Schwefel-Atmosphäre. **c** Schichtdicke und Depositionsraten als Funktion von T_{Ann}

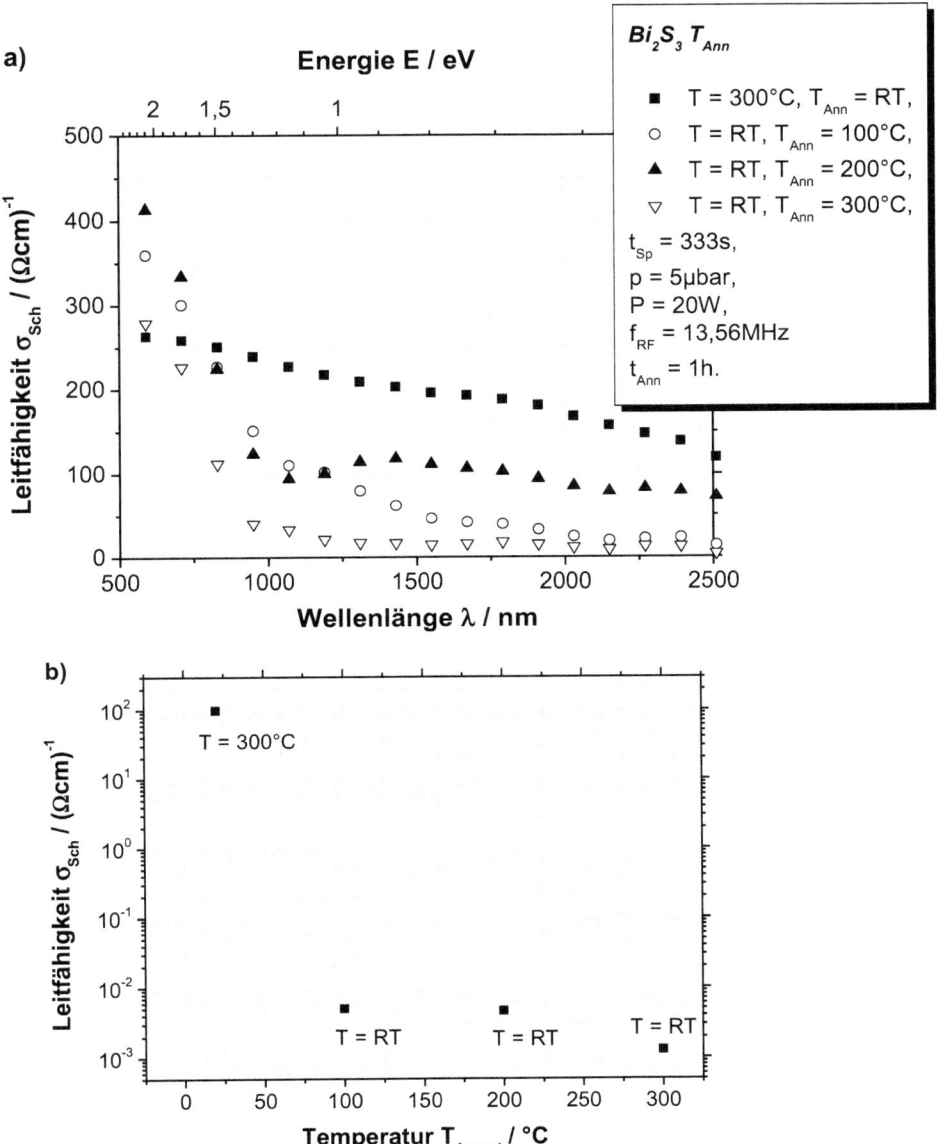

Abb. 3.10 **a** Berührungsfrei, optisch gemessene Leitfähigkeiten als Funktion der Wellenlänge bzw. der Energie mit T$_{Ann}$ als Parameter, sowie **b** mittels Vier-Spitzen-Messung bestimmte Leitfähigkeiten als Funktion von T$_{Ann}$

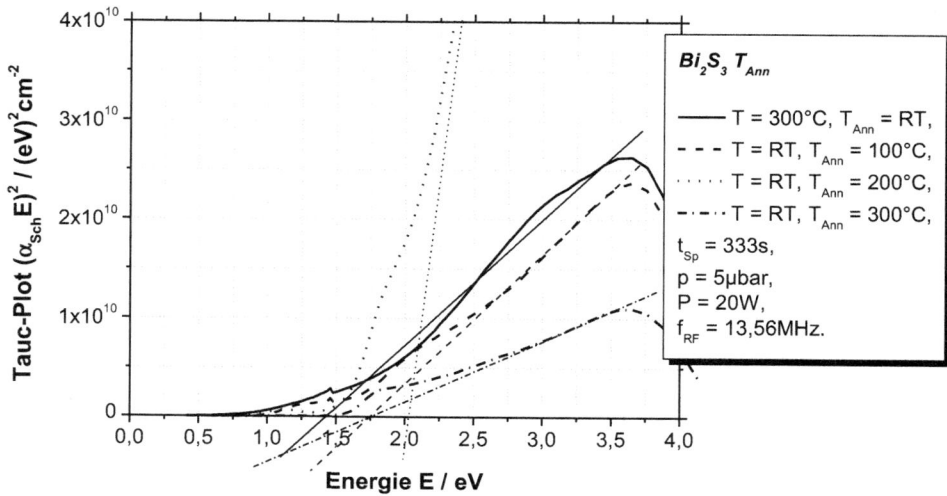

Abb. 3.11 Tauc-Plot zur Bestimmung der Bandlückenenergien E_g von Bi_2S_3-Schichten. Laufparameter ist hier die Temperatur T_{Ann}, während der einstündigen Nachbehandlung in Schwefelatmosphäre

Tab. 3.3 Bandlücken E_g für Bi_2S_3-Schichten ($P = 20$ W, $f_{RF} = 13,56$ MHz, $p = 5$ μbar, $t_{Sp} = 333$ s), die mittels Tauc-Plot für unterschiedliche Temperaturen T_{Ann}, während der einstündigen Nachbehandlung in Schwefelatmosphäre, bestimmt wurden

$T_{Ann}/°C$	RT	100	200	300
E_g/eV	1,44	1,75	2,03	1,76

3.2   Antimonsulfid Sb_xS_y

3.2.1   PDC-gesputtertes Sb_2S_3

Antimonsulfid (Sb_2S_3) kommt, wie die meisten anderen hier analysierten Sulfide, in der Natur vor [8]. Synthetisch lässt sich Antimonsulfid beispielsweise mittels Sprühverfahren [9], Chemischer Badabscheidung [10–12], Sputtern (RF Magnetron Sputtern) [13] und Aufdampfen [14, 15] herstellen. Der Einfluss einer thermischen Nachbehandlung wurde z. B. in [10, 16] untersucht. Dotierungen mit Samarium, Kalium und Sauerstoff wurden in [14, 16, 17] vorgenommen. Die Struktur des Antimonsulfids wurde in [8, 10–13, 15–17] aufgelöst, optische [9–16] und elektrische Analysen [9–12] wurden bereits durchgeführt. Sogar ganze Solarzellen mit Sb_2S_3-Absorbermaterialien wurden hergestellt und mit Strom-Spannungs-Messungen vermessen [9–11].

Hier wurde nun bei einem vergleichsweise kleinen Target-Substrat Abstand von $d_{TarSub} = 4$ cm für eine Dauer von $t_{Sp} = 30$ min, einem Prozesskammerdruck von $p = 5$ μbar und einer Substrat-Temperatur von $T = 300\,°C$ mittels gepulstem Gleichstrom-Sputtern (PDC: vergleichsweise hohe Frequenz, $f = 350$ kHz) mit nur P = 8 W Leistung eine Antimon-Sulfid Schicht abgeschieden.

Die UV/Vis/NIR-Spektren sind in Abb. 3.12 zu sehen; für diese gilt $A_{Sch} = 1$-$(R_{Sch} + T_{Sch})$. Aufgrund der Fabry-Pérot Schwingungen kann die Bandlücke E_g, Wendepunkt in der Absorption, aus den Spektren nur auf den Bereich zwischen 0,5 eV bis 1,5 eV eingeschränkt werden; hier hilft der Tauc-Plot weiter, vgl. Abb. 3.13b und Tab. 3.4. Der wellenlängenabhängige Brechungsindex weist im Bereich 800 nm $< \lambda <$ 1800 nm fallende Werte zwischen 2,8 $> n_{Sch} >$ 1,8 auf, siehe Abb. 3.13a. Die Schichtdicke beläuft sich nach Tab. 3.4 auf $d_{Sch} = 4,85$ μm.

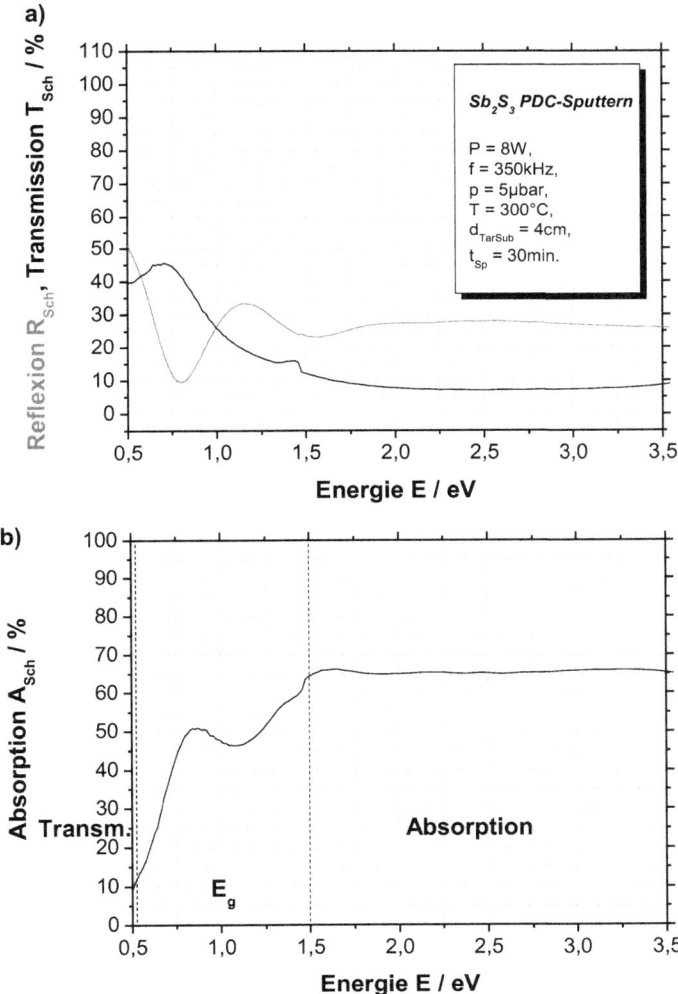

Abb. 3.12 a UV/Vis/NIR-Reflexions-, -Transmissions- und **b** -Absorptions-Spektrum für eine PDC-gesputterte Sb_2S_3-Schicht. Reflexions- und Transmissions-Spektren können gemessen werden, Absorptions-Spektren müssen über die Bilanzgleichung, $A_{Sch} = 1-(R_{Sch} + T_{Sch})$, berechnet werden. Aufgrund der Fabry-Pérot Schwingungen kann die Bandlücke, E_g, aus dem Spektrum nur auf den Bereich zwischen 0,5 eV bis 1,5 eV beschränkt werden; hier hilft der Tauc-Plot weiter, siehe Abb. 3.13

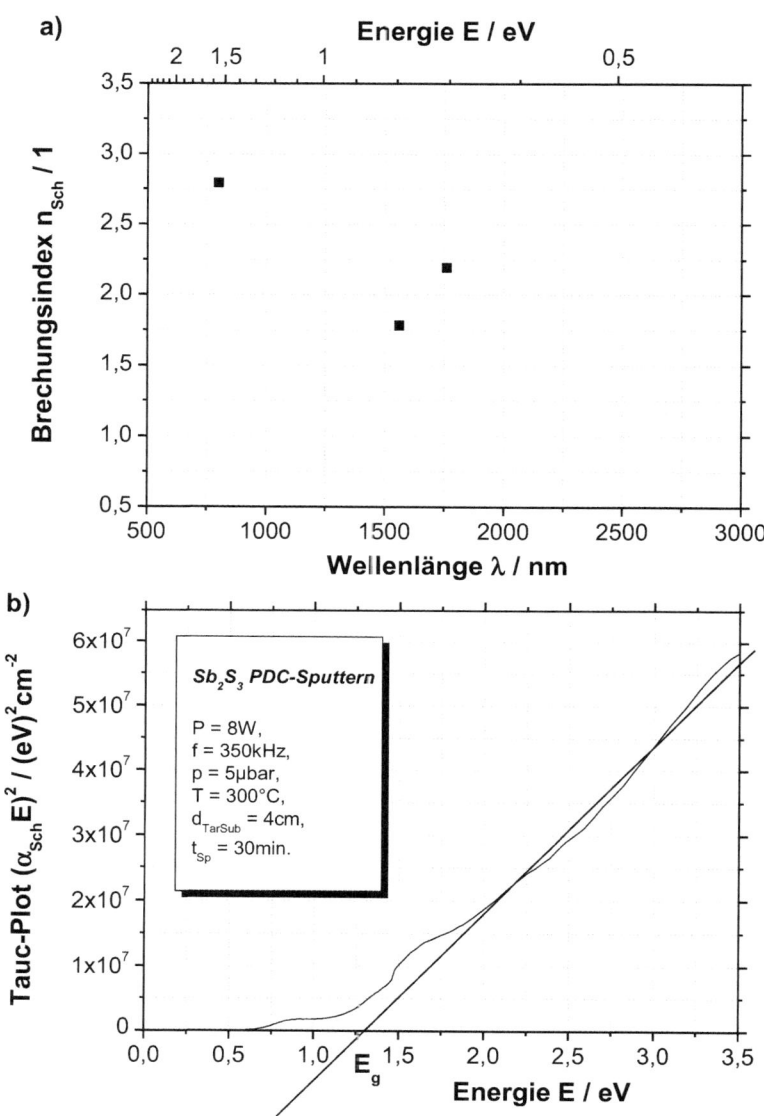

Abb. 3.13 a Brechungsindex als Funktion der Wellenlänge bzw. der Energie einfallender Photonen. **b** Tauc-Plot zur Bestimmung der Bandlücke, E_g

Tab. 3.4 Schichtdicke, d_{Sch}, und über Tauc-Plot bestimmte Bandlückenenergie, E_g, für eine PDC-gesputterte Sb_2S_3-Schicht ($P = 8$ W, $f = 350$ kHz, $p = 5$ μbar, $T = 300$ °C, $d_{TarSub} = 4$ cm, $t_{Sp} = 30$ min)

$d_{Sch}/\mu m$	4,85
E_g/eV	1,32

3.2.2 RF-gesputtertes Sb$_2$S$_3$

Die UV/Vis/NIR-Spektren, der mit gleichbleibendem Target-Substrat Abstand, d_{TarSub} = 4 cm, für eine doppelt so lange Dauer, t_{Sp} = 1 h, bei einem Prozesskammerdruck von 3 µbar, temperaturabhängig (T = 200 °C bzw. T = 450 °C), mit gängigen P = 20 W Leistung und Hochfrequenz (RF = Radio Frequency) gesputterten Sb$_2$S$_3$-Dünnschichten, sind in Abb. 3.14 zu sehen.

Trotz doppelter Sputterdauer sind die mit RF hergestellten Sb$_2$S$_3$-Schichten nur etwa ein Viertel so dick wie die soeben diskutierten Schichten, die mit PDC abgeschieden wurden.

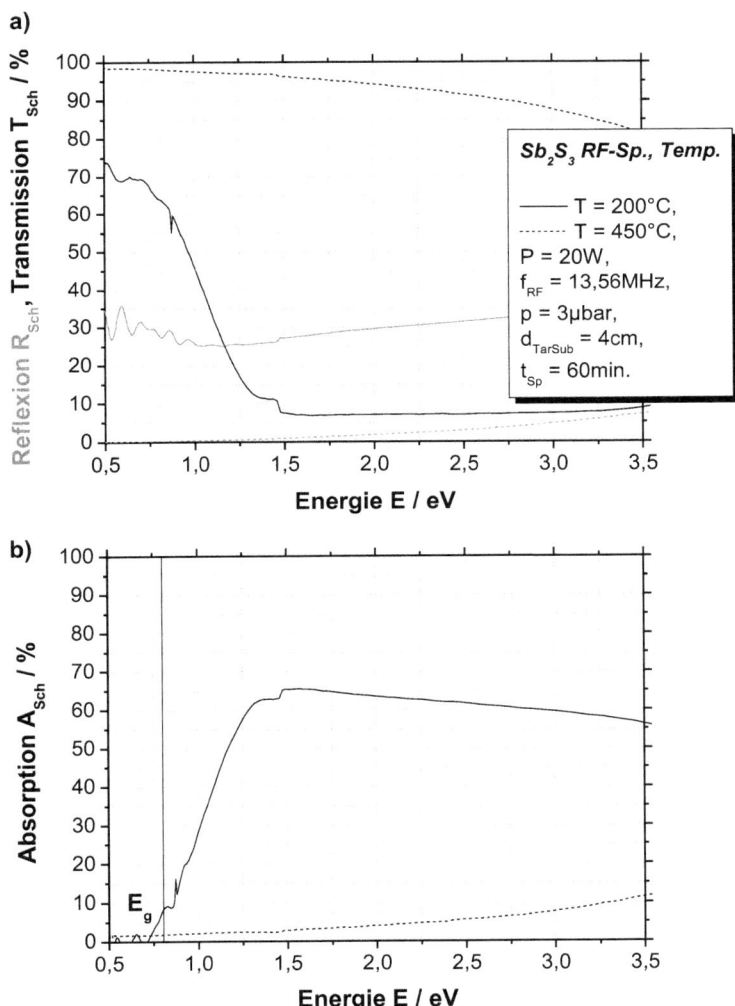

Abb. 3.14 a UV/Vis/NIR-Reflexions-, -Transmissions- und **b** -Absorptions-Spektrum für eine RF-gesputterte Sb$_2$S$_3$-Schicht

Auch die Bandlücke dieser Schicht ist mit $E_g = 0,733$ eV nur halb so groß wie die der PDC-gesputterten Schicht, vgl. Tab. 3.4 und 3.5. Die Brechungsindizes weisen wellenlängenabhängig nahezu vergleichbare Werte auf, vgl. Abb. 3.13 und 3.15, ebenso wie die Absorptionen ($A_{Sch} \approx 65$ %), siehe Abb. 3.12 und 3.14.

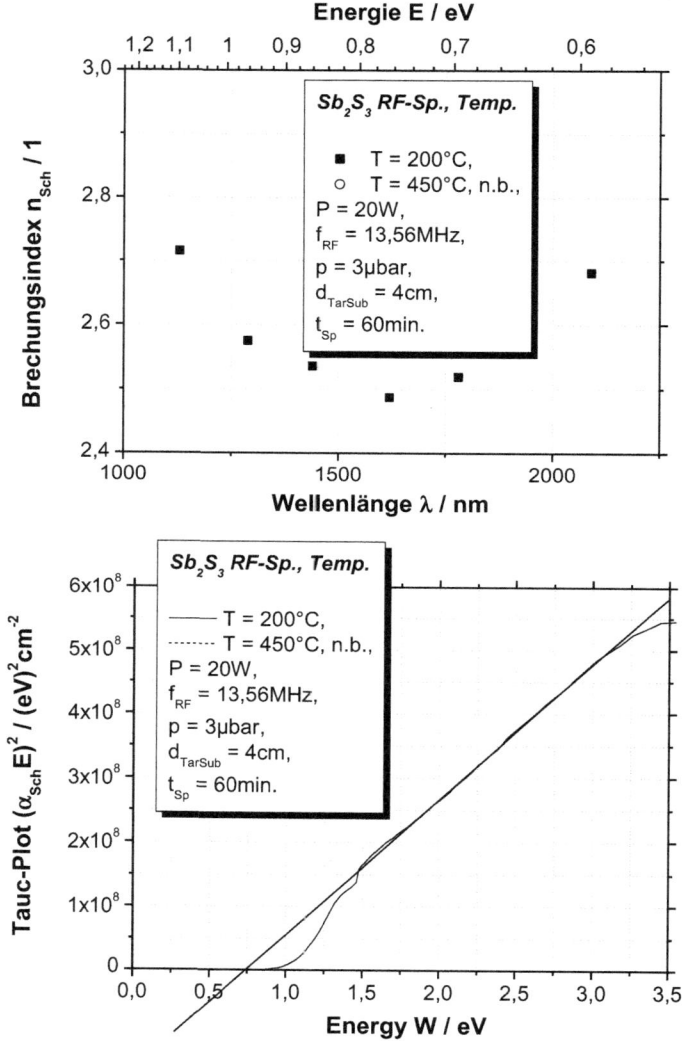

Abb. 3.15 **a** Brechungsindex als Funktion der Wellenlänge bzw. der Energie einfallender Photonen. **b** Tauc-Plot zur Bestimmung der Bandlücke, E_g

Tab. 3.5 Schichtdicke, d_{Sch}, und Bandlücke (Tauc-Plot), E_g, für eine RF-gesputterte Sb_2S_3-Schicht ($P = 20$ W, $f_{RF} = 13{,}56$ MHz, $p = 3$ µbar, $T = 200\,°C$, $d_{TarSub} = 4$ cm, $t_{Sp} = 60$ min)

$d_{Sch}/\mu m$	1,24
$\mathbf{E_g/eV}$	0,733

3.3 Das ternäre System Sn$_x$Bi$_y$S$_z$ – gebildet aus SnS und Bi$_2$S$_3$

3.3.1 Schichten aus homogenen Sn$_x$Bi$_y$S$_z$-Targets

3.3.1.1 Temperaturabhängigkeit beim Hochfrequenzsputtern (RF-Sputtern)

Das zur Herstellung der Schichten benötigte Target wurde hier im Verhältnis 1:1 homogen aus den Bestandteilen Zinnsulfid (SnS) und Bismutsulfid (Bi$_2$S$_3$) zusammengestellt. Da Schwefel während der Schichtabscheidung, als S$_2$, vergleichsweise flüchtig ist, wurden dem Target homogen 3 % Schwefel zugesetzt. Der bislang vergleichsweise dominante *Einfluss der Substrattemperatur* auf die opto-elektrischen Schichteigenschaften soll nun auch für das ternäre Sn$_x$Bi$_y$S$_z$ überprüft werden.

Reflexions- und Transmissionsspektren dieser, mit *Hochfrequenz-Sputtern (RF-Sputtern)* hergestellten Schichten, sind in Abb. 3.16 zu sehen. Die Reflexionen nehmen im Temperaturbereich zwischen 250 °C und 350 °C kontinuierlich ab – sie zeigen bei 250 °C ein lokales Maximum, bei 350 °C ein lokales Minium. Die Transmissionen liegen, für Photonenenergien über der Bandlücke, durchwegs bei knapp 10 %.

Die Temperaturabhängigkeit der Reflexionen charakterisiert auch das Verhalten aller anderen physikalischen Größen, wie Brechungsindizes, Lichtgeschwindigkeiten, Dielektrizitäts-konstanten (Abb. 3.17), Schichtdicken, Depositionsraten und Absorptionskoeffizienten (Abb. 3.18). Eine Ausnahme machen hier die Bandlückenenergien, die mit zunehmender Sputtertemperatur zu höheren Werten tendieren, vgl. Abb. 3.19 und Tab. 3.6.

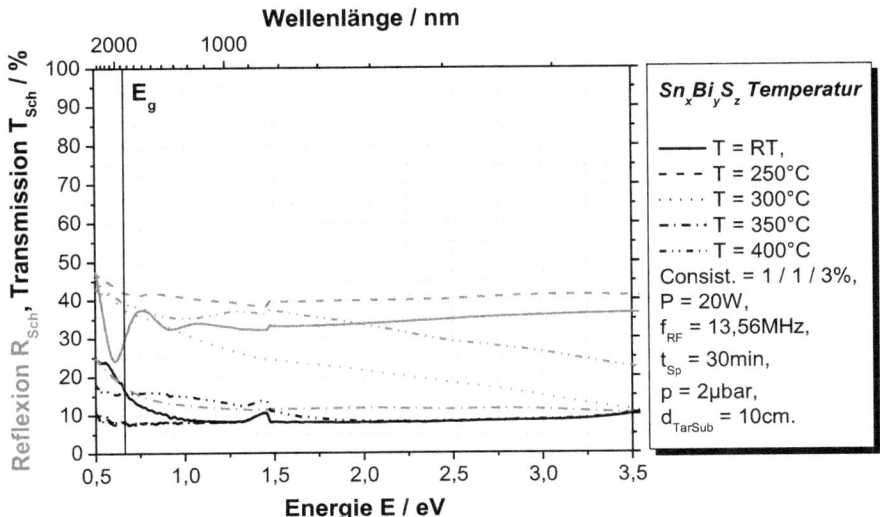

Abb. 3.16 UV/Vis/NIR-Reflexions- und -Transmissions-Spektren für RF-gesputterte Sn$_x$Bi$_y$S$_z$-Schichten in Abhängigkeit von der Energie und der Wellenlänge einfallender Photonen, sowie der Substrattemperatur während des Sputterns

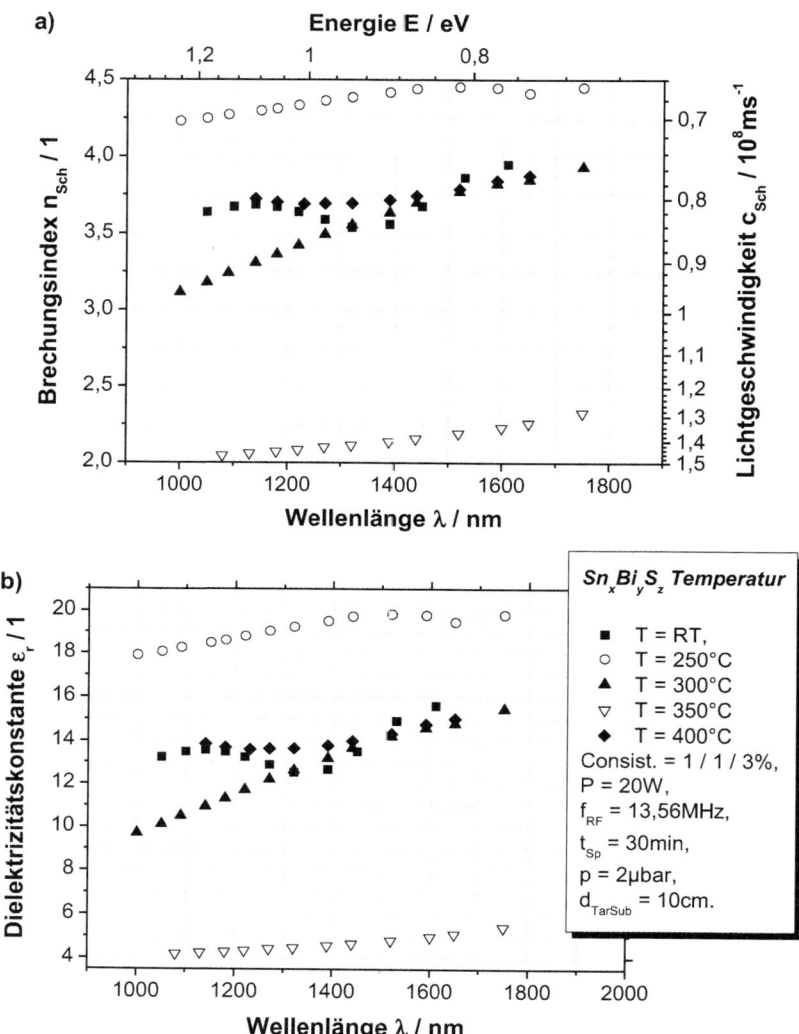

Abb. 3.17 a Brechungsindizes, Lichtgeschwindigkeiten und **b** Dielektrizitätskonstanten für $Sn_xBi_yS_z$-Schichten als Funktion der Wellenlänge bzw. der Energie einfallender Photonen. Laufparameter ist hier die Substrattemperatur T während des Sputterprozesses

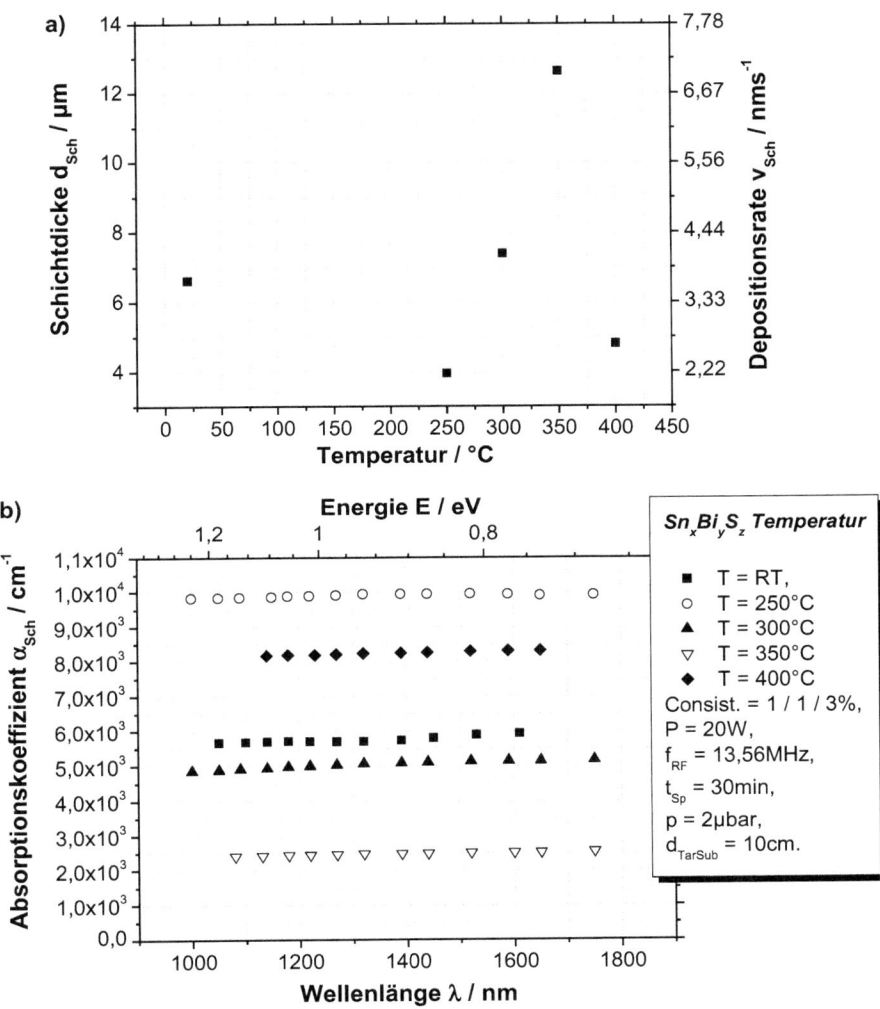

Abb. 3.18   a Schichtdicken, Depositionsraten und **b** Absorptionskoeffizienten für Sn$_x$Bi$_y$S$_z$-Schichten als Funktion der Wellenlänge bzw. der Energie einfallender Photonen. Verwendet wurden unterschiedliche Substrattemperaturen T während des Sputterprozesses

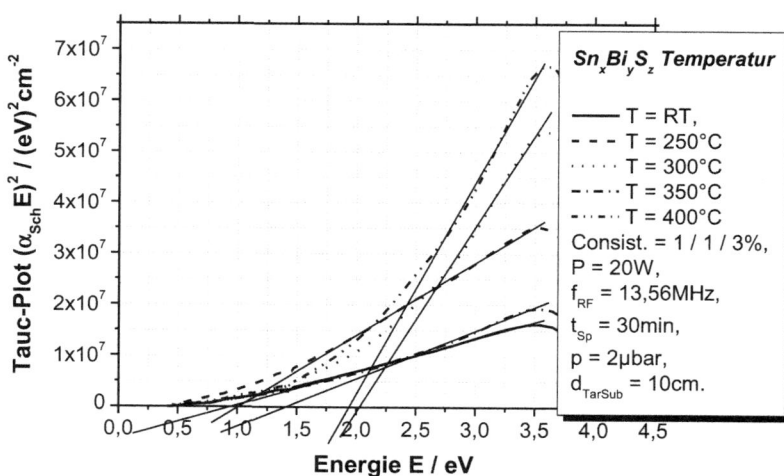

Abb. 3.19 Tauc-Plot zur Bestimmung der Bandlücke, E_g, für $Sn_xBi_yS_z$-Schichten als Funktion unterschiedlicher Substrattemperaturen T während des Sputterprozesses

Tab. 3.6 Bandlücken für RF-gesputterte $Sn_xBi_yS_z$-Schichten ($P = 20$ W, $f_{RF} = 13,56$ MHz, $t_{Sp} = 30$ min, $p = 2$ μbar, $d_{TarSub} = 10$ cm) in Abhängigkeit von der Temperatur

T/°C	RT	250	300	350	400
E_g/eV	0,95	1,03	2,03	1,42	1,94

3.3.1.2 Temperaturabhängigkeit beim gepulsten Gleichstromsputtern

Trotz Verwendung deutlich kleinerer Leistungen, $P = 3$ W anstatt $P = 20$ W, ergeben sich vergleichsweise hohe Depositionsraten v_{Sch}, siehe Abb. 3.22. Dies, da gepulster Gleichstrom ($f = 200$ kHz) anstatt Hochfrequenz ($f_{RF} = 13,56$ MHz) verwendet wurde.

Die Reflexionen sind mit zunehmender Substrattemperatur, über das gesamte Spektrum hinweg höher, vgl. Abb. 3.20. Dies beeinflusst auch die Brechungsindizes, Dielektrizitätskonstanten (Abb. 3.21), Schichtdicken, Depositionsraten, Absorptionskoeffizienten (Abb. 3.22) und Bandlückenenergien (Abb. 3.23). In Abb. 3.21 ist der Einfluss interferierender Photonenwellenfunktionen auf die Brechungsindizes und die Dielektrizitätskonstanten gezeigt. Das heißt, hier wurde das gesamte Spektrum zur Auswertung verwendet und nicht – wie üblich – ausschließlich die Fabry-Pérot Extrema. Der Einfluss der Temperatur auf die Absorptionskoeffizienten und weitere physikalische Größen ist hier vernachlässigbar.

3.3.1.3 Abhängigkeit von Sputterleistung, Pausendauer und Druck

Auch hier wurden zum Sputtern ternärer $Sn_xBi_yS_z$-Schichten Targets, mit einer homogenen Mischung aus SnS- und Bi_2S_3-Pulvern, heiß gepresst. Variiert wurden hier gleich drei

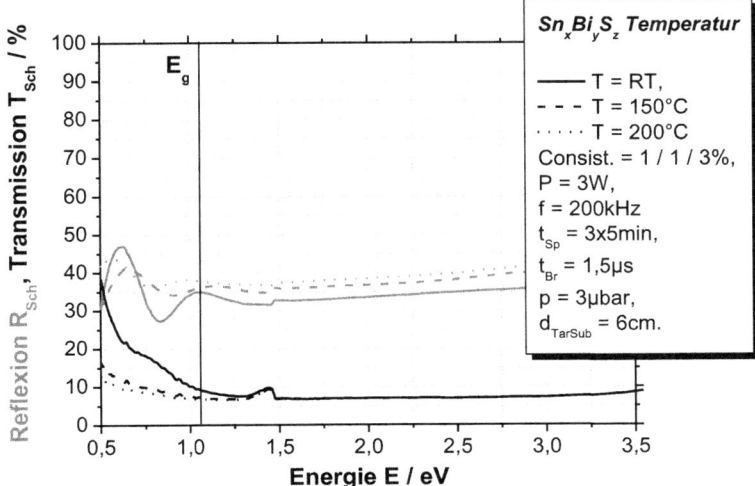

Abb. 3.20 UV/Vis/NIR-Reflexions- und -Transmissions-Spektren für PDC-gesputterte Sn$_x$Bi$_y$S$_z$-Schichten in Abhängigkeit von der Energie und der Wellenlänge einfallender Photonen, sowie der Substrattemperatur während des Sputterns

Parameter: die Sputterleistung $P = 3$ W … 8 W, die Pausendauer $t_{Br} = 1{,}5$ µs … 2 µs und der Druck $p = 3$ µbar … 2 µbar. Dominant ist hier jedoch erfahrungsgemäß der Einfluss der Sputterleistung, im Rahmen der Größenordnungen der vorgenommenen Parameteränderungen (Abb. 3.24).

Für steigende Sputterleistungen von $P = 3$ W auf $P = 8$ W ($f = 200$ kHz, $p = 3$ µbar, $d_{TarSub} = 6$ cm) sind die Brechungsindizes und Dielektrizitätskonstanten in Abb. 3.25 zu sehen. Hier macht sich wieder der Einfluss interferierender Wellenfunktionen bemerkbar, da zur Auswertung nicht nur die entsprechenden Fabry-Pérot Extrema verwendet wurden. Nach Abb. 3.26 steigen die Depositionsraten mit zunehmender Leistung von $v_{Sch} = 2{,}79$ nms^{-1} ($d_{Sch} = 2{,}51$ µm) auf $v_{Sch} = 4{,}13$ nms^{-1} ($d_{Sch} = 3{,}72$ µm) und die Absorptionskoeffizienten wellenlängenunabhängig von $\alpha_{Sch} = 10.000$ auf etwa $\alpha_{Sch} = 15.000$. Die Energien der Bandlücken bleiben mit $E_g = 1{,}03$ eV und $E_g = 1{,}06$ eV weitestgehend konstant (Abb. 3.27).

Bemerkung
Der Einfluss der **Leistung P**, bei gesputterten Sn$_x$Bi$_y$S$_z$ Schichten, entspricht der Wirkung der **Beschleunigungsspannung U** im Rahmen der untersuchten ZnO:Al Schichten. Die Abhängigkeiten der bestimmten physikalischen Größen von diesen beiden Sputterparametern sind ganz analog auszulegen.

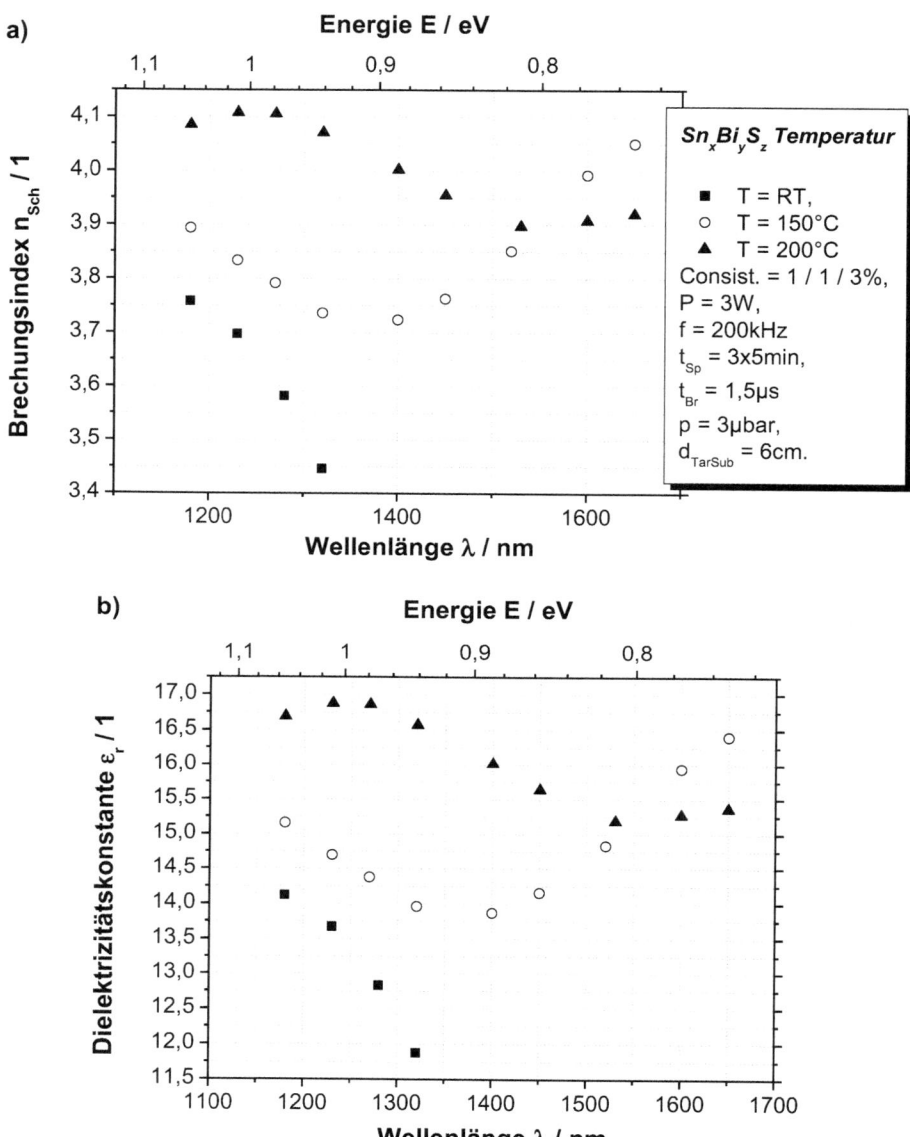

Abb. 3.21 **a** Brechungsindizes und **b** Dielektrizitätskonstanten für $Sn_xBi_yS_z$-Schichten als Funktion der Wellenlänge bzw. der Energie einfallender Photonen. Laufparameter ist hier die Substrattemperatur T während des Sputterprozesses

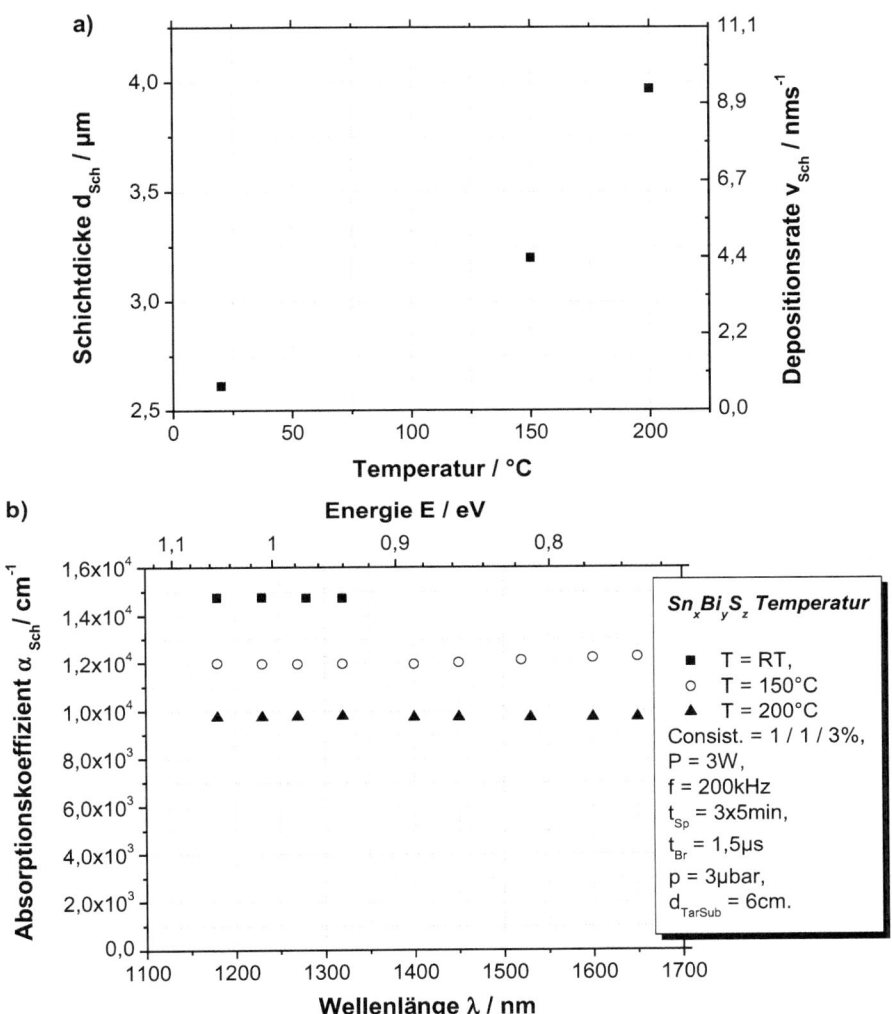

Abb. 3.22 a Schichtdicken, Depositionsraten und **b** Absorptionskoeffizienten für $Sn_xBi_yS_z$-Schichten als Funktion der Wellenlänge bzw. der Energie einfallender Photonen. Verwendet wurden unterschiedliche Substrattemperaturen T während des Sputterprozesses

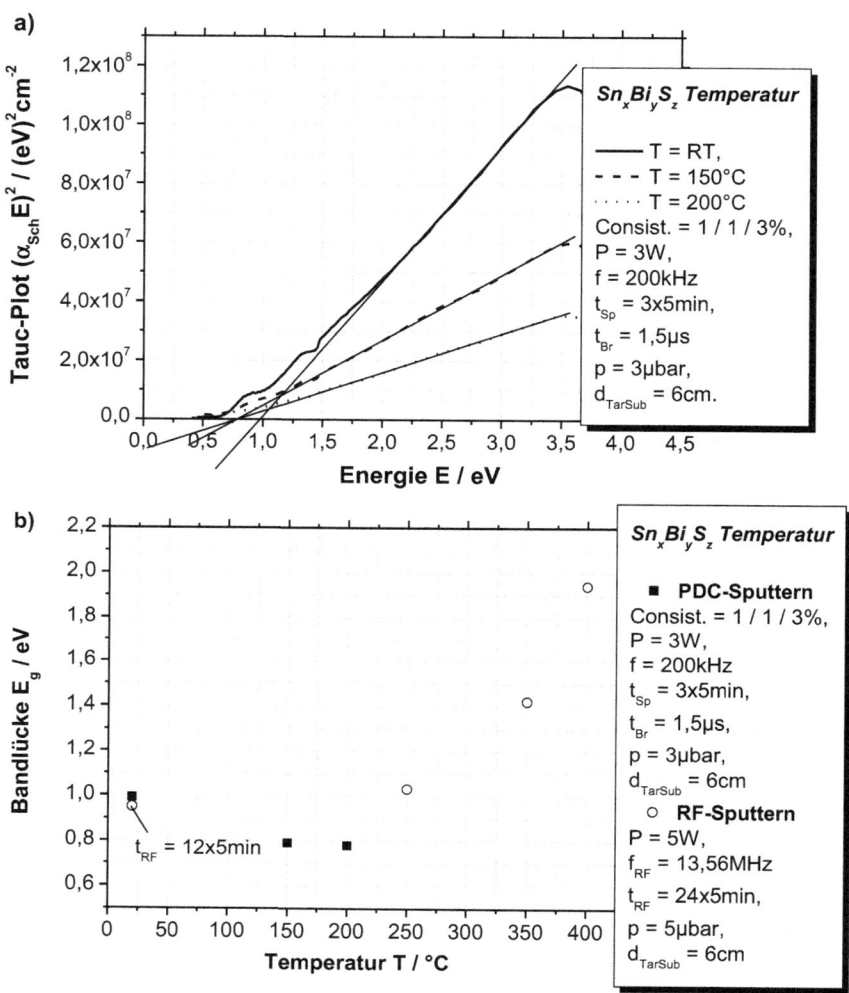

Abb. 3.23 a Tauc-Plot zur Bestimmung der Bandlücke, E_g, für $Sn_xBi_yS_z$-Schichten als Funktion unterschiedlicher Substrattemperaturen T während eines PDC-Sputterprozesses. **b** Bandlückenenergie E_g als Funktion der Substrattemperatur T während des Sputtervorgangs. Sowohl mit gepulstem Gleichstrom gesputterte, als auch mit Hochfrequenz gesputterte Proben wurden berücksichtigt. Die Bandlückenenergieen E_g steigen für Temperaturen T > 250 °C stark an

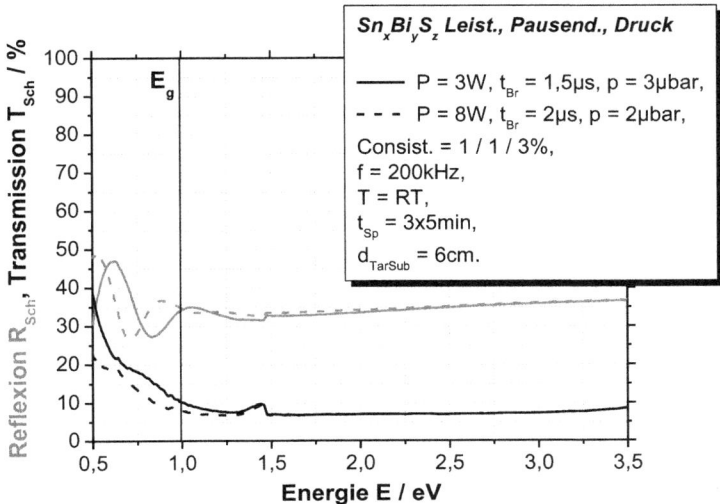

Abb. 3.24 UV/Vis/NIR-Reflexions- und -Transmissions-Spektren für PDC-gesputterte Sn$_x$Bi$_y$S$_z$-Schichten in Abhängigkeit von der Energie und der Wellenlänge einfallender Photonen, sowie von der dominanten Leistung P, der Pausendauer t$_{Br}$ und dem Druck p

3.3.2   Schichten, hergestellt mit Sn$_x$Bi$_y$S$_z$-Gradienten-Targets

Theorie
Hier wurde das kreisrunde Sputtertarget mit einem Durchmesser von d_{Tar} = 2" aus zwei Hälften, d. h. einer reinen SnS- und einer reinen Bi$_2$S$_3$-Hälfte, zusammengesetzt. Deshalb weisen die gesputterten Sn$_x$Bi$_y$S$_z$ Dünnschichten senkrecht (y-Achse) zu den Bruchkanten (x-Achse) der einzelnen Targethälften unterschiedliche Sn-, Bi- und S-Konzentrationen c_{Sn}, c_{Bi}, c_S auf, vgl. Abb. 3.38. Entlang der y-Achse treten somit Konzentrationsgradienten ∇c_{Sn} von Sn-reichen Bereichen bei kleinen y-Werten zu Sn-armen Bereichen bei großen y-Werten auf. Der Konzentrationsgradient ∇c_{Bi} verläuft in die entgegengesetzte Richtung und führt damit zu unterschiedlichen stöchiometrischen Zusammensetzungen der Sn$_x$Bi$_y$S$_z$-Schichten entlang der y-Achse. Aufgrund dieser Konzentrationsgradienten ∇c_{Sn}, ∇c_{Bi}, ∇c_S werden derart produzierte Schichten auch **Gradientenschichten** genannt.

Im Rahmen der hier durchzuführenden **Feldversuche** erschien es nun sinnvoll **unterschiedliche stöchiometrische Zusammensetzungen** von Zinn, Bismut und Schwefel bei verschiedenen **Substrattemperaturen** zu sputtern. Dies, da einerseits unterschiedliche Mengenverhältnisse von Sn, Bi und S in einer Schicht zu unterschiedlichen chemischen Verbindungen (Materialien, Phasen) mit unterschiedlicher Konsistenz (kristallin, polykristallin, amorph) führen können – und dies, andererseits, durch die Prozesstemperatur

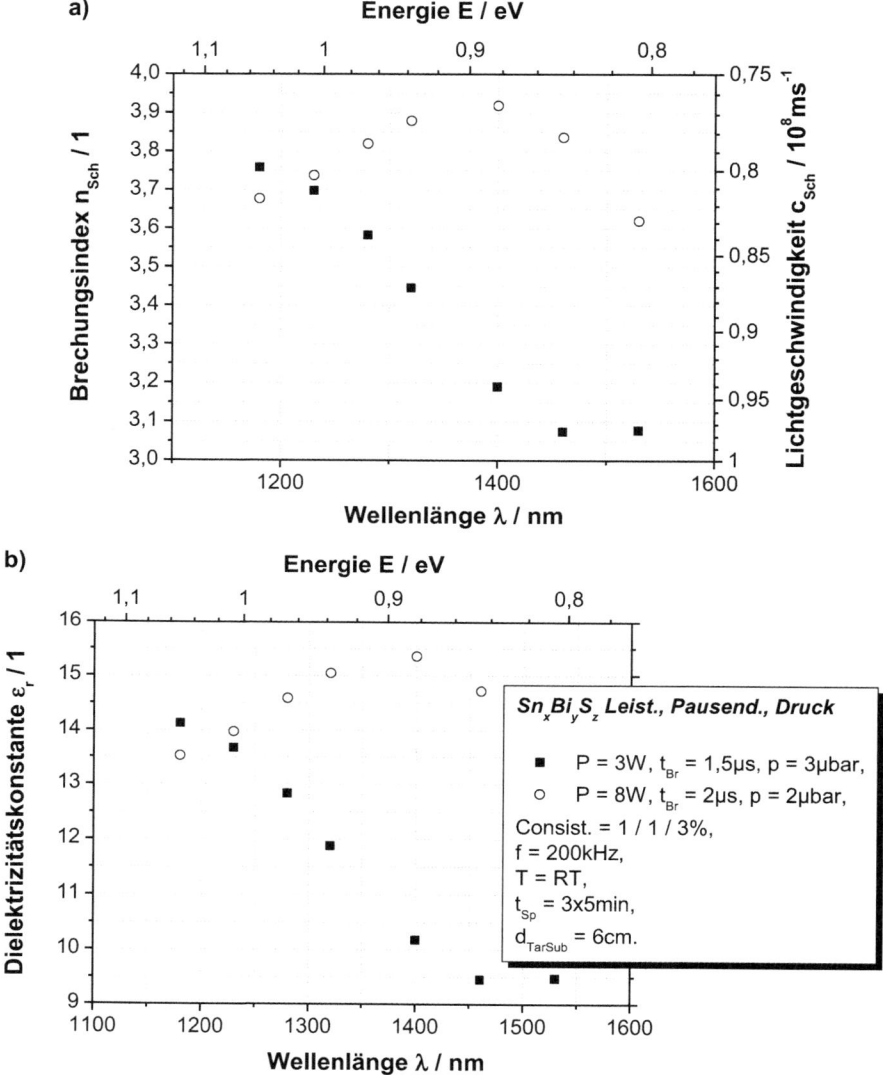

Abb. 3.25 a Brechungsindizes, Lichtgeschwindigkeiten und **b** Dielektrizitätskonstanten für $Sn_xBi_yS_z$-Schichten als Funktion der Wellenlänge bzw. der Energie einfallender Photonen. Laufparameter sind hier Sputterleistung P, Pausendauer t_{Br} und Druck p

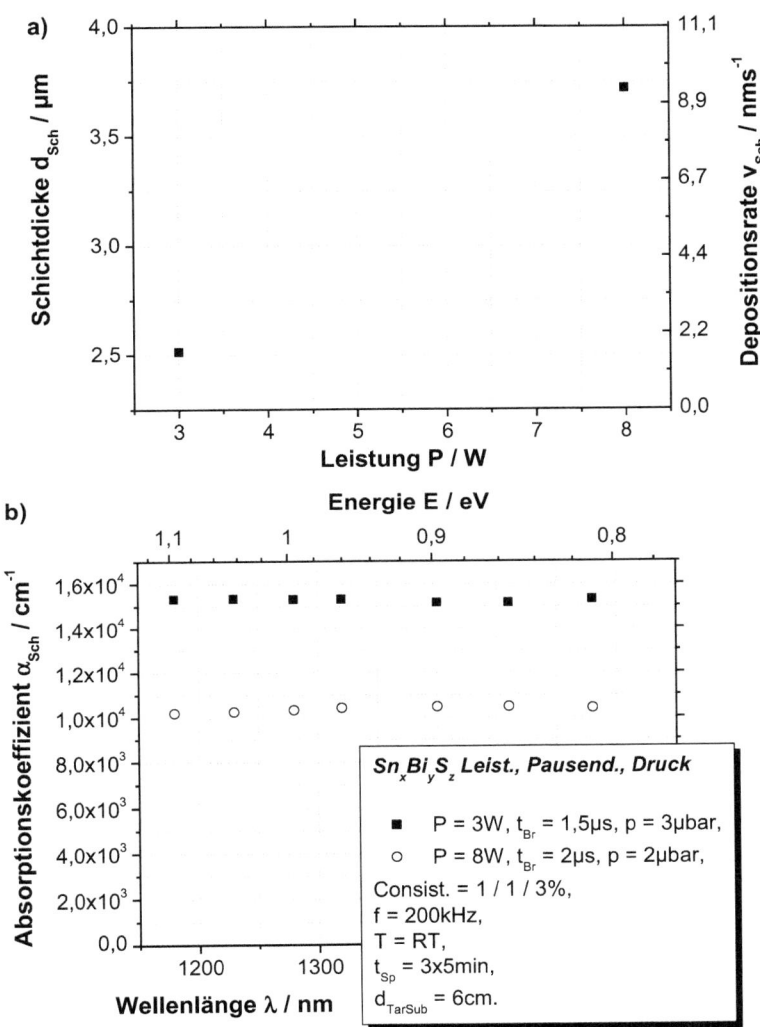

Abb. 3.26 a Schichtdicken, Depositionsraten und **b** Absorptionskoeffizienten für Sn$_x$Bi$_y$S$_z$-Schichten als Funktion der Wellenlänge bzw. der Energie einfallender Photonen. Verwendet wurden unterschiedliche Leistungen P, Pausendauern t$_{Br}$ und Drücke p

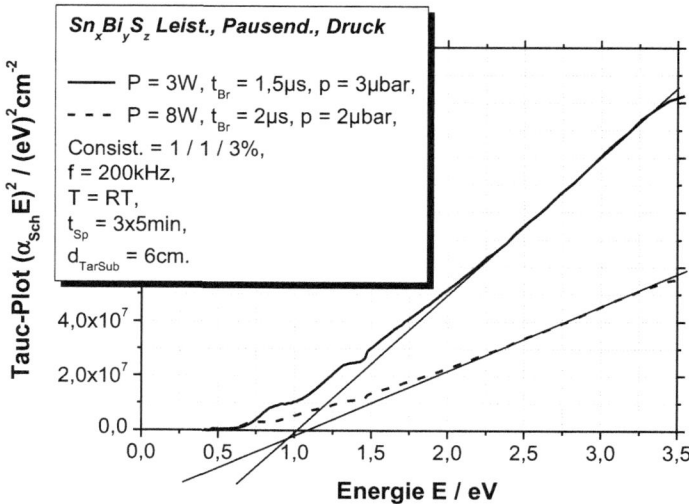

Abb. 3.27 Tauc-Plot zur Bestimmung der Bandlücke, E_g, für $Sn_xBi_yS_z$-Schichten als Funktion unterschiedlicher Sputterleistungen P, Pausendauern t_{Br} und Drücke p

Tab. 3.7 Die in allen Auswertealgorithmen zur UV/Vis/NIR-Spektroskopie zentralen Größen, Brechungsindex und Absorptionskoeffizient, hängen in den gemachten Feldversuchen wie folgt von der Sputtertemperatur und den Konzentrationen c_{Sn}, c_{Bi} ab. Die Pfeile zeigen in Richtung zunehmender Brechungsindizes bzw. Absorptionskoeffizienten

Größe	Konzentration	Temperatur					
		RT	100 °C	200 °C	300 °C	350 °C	400 °C
Brechungsindex n_{Sch}	SnS	↑	↑	↑	↑	↑	↑
	Bi_2S_3	↓	↓	↓	↓	↓	↓
Absorptionskoeffizient α_{Sch}	SnS	↑	↓	↓	↓	↓	↑
	Bi_2S_3	↓	↓	↓	↓	↓	↓

stark beeinflusst wird. Diese unterschiedlichen chemischen Verbindungen mit unterschiedlichen Konsistenzen können erhebliche, voneinander abweichende, physikalische Eigenschaften aufweisen. Die Ergebnisse dieses Feldversuchs wurden in Abhängigkeit der Konzentrationen c_{Sn}, c_{Bi} und der Sputtertemperaturen T in Tab. 3.7 (Brechungsindizes n_{Sch}, Absorptionskoeffizienten α_{Sch}), Abb. 3.31 (Schichtdicken d_{Sch}, Depositionsraten v_{Sch}, Bandlückenenergien E_g) und in den folgenden Abschnitten des Abschn. 3.3.2 (nach steigender Sputtertemperatur sortiert) systematisch und detailliert zusammengestellt.

Für eine Sputtertemperatur von $T = 200\,°C$ wurden Mikrosonden-Messungen durchgeführt, die einerseits die Konzentrationsgradienten ∇c_{Sn}, ∇c_{Bi}, ∇c_S ausweisen, vgl. Abb. 3.38 und andererseits einen Vergleich der Schichtdickenbestimmungen über Mikrosonde und UV/Vis/NIR-Spektroskopie zulassen, siehe Abb. 3.39.

Für eine Sputtertemperatur von $T = 350\,°C$ wurden Schichtwiderstands- beziehungsweise Leitfähigkeitsmessungen an der Universität Luxembourg durchgeführt, siehe Abb. 3.46. Dies, da zu diesem Zeitpunkt an unserem Lehrstuhl noch kein Vier-Spitzen-Messgerät vorhanden war.

3.3.2.1 Gesputtert bei Raumtemperatur
Abb. 3.28, 3.29, 3.30 und 3.31

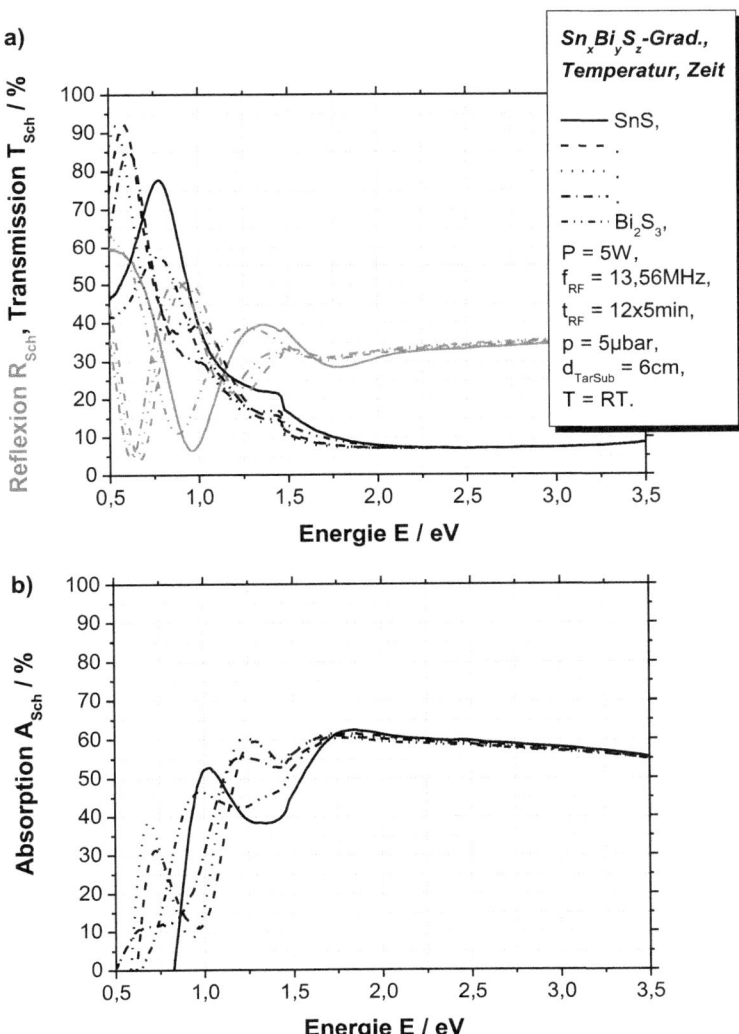

Abb. 3.28 a UV/Vis/NIR-Reflexions-, -Transmissions- und **b** Absorptions-Spektren für, bei Raumtemperatur, RF-gesputterte Sn$_x$Bi$_y$S$_z$-Schichten in Abhängigkeit von der Energie und der Wellenlänge einfallender Photonen, sowie von der Zinn- c_{Sn} und Bismutkonzentration c_{Bi}

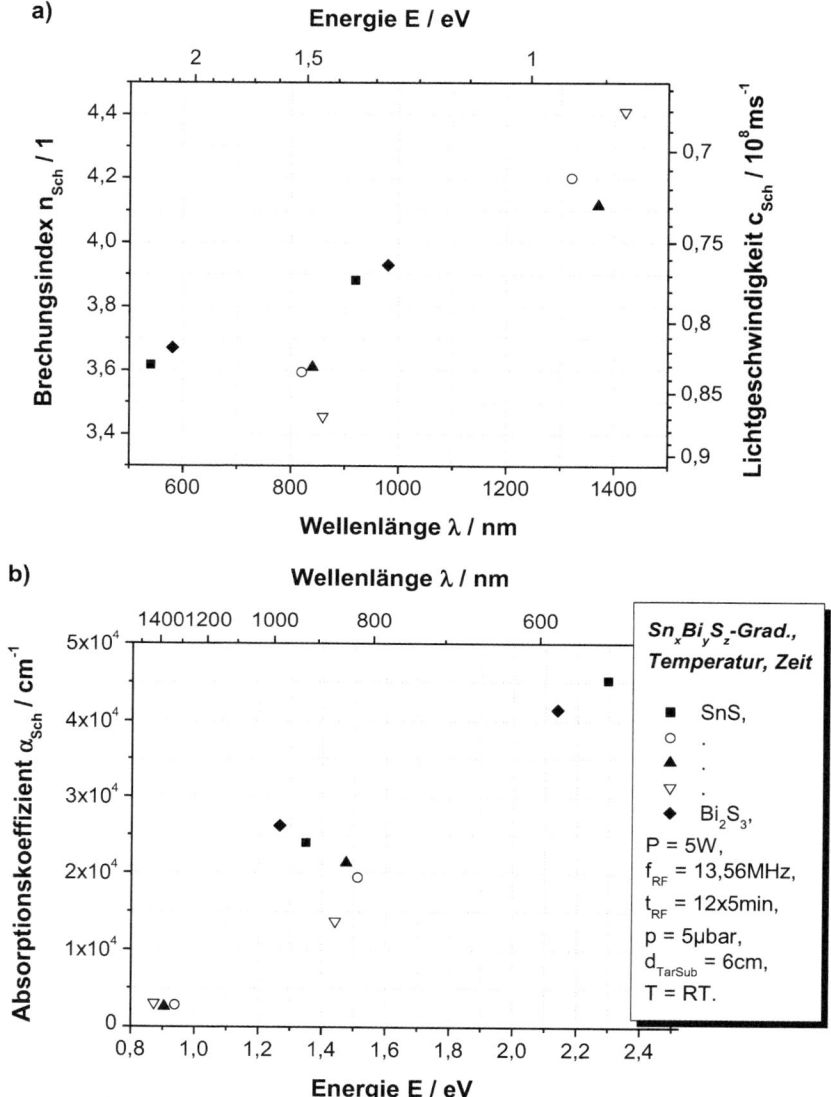

Abb. 3.29 a Brechungsindizes, Lichtgeschwindigkeiten und **b** Absorptionskoeffizienten für $Sn_xBi_yS_z$-Schichten, gesputtert bei Raumtemperatur, als Funktion der Wellenlänge bzw. der Energie. Laufparameter sind hier Zinn- c_{Sn} und Bismutkonzentrationen c_{Bi}

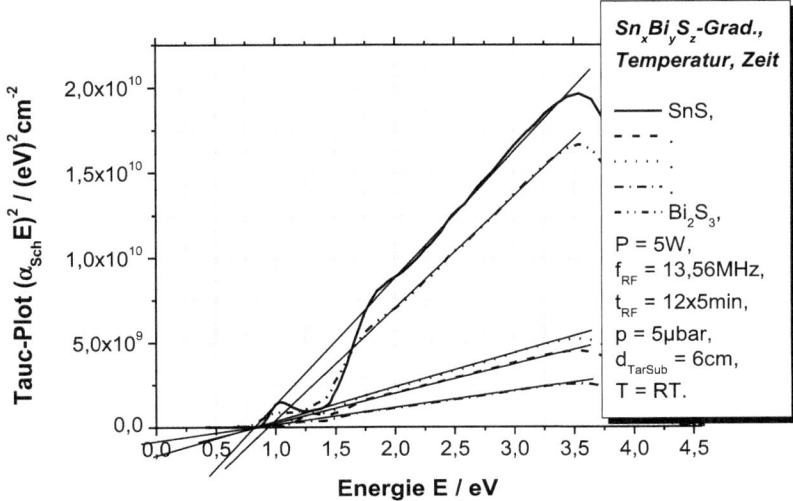

Abb. 3.30 Tauc-Plot zur Bestimmung der Bandlücke E_g für $Sn_xBi_yS_z$-Schichten, gesputtert bei Raumtemperatur, als Funktion unterschiedlicher Zinn- c_{Sn} und Bismutkonzentrationen c_{Bi}

3.3.2.2 Gesputtert bei T = 100 °C

Abb. 3.32, 3.33 und 3.34

3.3.2.3 Gesputtert bei T = 200 °C

UV/Vis/NIR-Messungen

Abb. 3.35, 3.36 und 3.37

Mikrosonden-Messungen: Die Mikrosonden-Messungen, entsprechend Abb. 3.38, zeigen die kontinuierliche Anreicherung von Bismut und Ausdünnung von Zinn mit steigenden y-Werten – **Konzentrationsgradient**. Der Einfluss der x-Koordinate ist hier weitgehend vernachlässigbar. Schwefel hingegen wird aus dem Zentrum der Deposition verdrängt und bevorzugt in den Randbereichen der Probe, mit kleineren $Sn_xBi_yS_z$-Schichtdicken, angereichert. Überdies neigt die Sn-reiche Seite der Probe dazu etwas mehr Schwefel einzubauen.

Mit Hilfe des *erweiterten Ein-Schicht-Modells* wurden die **Schichtdicken d_{Sch}** und, unter Berücksichtigung der Sputterdauer t_{Sp}, die Depositionsraten $v_{Sch} = d_{Sch}/t_{Sp}$ aus den UV/Vis/NIR-Spektren für unterschiedliche Positionen entlang der oben gezeigten Konzentrationsgradienten bestimmt.

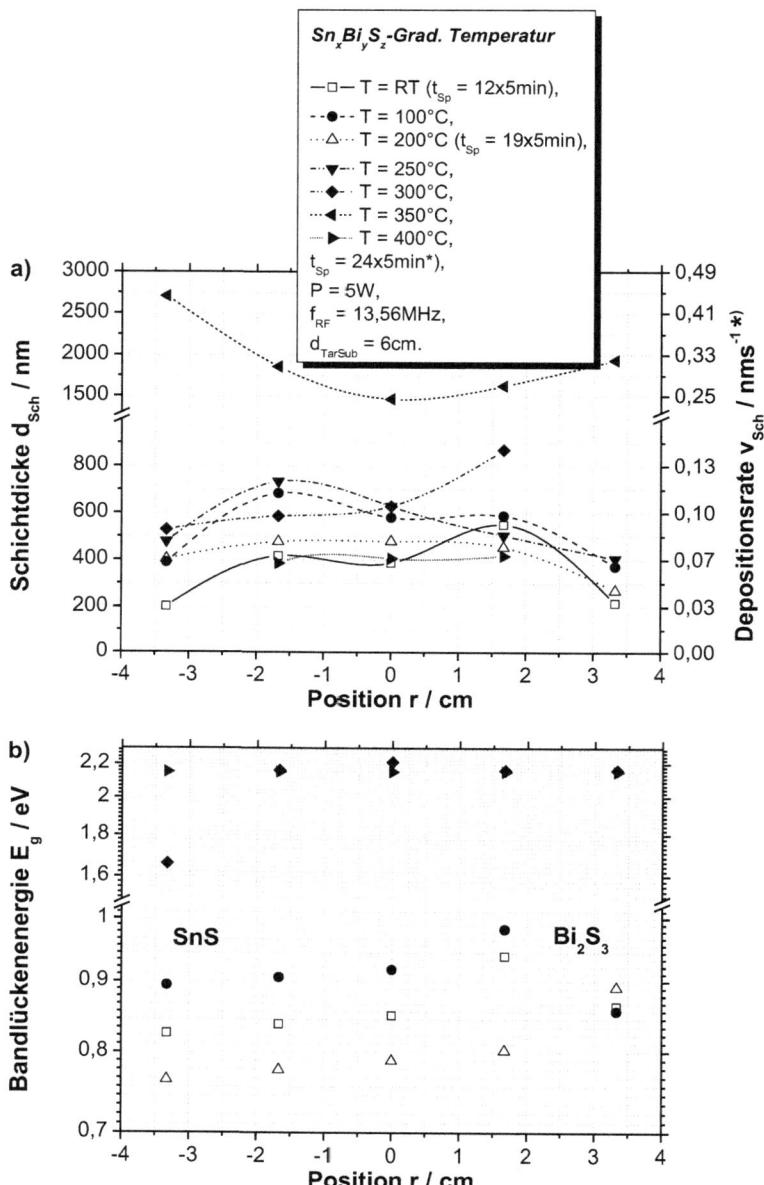

Abb. 3.31 **a** Schichtdicken, Depositionsraten und **b** Bandlückenenergien, bestimmt über Tauc-Plot, für $Sn_xBi_yS_z$-Schichten als Funktion der Wellenlänge bzw. der Energie einfallender Photonen. Verwendet wurden unterschiedliche Sputtertemperaturen T, Zinn- c_{Sn} und Bismutkonzentrationen c_{Bi} (vereinzelt weicht die Sputterdauer nahezu vernachlässigbar ab). *) Gilt nicht für die Kurven mit offenen Symbolen

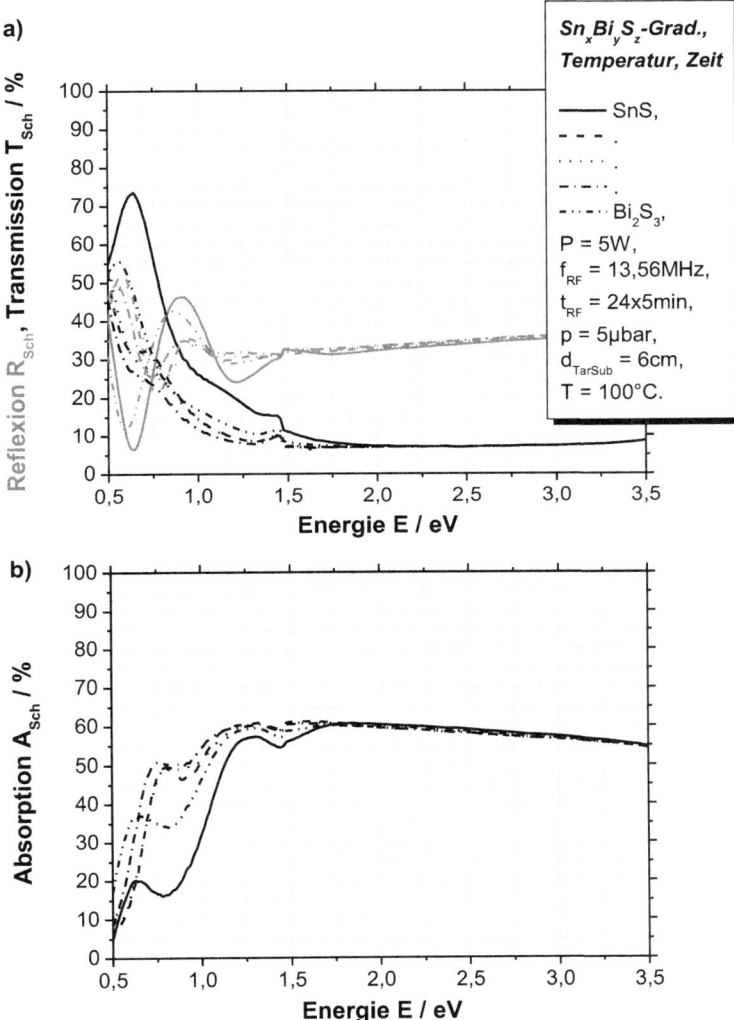

Abb. 3.32 a UV/Vis/NIR-Reflexions-, -Transmissions- und **b** Absorptions-Spektren für, bei T = 100 °C, RF-gesputterte Sn$_x$Bi$_y$S$_z$-Schichten in Abhängigkeit von der Energie und der Wellenlänge einfallender Photonen, sowie von der Zinn- c$_{Sn}$ und Bismutkonzentration c$_{Bi}$

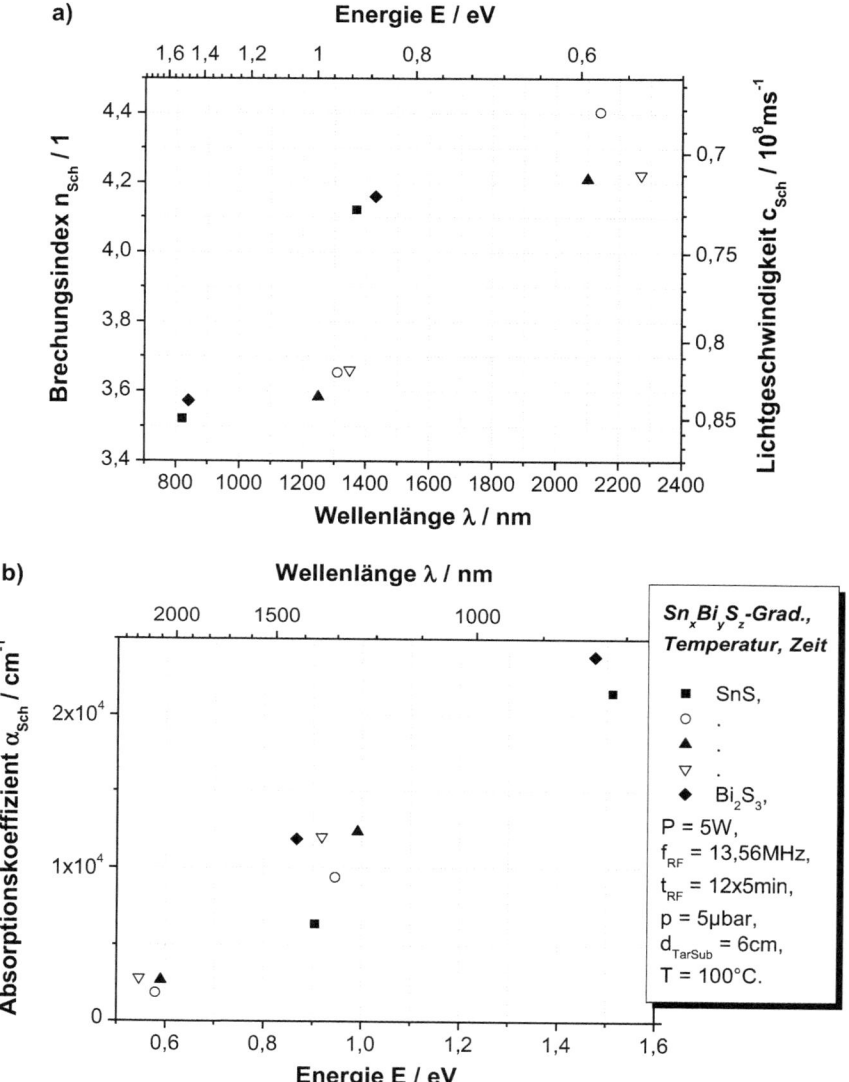

Abb. 3.33 a Brechungsindizes, Lichtgeschwindigkeiten und **b** Absorptionskoeffizienten für $Sn_xBi_yS_z$-Schichten, gesputtert bei T = 100 °C, als Funktion der Wellenlänge bzw. der Energie. Laufparameter sind hier Zinn- c_{Sn} und Bismutkonzentrationen c_{Bi}

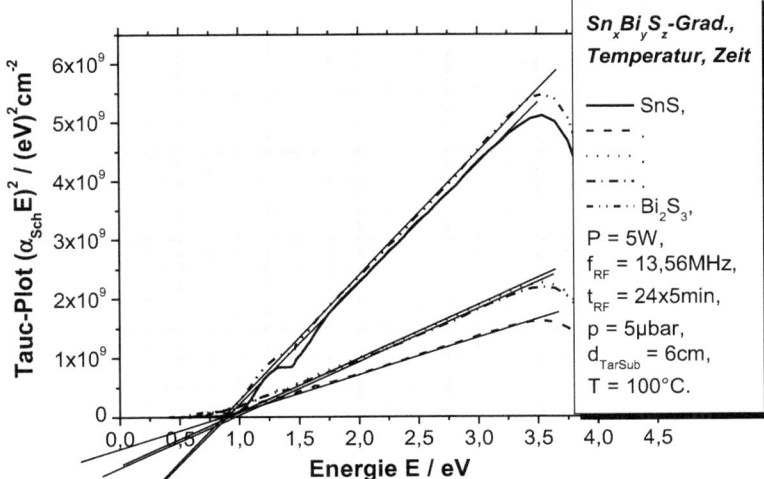

Abb. 3.34 Tauc-Plot zur Bestimmung der Bandlücke E_g für $Sn_xBi_yS_z$-Schichten, gesputtert bei $T = 100\,°C$, als Funktion unterschiedlicher Zinn- c_{Sn} und Bismutkonzentrationen c_{Bi}. Die sich hiermit ergebenden Bandlücken sind neben den Schichtdicken und Depositionsraten in Abb. 3.31 zu sehen

Ein Vergleich dieser über UV/Vis/NIR Spektroskopie bestimmten Schichtdicken d_{Sch}, mit entsprechenden Messwerten der Mikrosonde (Wellenlängen Dispersive Röntgen Analyse WDX bzw. Energie Dispersive Röntgen Analyse EDX) ist in Abb. 3.39 zu sehen. Hierbei ist darauf zu achten, dass die mit dem Spektrometer bestimmten Schichtdicken etwa entlang der Linie x = 50 nm verlaufen.

3.3.2.4 Gesputtert bei T = 300 °C
Abb. 3.40, 3.41 und 3.42

3.3.2.5 Gesputtert bei T = 350 °C
UV/Vis/NIR-Messungen
Abb. 3.43, 3.44 und 3.45

Schichtwiderstände: Für die, bei einer Temperatur von $T = 350\,°C$ hergestellten, $Sn_xBi_yS_z$-Schichten wurde die Leitfähigkeit bestimmt. Diese ist bekanntlich der Kehrwert des Schichtwiderstands. Wenngleich auch die Schichtdicke zur Berechnung berücksichtigt wurde, weist hier die Leitwertkurve in beide Richtungen eine indirekte Proportionalität zum Schichtdickenverlauf auf (Abb. 3.46).

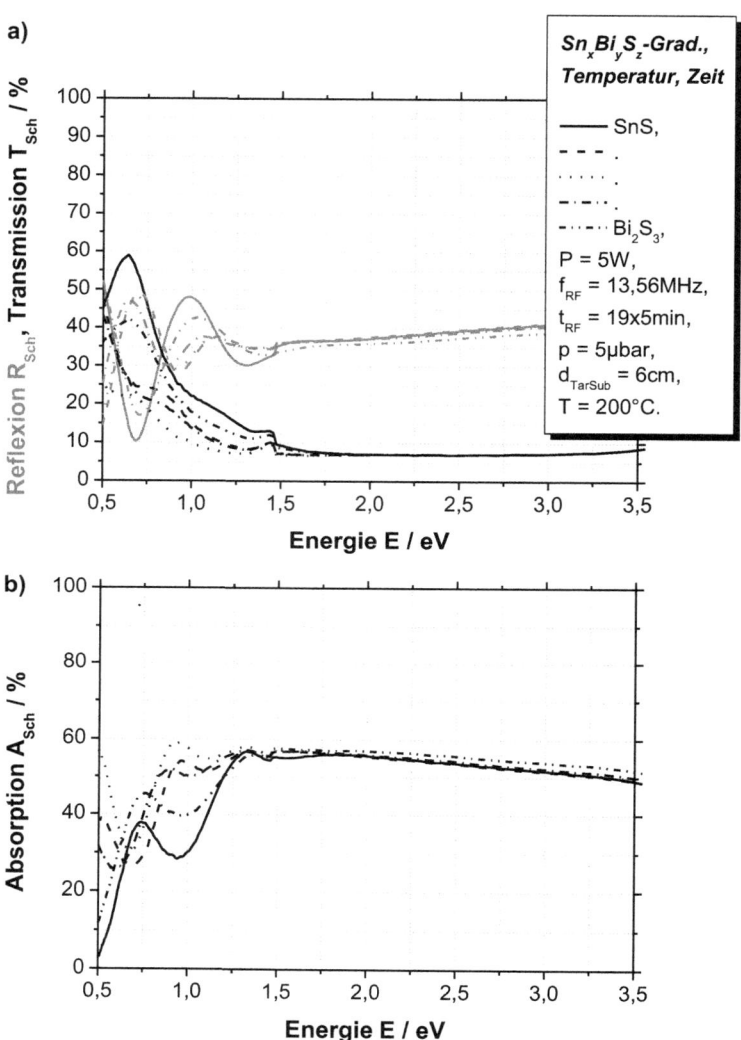

Abb. 3.35 a UV/Vis/NIR-Reflexions-, -Transmissions- und **b** Absorptions-Spektren für, bei T = 200 °C, RF-gesputterte $Sn_xBi_yS_z$-Schichten in Abhängigkeit von der Energie und der Wellenlänge einfallender Photonen, sowie von der Zinn- c_{Sn} und Bismutkonzentration c_{Bi}

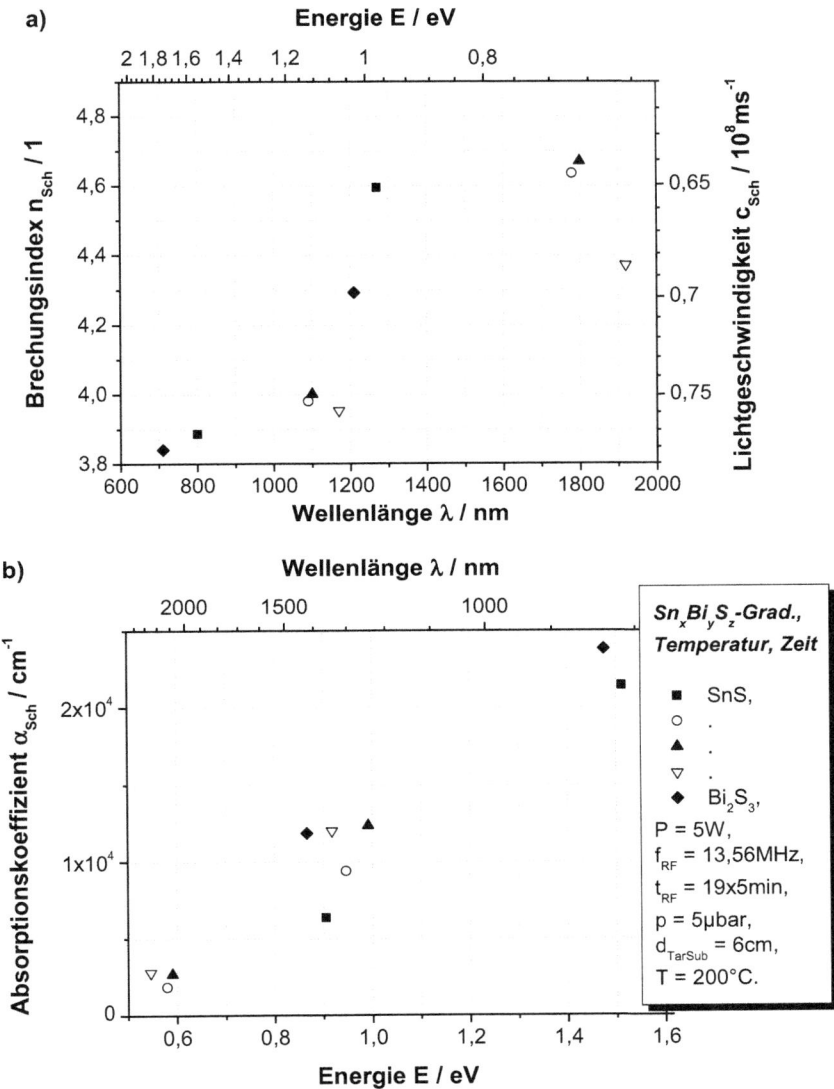

Abb. 3.36 a Brechungsindizes, Lichtgeschwindigkeiten und **b** Absorptionskoeffizienten für Sn$_x$Bi$_y$S$_z$-Schichten, gesputtert bei T = 200 °C, als Funktion der Wellenlänge bzw. der Energie. Laufparameter sind hier Zinn- c$_{Sn}$ und Bismutkonzentrationen c$_{Bi}$

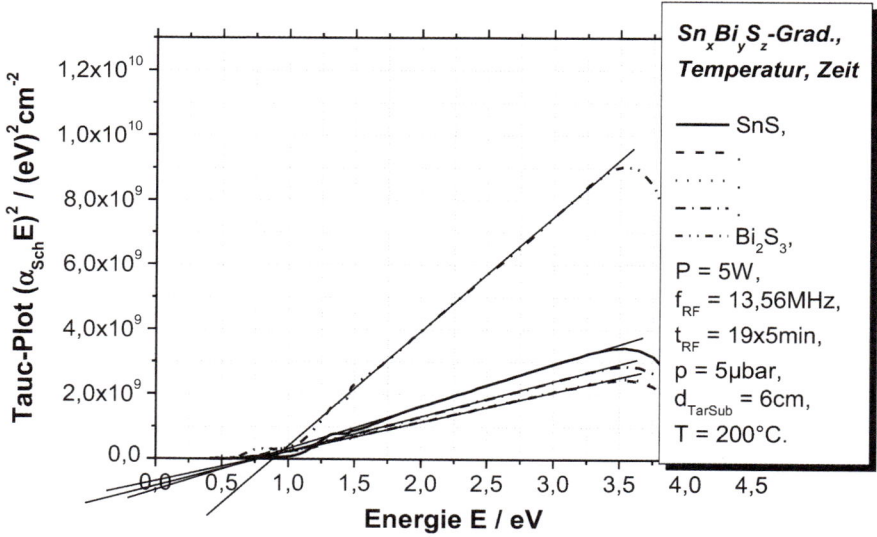

Abb. 3.37 Tauc-Plot zur Bestimmung der Bandlücke E_g für $Sn_xBi_yS_z$-Schichten, gesputtert bei $T = 200\,°C$, als Funktion unterschiedlicher Zinn- c_{Sn} und Bismutkonzentrationen c_{Bi}. Die sich hiermit ergebenden Bandlücken sind neben den Schichtdicken und Depositionsraten in Abb. 3.31 zu sehen

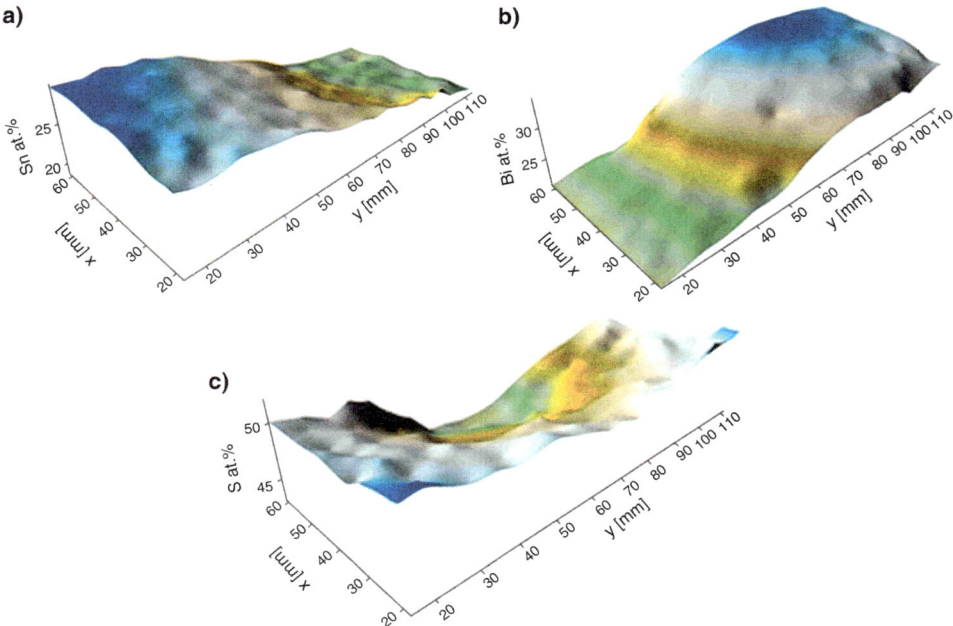

Abb. 3.38 Konzentrationen von **a** Zinn c_{Sn}, **b** Bismut c_{Bi} und **c** Schwefel c_S in atomaren Prozentanteilen $\%_{at}$ als Funktion der Koordinaten x und y in $Sn_xBi_yS_z$ Gradientenschichten – Mikrosonden-messung (WDX, EDX)

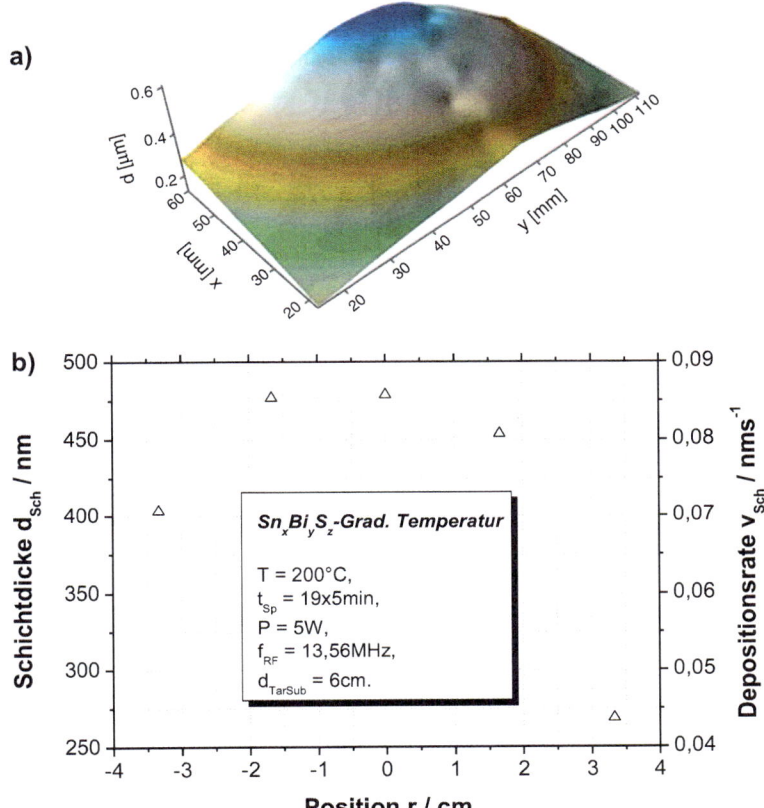

Abb. 3.39 Vergleich der Schichtdicke d$_{Sch}$ gemessen einerseits mit **a** der Mikrosonde (WDX, EDX) und andererseits **b** dem UV/Vis/NIR-Spektrometer. Offensichtlich stimmen die mit dem Spektrometer gemessene Schichtdicke und die mit der Mikrosonde gemessene Schichtdicke für c. a. x = 50 mm überein

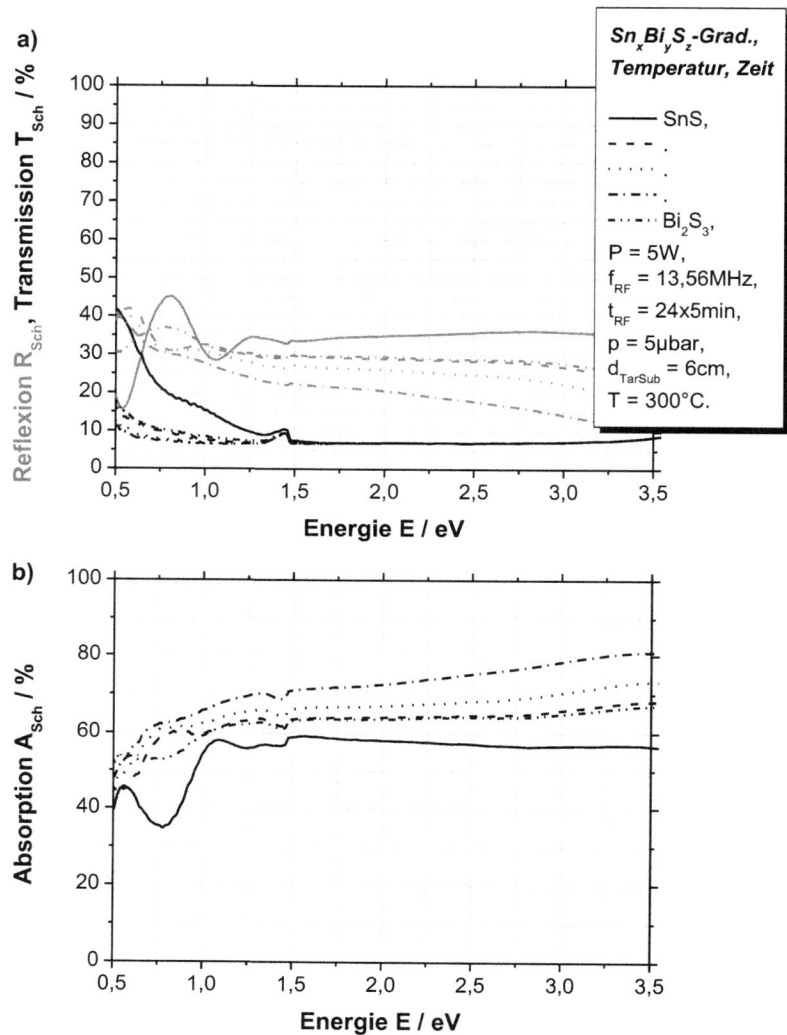

Abb. 3.40 a UV/Vis/NIR-Reflexions-, -Transmissions- und **b** Absorptions-Spektren für, bei T = 300 °C, RF-gesputterte $Sn_xBi_yS_z$-Schichten in Abhängigkeit von der Energie und der Wellenlänge einfallender Photonen, sowie von der Zinn- c_{Sn} und Bismutkonzentration c_{Bi}

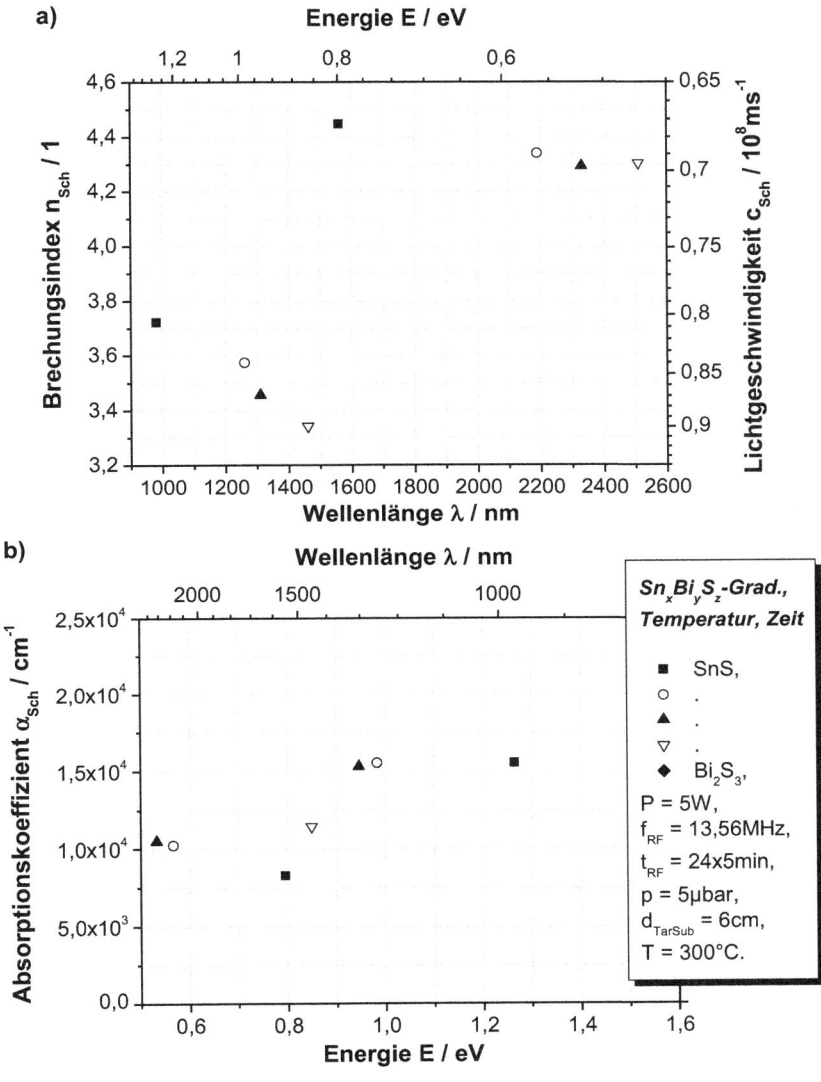

Abb. 3.41 a Brechungsindizes, Lichtgeschwindigkeiten und **b** Absorptionskoeffizienten für $Sn_xBi_yS_z$-Schichten, gesputtert bei T = 300 °C, als Funktion der Wellenlänge bzw. der Energie. Laufparameter sind hier Zinn- c_{Sn} und Bismutkonzentrationen c_{Bi}

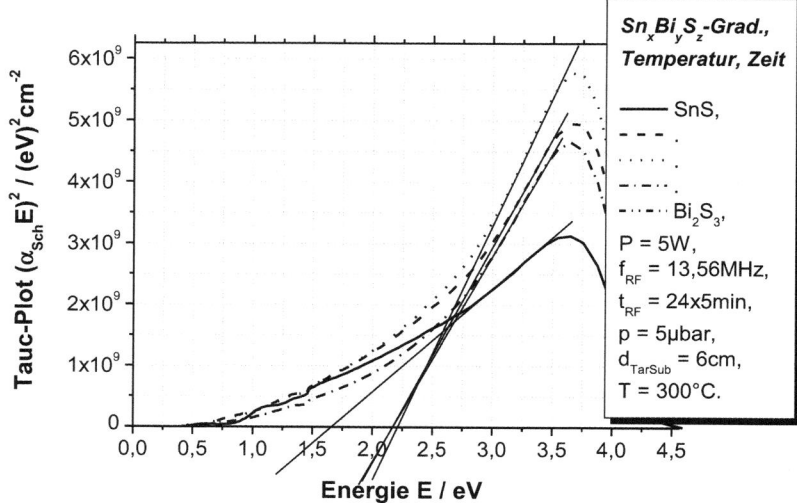

Abb. 3.42 Tauc-Plot zur Bestimmung der Bandlücke E_g für $Sn_xBi_yS_z$-Schichten, gesputtert bei T = 300 °C, als Funktion unterschiedlicher Zinn- c_{Sn} und Bismutkonzentrationen c_{Bi}. Die sich hiermit ergebenden Bandlücken sind neben den Schichtdicken und Depositionsraten in Abb. 3.31 zu sehen

3.3.2.6 Gesputtert bei T = 400 °C
Abb. 3.47, 3.48 und 3.49

3.3.3 Solarzellen mit SnS/Bi₂S₃-Gradienten-Absorberschichten

Theorie

Solarzellen weisen **Diodenkennlinien** auf. Bei Dunkelheit gemessen, verlaufen diese durch den Ursprung des j(U)-Diagramms. Unter Beleuchtung gemessen, werden sie vorwiegend entlang der Stromdichteachse verschoben, und zwar derart, dass ein Spannungsachsenabschnitt, die **Leerlaufspannung** U_{oc}, und ein Stromdichteachsenabschnitt, die **Kurzschlussstromdichte** j_{sc}, gemessen werden können.

Trägt man das Produkt aus Stromdichte und Spannung, d. h. die *Leistungsdichte* $p = jU$, gegen die Spannung auf, so weist für den beleuchteten Fall die parabelähnliche Kurve ein negatives, globales Minimum auf. Über dieses ergeben sich die *Größen des maximalen Leistungsrechtecks* p_m, U_m und j_m.

Aus diesen bislang gemessenen Größen lassen sich dann der **Füllfaktor** $FF = p_m/p_o = j_mU_m/j_{sc}U_{oc}$, d. h. ein Maß für die Krümmung der Diodenkennlinie, und der **Wirkungsgrad** $\eta = p_m/p_{Licht} = j_mU_m/p_{Licht}$ berechnen. Sinnvolle Werte für den Füllfaktor liegen zwischen 25 % und 94 %; die Lichtleistungsdichte beträgt auf der Erdoberfläche etwa $1 kW/m^2$ (Solarkonstante).

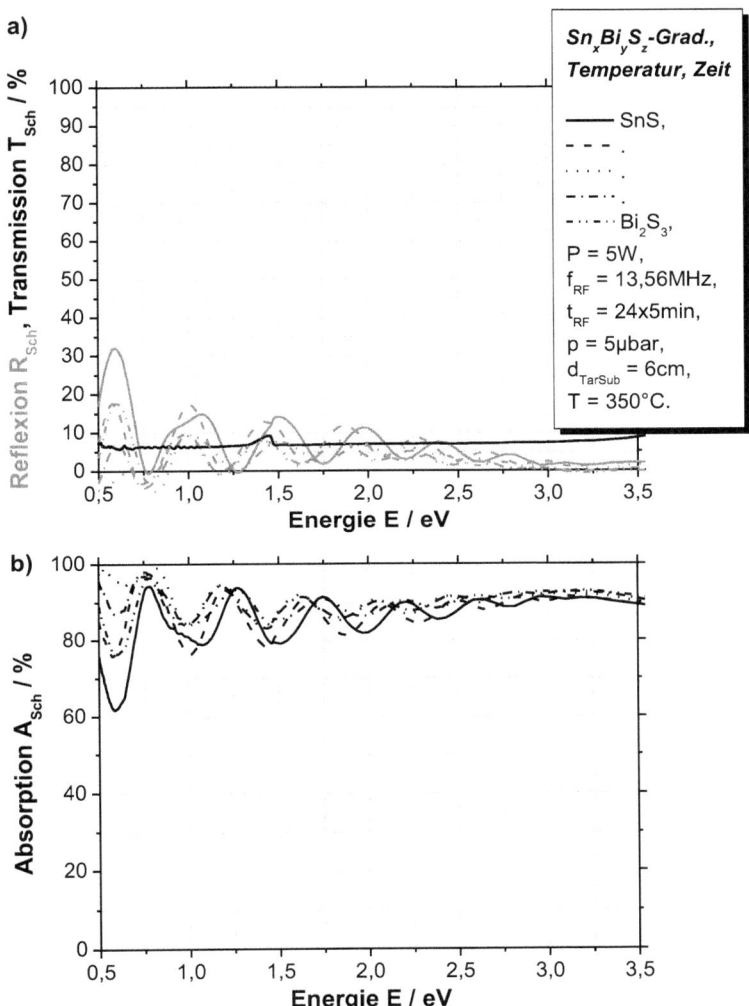

Abb. 3.43 a UV/Vis/NIR-Reflexions-, -Transmissions- und **b** Absorptions-Spektren für, bei T = 350 °C, RF-gesputterte Sn$_x$Bi$_y$S$_z$-Schichten in Abhängigkeit von der Energie und der Wellenlänge einfallender Photonen, sowie von der Zinn- c$_{Sn}$ und Bismutkonzentration c$_{Bi}$

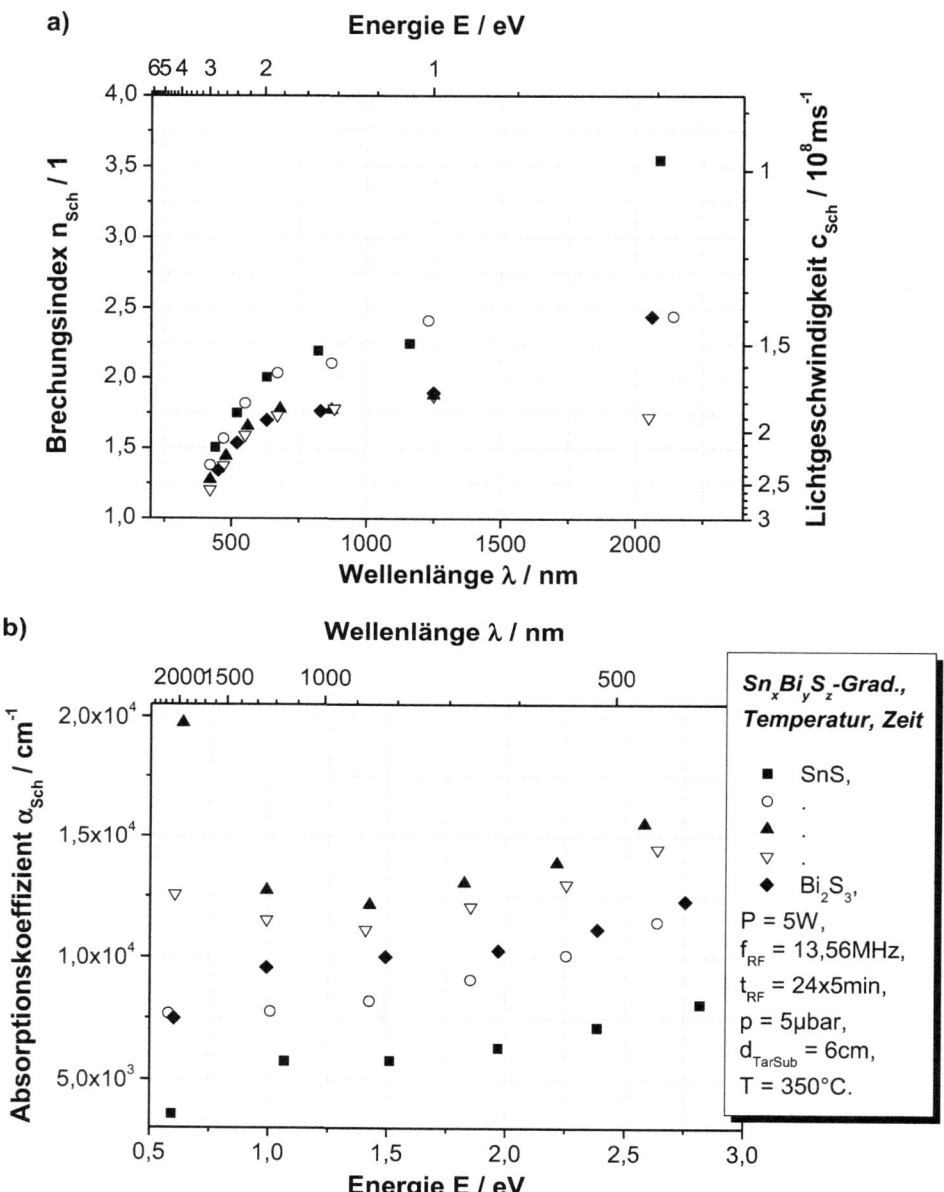

Abb. 3.44 a Brechungsindizes, Lichtgeschwindigkeiten und **b** Absorptionskoeffizienten für $Sn_xBi_yS_z$-Schichten, gesputtert bei $T = 350\,°C$, als Funktion der Wellenlänge bzw. der Energie. Laufparameter sind hier Zinn- c_{Sn} und Bismutkonzentrationen c_{Bi}

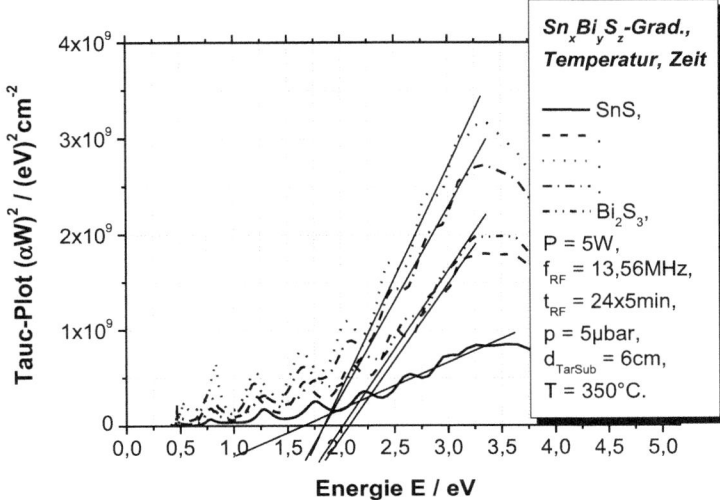

Abb. 3.45 Tauc-Plot zur Bestimmung der Bandlücke E$_g$ für Sn$_x$Bi$_y$S$_z$-Schichten, gesputtert bei T = 350 °C, als Funktion unterschiedlicher Zinn- c$_{Sn}$ und Bismutkonzentrationen c$_{Bi}$. Die sich hiermit ergebenden Bandlücken sind neben den Schichtdicken und Depositionsraten in Abb. 3.31 zu sehen

Ausschließlich gesputterte Solarzellen mit einem Molybdän Grundkontakt, einer Sn$_x$Bi$_y$S$_z$-Absorberschicht und einer n-ZnO:Al TCO-Schicht (Prozeßparameter sind in Tab. 3.8 zu finden) erbrachten, unabhängig vom Zinn- x, c$_{Sn}$, Bismutanteil y, c$_{Bi}$ und der Sputtertemperatur, keine nennenswerten Füllfaktoren FF oder Wirkungsgrade η, vgl. Abb. 3.50, Tab. 3.9. Die fast geradlinigen j(U)-Kurven für Dunkel- und Hellmessungen waren nahezu identisch.

Ursache hierfür dürfte sein, dass sowohl die Bismut-haltigen Absorberschichten, als auch die aluminiumdotierten Zinkoxid TCO-Schichten n-Dotierung aufweisen. Somit enthält die Solarzelle keinen nennenswerten, für die Funktion notwendigen, pn-Übergang.

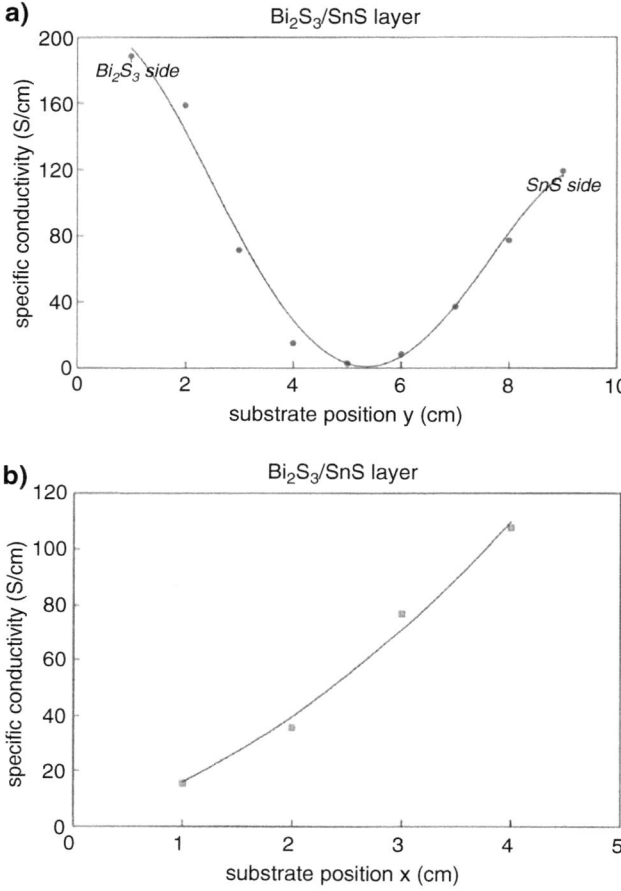

Abb. 3.46 Leitfähigkeitsmessungen (P = 5 W, f_{RF} = 13,56 MHz, t_{RF} = 24 × 5 min, p = 5 μbar, d_{TarSub} = 6 cm, T = 350 °C) **a** entlang den Konzentrationsgradienten von Sn und Bi für einen konstanten Abstand x = 0,5 cm und **b** senkrecht dazu für y = 5 cm. Der Ursprung des Koordinatensystems liegt hier ausnahmsweise bezogen auf die y-Achse am Bi_2S_3-reichen Ende des Substrats und bezogen auf die x-Achse im Zentrum des Substrats. Diese Messungen wurden derzeit, mangels eigenen Vier-Spitzen-Messplatzes, an der Universität Luxembourg durchgeführt

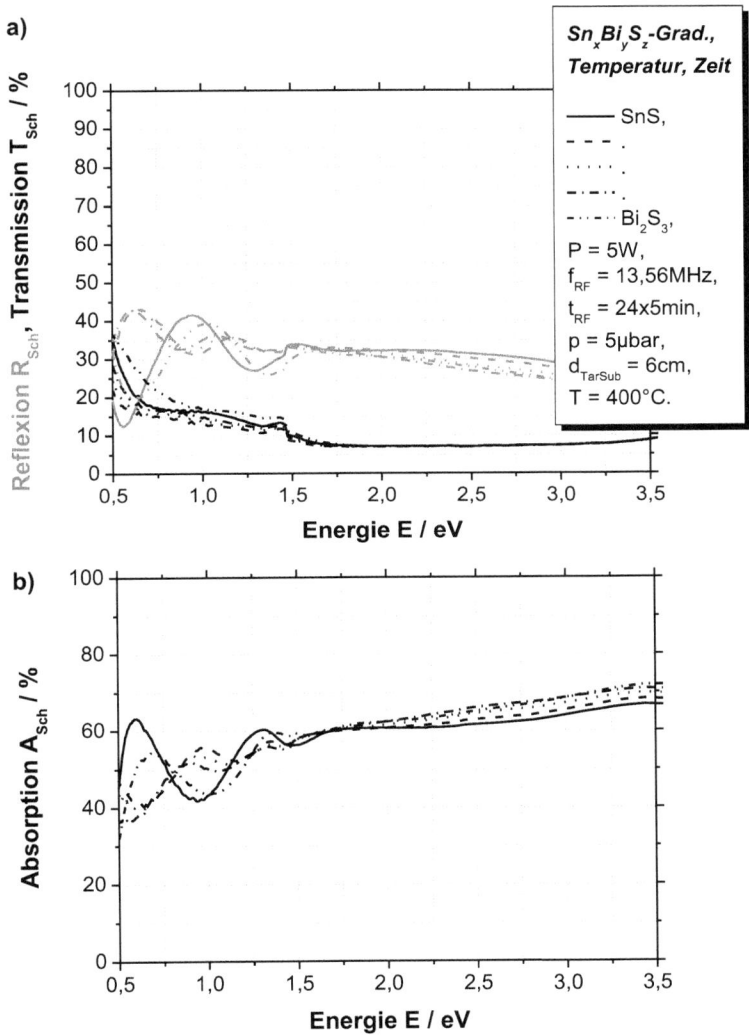

Abb. 3.47 a UV/Vis/NIR-Reflexions-, -Transmissions- und **b** Absorptions-Spektren für, bei T = 400 °C, RF-gesputterte $Sn_xBi_yS_z$-Schichten in Abhängigkeit von der Energie und der Wellen-länge einfallender Photonen, sowie von der Zinn- c_{Sn} und Bismutkonzentration c_{Bi}

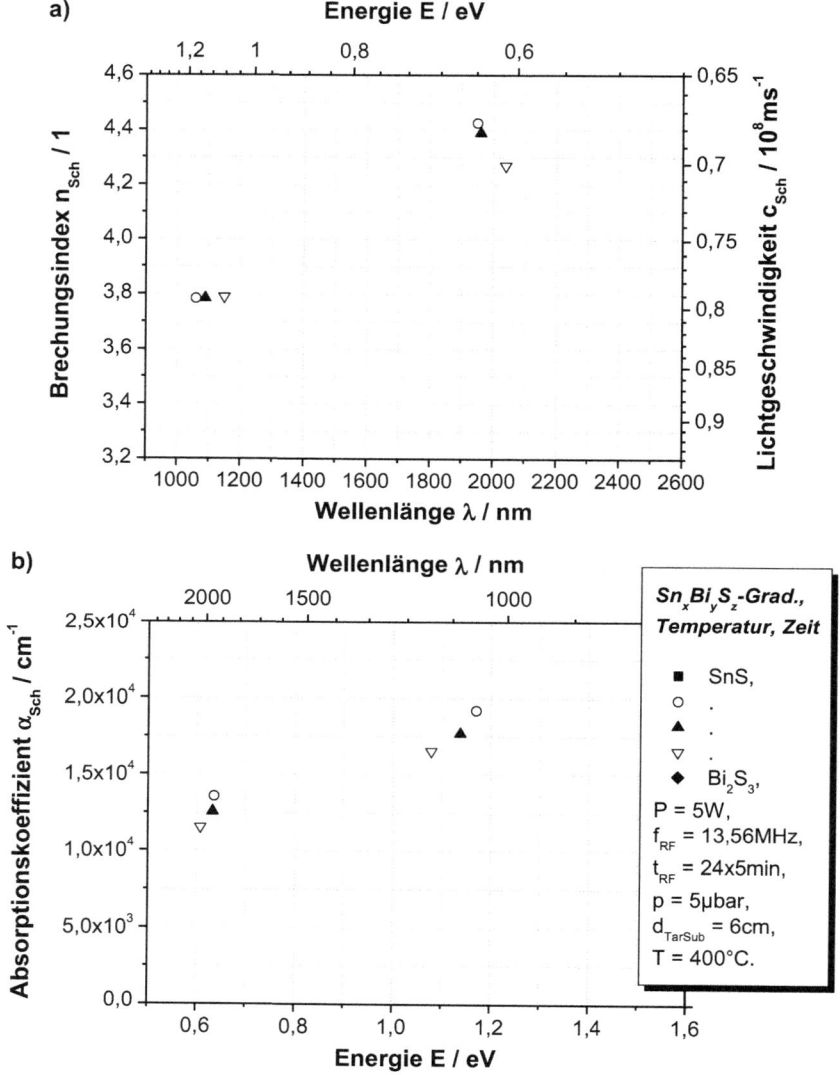

Abb. 3.48 a Brechungsindizes, Lichtgeschwindigkeiten und **b** Absorptionskoeffizienten für $Sn_xBi_yS_z$-Schichten, gesputtert bei T = 400 °C, als Funktion der Wellenlänge bzw. der Energie. Laufparameter sind hier Zinn- c_{Sn} und Bismutkonzentrationen c_{Bi}

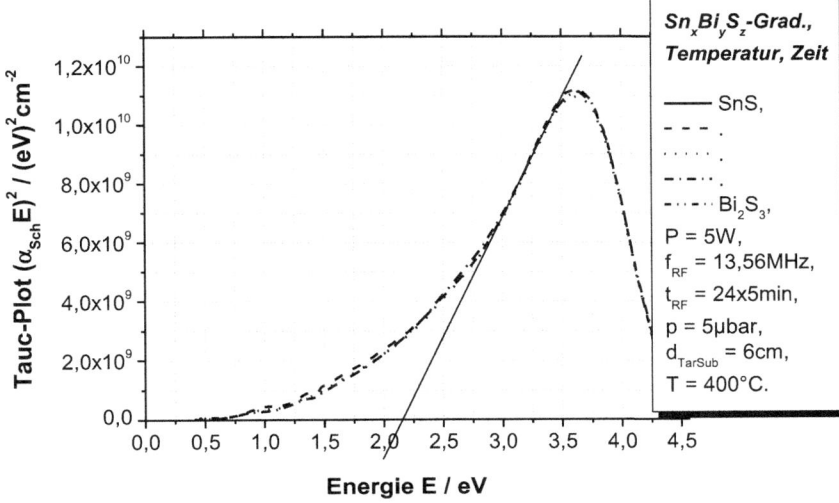

Abb. 3.49 Tauc-Plot zur Bestimmung der Bandlücke E$_g$ für Sn$_x$Bi$_y$S$_z$-Schichten, gesputtert bei T = 400 °C, als Funktion unterschiedlicher Zinn- c$_{Sn}$ und Bismutkonzentrationen c$_{Bi}$. Die sich hiermit ergebenden Bandlücken sind neben den Schichtdicken und Depositionsraten in Abb. 3.31 zu sehen

Tab. 3.8 Prozessparameter für Standard-Solarzellen, bestehend aus einem Molybdän Grundkontakt, einer Sn$_x$Bi$_y$S$_z$-Absorberschicht und einer mit Aluminium n-dotierten Zinkoxid TCO-Schicht (TCO = Transparent Conducting Oxide). Hierin sind t$_{Sp}$ die Sputterdauer, p der Druck, T die Temperatur, P die Leistung, f die Frequenz, t$_{Br}$ die Pausendauer

Schicht	t$_{Sp}$/min	p/µbar	T/°C	Gas	P/W	f/kHz	t$_{Br}$/µs
Mo	10	3	RT	Ar	250	0	×
Sn$_x$Bi$_y$S$_z$	siehe Legende in Abb. 3.50						
n-ZnO:Al	15	3	300	Ar	250	50	1

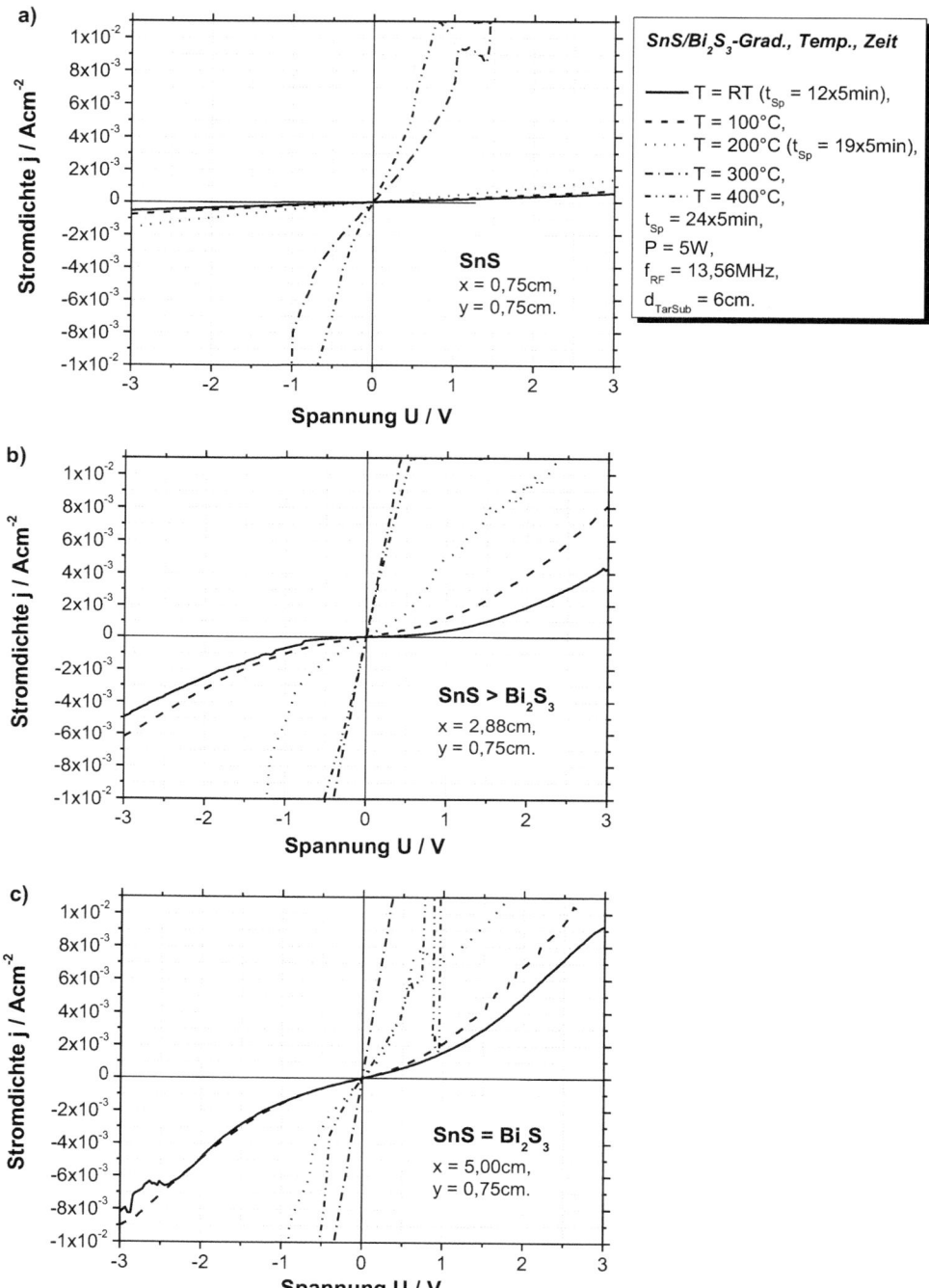

Abb. 3.50 Stromdichte-Spannungs Kennlinien für Solarzellen mit $Sn_xBi_yS_z$-Absorberschichten. Von **a** bis **e** nimmt der Bismutgehalt der Schichten zu

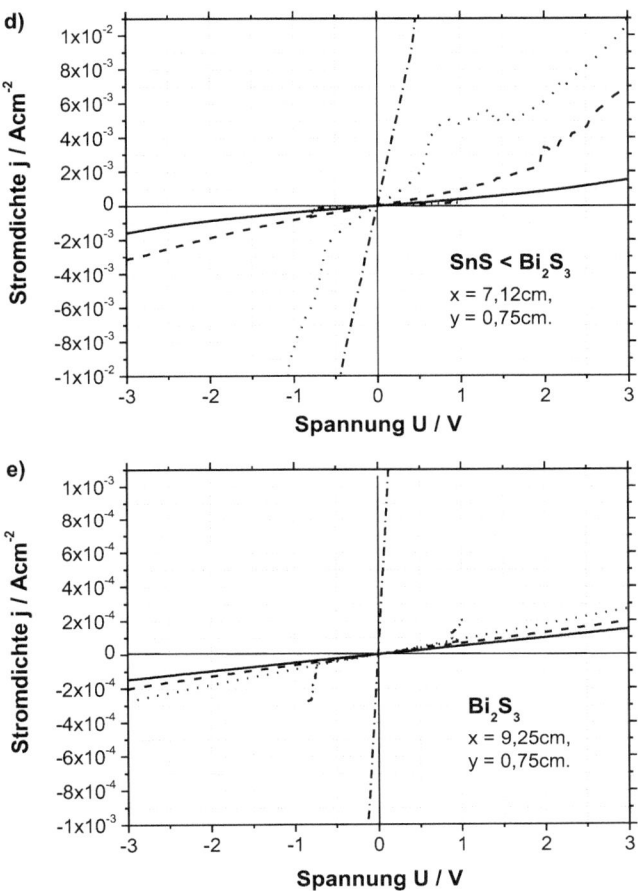

Abb. 3.50   (Fortsetzung)

Tab. 3.9 Leerlaufspannungen U_{oc}, Kurzschlussströme I_{sc}, Kurzschlussstromdichten j_{sc}, maximale Leistungsdichten p_{max} und Wirkungsgrade η für Solarzellen mit einem Molybdän Grundkontakt, einer SnS/Bi_2S_3-Gradienten-Absorberschicht und einer n-ZnO:Al TCO-Schicht, wobei die Absorberschicht **a** in Abhängigkeit von der Temperatur Sn-reich und **b** in Abhängigkeit vom Sn- beziehungsweise Bi-Gehalt bei Raumtemperatur gesputtert wurden

a)

T / °C	U_{oc} / V	I_{sc} / A	j_{sc} / Acm^{-2}	p_{max} / Wcm^{-2}	η / %
RT	0,00403	1,32· 10^{-7}	5,30· 10^{-7}	9,26· 10^{-11}	9,26· 10^{-8}
100	0,00156	2,08· 10^{-7}	8,32· 10^{-7}	6,39· 10^{-11}	6,39· 10^{-8}
200	0,00212	3,19· 10^{-8}	1,28· 10^{-7}	3,06· 10^{-11}	3,06· 10^{-8}
300	8,05· 10^{-4}	1,48· 10^{-7}	5,90· 10^{-7}	2,70· 10^{-11}	2,70· 10^{-8}
400	--	--	--	--	--

b)

Position	U_{oc} / V	I_{sc} / A	j_{sc} / Acm^{-2}	p_{max} / Wcm^{-2}	η / %
SnS	0,00403	1,32· 10^{-7}	5,30· 10^{-7}	9,26· 10^{-11}	9,26· 10^{-8}
.	0,00111	7,72E-09	3,09· 10^{-8}	1,67· 10^{-12}	1,67· 10^{-9}
.	0,00128	1,17· 10^{-7}	4,68· 10^{-7}	4,19· 10^{-11}	4,19· 10^{-8}
.	8,75· 10^{-4}	3,31· 10^{-8}	1,32· 10^{-7}	7,53· 10^{-12}	7,53· 10^{-9}
Bi_2S_3	0,00118	1,02· 10^{-7}	4,10· 10^{-7}	3,26· 10^{-11}	3,26· 10^{-8}

3.4   Das ternäre System $Sn_xSb_yS_z$

3.4.1   Schichten, gesputtert mit homogenen $Sn_xSb_yS_z$-Targets

3.4.1.1   Sputterleistung

Die energieabhängigen Reflexions- R_{Sch}, Transmissions- T_{Sch} und Absorptionsspektren A_{Sch} für $Sn_xSb_yS_z$ Schichten, mit der Leistung P als Parameter, sind in Abb. 3.51 zu sehen. Wie nahezu durchwegs wurden hier, auch wegen der vergleichsweise kleinen Schichtdicken, die physikalischen Größen der Schicht über das *erweiterte Ein-Schicht-Modell* bestimmt.

Innerhalb des Leistungsbereichs von $P = 7$ W bis $P = 12$ W steigen die wellenlängen- und energieabhängigen Brechungsindizes nichtlinear auf das doppelte an, weisen Schichtdicken d_{Sch} und Abscheideraten v_{Sch} lokale Maxima ($d_{Sch} = 602$ nm, $v_{Sch} = 1{,}00$ nms^{-1}), die Bandlückenenergie E_g (Tauc-Plot, Abb. 3.52) hingegen ein lokales Minimum ($E_g = 0{,}93$ eV) auf, vgl. Abb. 3.53, Tab. 3.10.

3.4.1.2 Frequenz

Für $Sn_xSb_yS_z$ Dünnschichten sind die Reflexions- R_{Sch}, Transmissions- T_{Sch} und Absorptionsspektren A_{Sch}, als Funktion der Energie E und der Frequenz f, in Abb. 3.54 zu sehen.

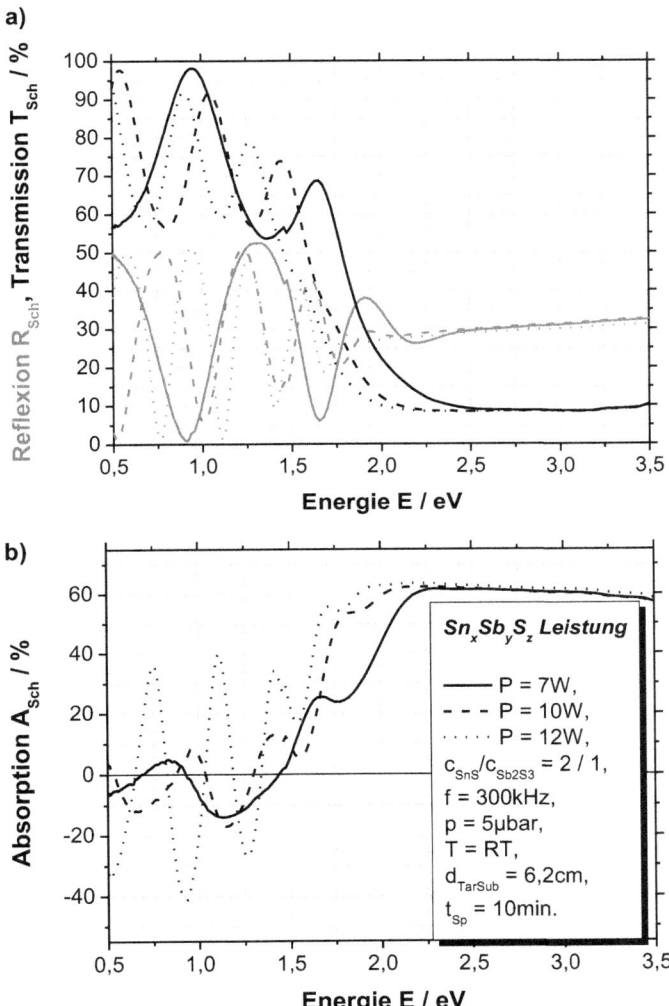

Abb. 3.51 **a** Reflexions- R_{Sch}, Transmissions- T_{Sch} und **b** Absorptionsspektren A_{Sch} für $Sn_xSb_yS_z$ Schichten als Funktion der Energie E und der Leistung P

Einfallende Photonen, mit Energien über der Bandlücke, werden zu etwa 60 % absorbiert, vgl. Abb. 3.51b und 3.54b. Auch mit steigender Sputterfrequenz steigen die Brechungs-indizes unabhängig von der Wellenlänge an (Abb. 3.55).

Untersucht wurde die Frequenzabhängigkeit von *$Sn_xSb_yS_z$ Dünnschichten auch mit Kupferzusatz*. So sind Schichtdicken d_{Sch}, Depositionsraten v_{Sch} und Bandlückenenergien E_g (Tauc-Plot, Abb. 3.56) als Funktion der Frequenz f in Tab. 3.11 sowohl für ternäre $Sn_xSb_yS_z$ Schichten (Tab. 3.11a) als auch für quaternäre $Cu_wSn_xSb_yS_z$ Schichten

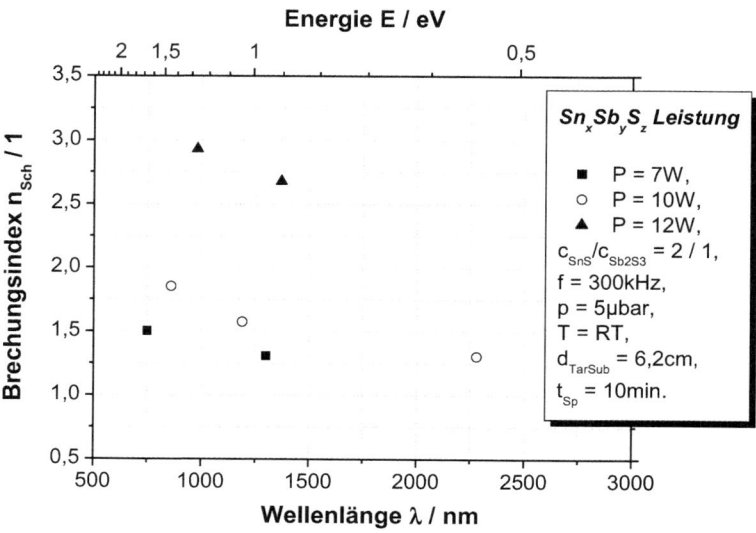

Abb. 3.52 Wellenlängen- und Energieabhängige Brechungsindizes n_{Sch} für $Sn_xSb_yS_z$ Schichten, mit der Leistung als Laufparameter

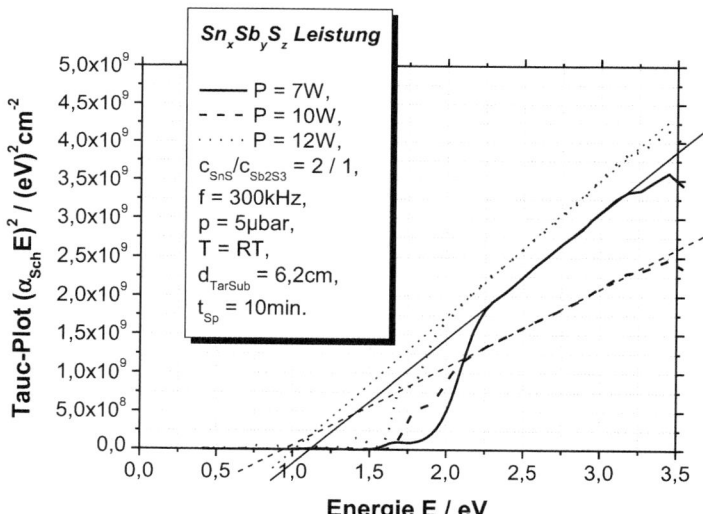

Abb. 3.53 Tauc-Plot zur Bestimmung der Bandlückenenergie für $Sn_xSb_yS_z$-Schichten, als Funktion der Sputterleistung P

Tab. 3.10 Schichtdicke d_{Sch}, Depositionsrate v_{Sch} und Bandlückenenergie E_g als Funktion der Sputterleistung P für $Sn_xSb_yS_z$-Schichten (c_{SnS}/c_{Sb2S3} = 2/1, f = 300 kHz, p = 5 µbar, T = RT, d_{TarSub} = 6,2 cm, t_{Sp} = 10 min)

P/W	7	10	12
d_{Sch}/nm	502	602	418
v_{Sch}/nms^{-1}	0,84	1,00	0,69
E_g/eV	1,12	0,93	1,02

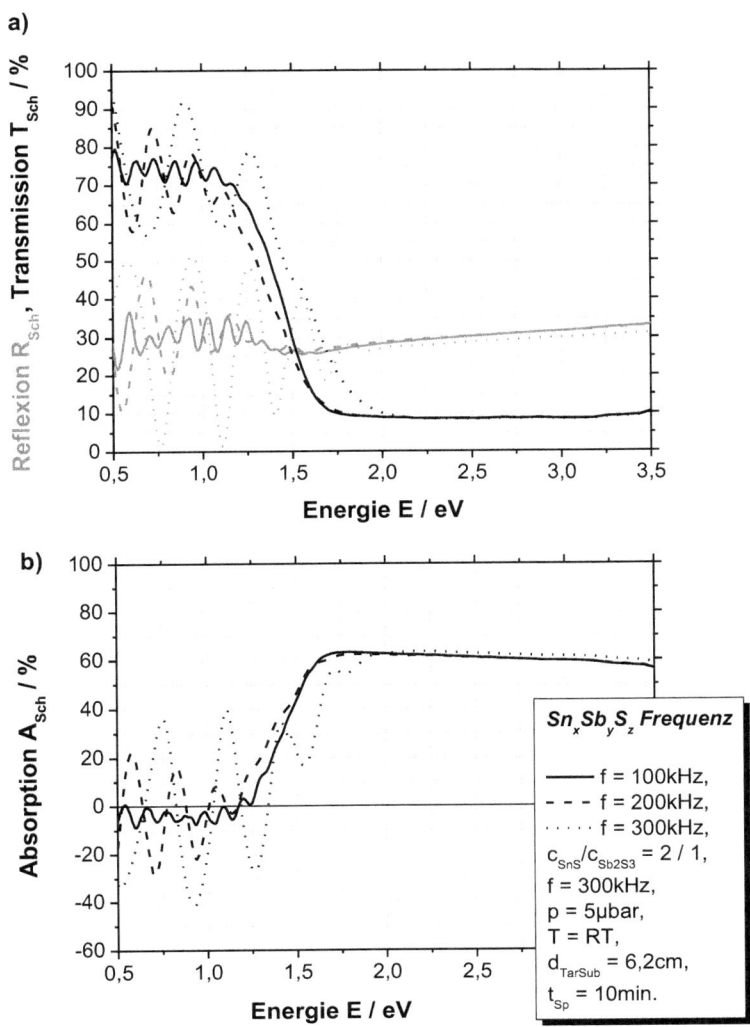

Abb. 3.54 **a** Reflexions- R_{Sch}, Transmissions- T_{Sch} und **b** Absorptionsspektren A_{Sch} für $Sn_xSb_yS_z$ Schichten als Funktion der Energie E und der Frequenz f

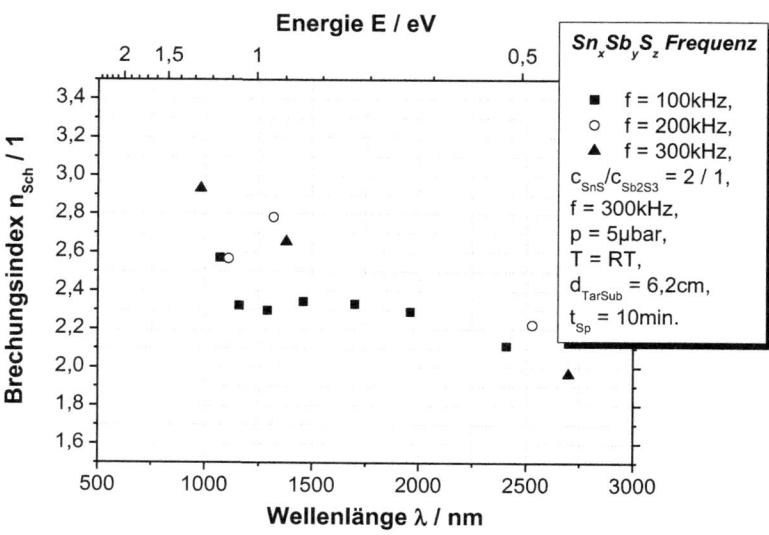

Abb. 3.55 Wellenlängen- und Energieabhängige Brechungsindizes n_{Sch} für $Sn_xSb_yS_z$ Schichten, mit der Frequenz als Laufparameter

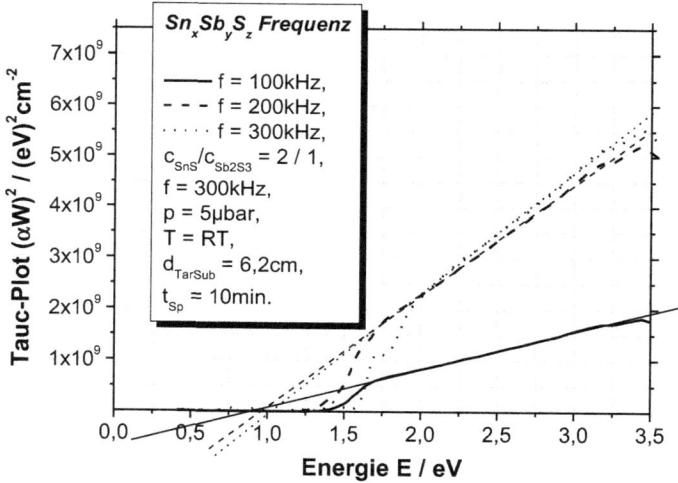

Abb. 3.56 Tauc-Plot zur Bestimmung der Bandlückenenergie für $Sn_xSb_yS_z$-Schichten, als Funktion der Frequenz f

(Tab. 3.11b) zu finden. Bei der Interpretation dieser Tabellen ist darauf zu achten, dass sich die verwendeten Parametersätze in Leistung P, Sputterdauer t_{Sp} und insbesondere der Temperatur T mitunter deutlich unterscheiden.

Quaternäre $Cu_wSn_xSb_yS_z$ Materialsysteme werden in den folgenden Kapiteln noch eingehender behandelt werden.

Tab. 3.11 Dünnschichtdicken d$_{Sch}$, Abscheideraten v$_{Sch}$ und Bandlückenenergien E$_g$ für Sn$_x$Sb$_y$S$_z$ Schichten **a** ohne (P = 12 W, t$_{Sp}$ = 10 min, p = 5 μbar, d$_{TarSub}$ = 6,2 cm, T = RT) und **b** mit Cu-Zusatz (P = 10 W, t$_{Sp}$ = 30 min, p = 5 μbar, d$_{TarSub}$ = 6 cm, T = 400 °C)

a)

f / kHz	100	200	300
d$_{Sch}$ / nm	686	407	418
v$_{Sch}$ / nms^{-1}	1,14	0,68	0,69
E$_g$ / eV	0,90	0,96	1,02

b)

f / kHz	100	200	300
d$_{Sch}$ / μm	1,98	1,06	0,46
v$_{Sch}$ / nms^{-1}	1,10	0,59	0,26
E$_g$ / eV	1,60	1,62	1,65

3.4.2 RF-gesputtertes Sb$_2$S$_3$ nach PDC-gesputtertem SnS

Theorie

In Abschn. 3.3.2 wurden bereits die **lateralen Gradientenschichten** vorgestellt. Zur Herstellung dieser wurden die kreisrunden Sputtertargets aus zwei Hälften, d. h. einer reinen SnS- und einer reinen Bi$_2$S$_3$- bzw. Sb$_2$S$_3$-Hälfte, zusammengesetzt. Deshalb weisen die gesputterten Sn$_x$Bi$_y$S$_z$ bzw. Sn$_x$Sb$_y$S$_z$ Dünnschichten senkrecht (y-Achse) zu den Bruchkanten (x-Achse) der einzelnen Targethälften unterschiedliche Sn-, Bi-, Sb- und S-Konzentrationen c$_{Sn}$, c$_{Bi}$, c$_{Sb}$, c$_S$ auf.

Um nun **vertikale Konzentrationsgradienten** ∇c$_{Sn}$, ∇c$_{Bi}$, ∇c$_{Sb}$, ∇c$_S$, in den gesputterten Schichten zu erzeugen, ist zuerst das eine, reine, Material zu sputtern (z. B. SnS) und dann das andere (z. B. Bi$_2$S$_3$, Sb$_2$S$_3$). Durch die Vermischung der beiden Elemente an der Grenzfläche zwischen den Schichten, ergibt sich eine vertikale Gradientenschicht, deren räumliche Ausdehnung jedoch sehr beschränkt ist, d. h. i. a. nur wenige Atomlagen dick ist. Durch Sputtern bei hohen Temperaturen oder durch thermische Nachbehandlung kann jedoch die Ausdehnung des vertikalen Konzentrationsgradienten erhöht werden.

Diese vertikalen Gradientenschichten sind deshalb nur bedingt zur Untersuchung von sich kontinuierlich ändernden chemischen Zusammensetzungen von Schichten geeignet, jedoch sehr wohl für eine optimale Gitteranpassung zwischen einer derart hergestellten Absorber-Dünnschicht und den an sie angrenzenden Schichten.

Als Beispiel für eine vertikale Gradientenschicht wurde zuerst mit dem vergleichsweise sanften, gepulsten Gleichstromsputtern eine Zinnsulfidschicht aufgebracht und danach mithilfe eines Hochfrequenzsputterverfahrens eine Antimonsulfidschicht. Die entsprechenden Reflexions- *R$_{Sch}$*, Transmissions- *T$_{Sch}$* und Absorptionsspektren *A$_{Sch}$* sind in Abb. 3.57 zu sehen. Auch hier beläuft sich die Absorption auf etwas über 60 %. Die Bandlückenenergie ist jedoch vergleichsweise gering und es bedarf eines Tauc-Plots, Abb. 3.58, um diese zu bestimmen, da die Bandkante wegen stark auftretender Fabry-Pérot Extrema aus den Spektren nicht abgeschätzt werden kann. Bemerkenswert ist auch, dass der Brechungsindex mit zunehmender Wellenlänge ansteigt, vgl. Abb. 3.59. Schichtdicke und Bandlücke sind in Tab. 3.12 verzeichnet.

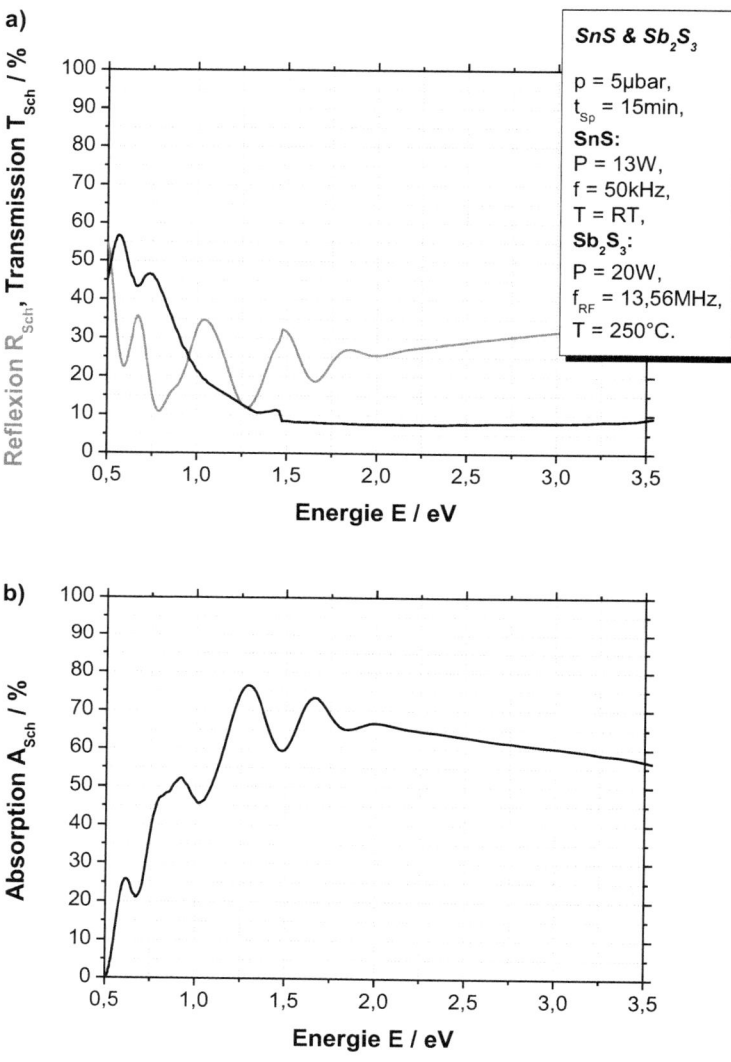

Abb. 3.57 **a** Reflexions- R_{Sch}, Transmissions- T_{Sch} und **b** Absorptionsspektrum A_{Sch} für eine vertikale $Sn_xSb_yS_z$ Gradientenschicht als Funktion der Energie E

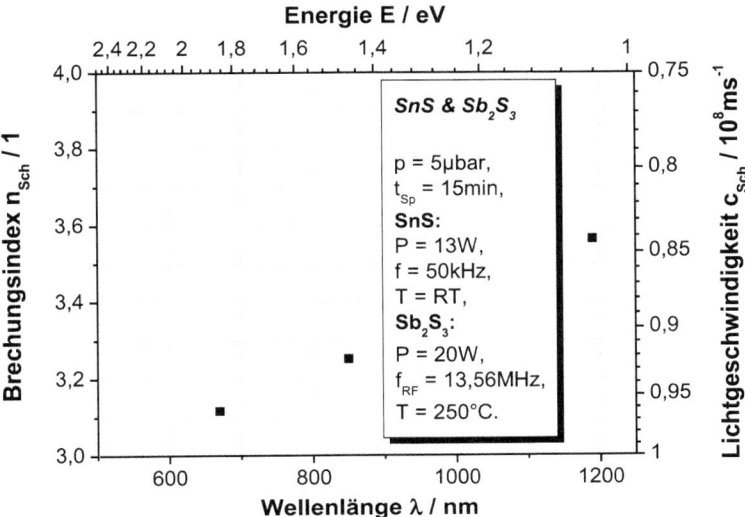

Abb. 3.58 Wellenlängen- und energieabhängiger Brechungsindex n_{Sch} und Lichtgeschwindigkeit c_{Sch} für eine vertikale $Sn_xSb_yS_z$ Gradientenschicht

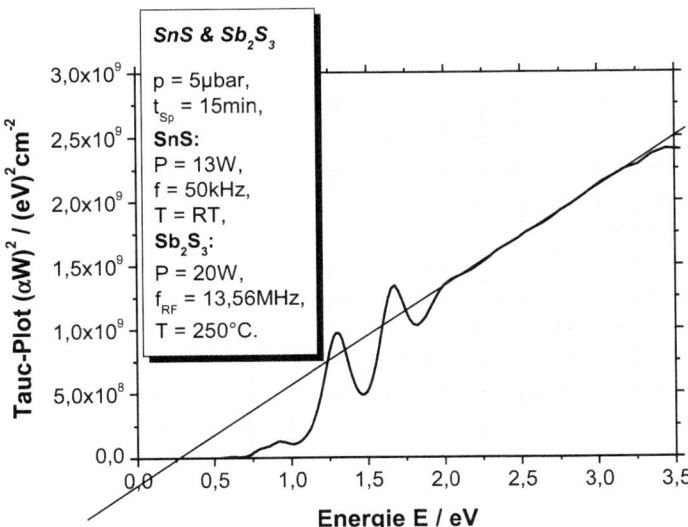

Abb. 3.59 Tauc-Plot zur Bestimmung der Bandlückenenergie für eine vertikale $Sn_xSb_yS_z$ Gradientenschicht

Tab. 3.12 Dünnschichtdicke d_{Sch}, und Bandlückenenergie E_g für eine vertikale $Sn_xSb_yS_z$ Gradientenschicht.

d_{Sch}/nm	601
E_g/eV	0,26

3.5   Das quaternäre System $Cu_wSn_xSb_yS_z$

3.5.1   Homogene $Cu_wSn_xSb_yS_z$-Absorberschichten

3.5.1.1   Temperatur

Die Spektren der, mit steigender Substrat-Temperatur, gesputterten $Cu_wSn_xSb_yS_z$ Schichten sind in Abb. 3.60 zu sehen. Die wellenlängenabhängigen Brechungsindizes

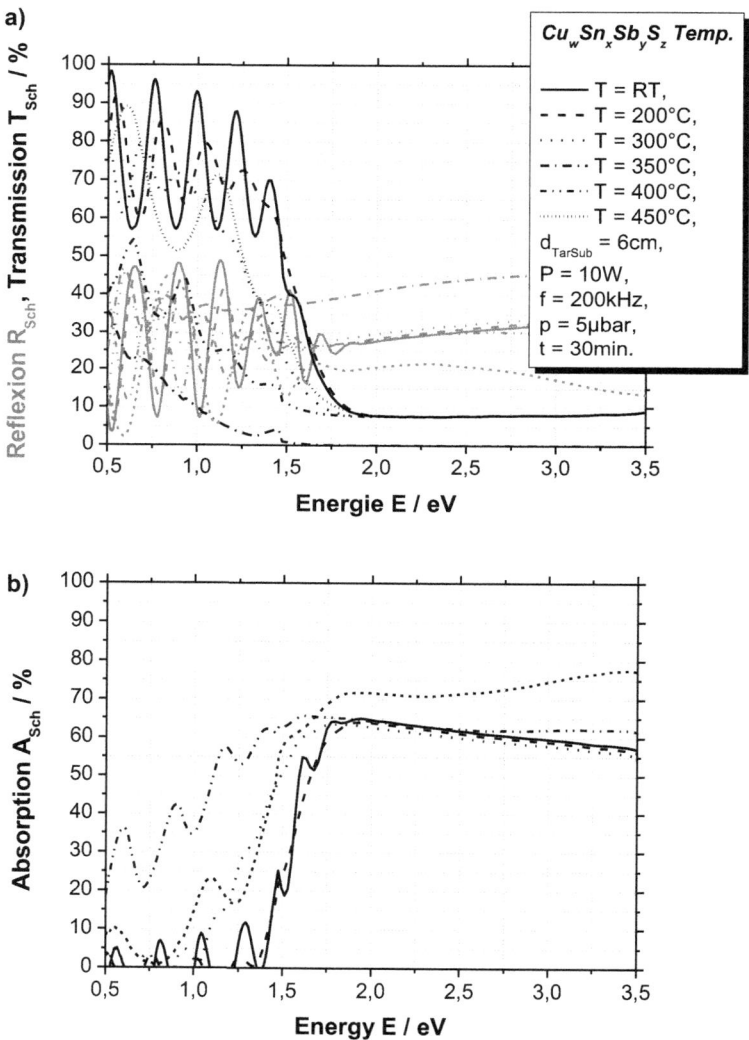

Abb. 3.60 a Reflexions- R_{Sch}, Transmissions- T_{Sch} und **b** Absorptionsspektren A_{Sch} für $Cu_wSn_xSb_yS_z$ Schichten als Funktion der Energie E und der Temperatur T des Substrats, während des Sputtervorgangs

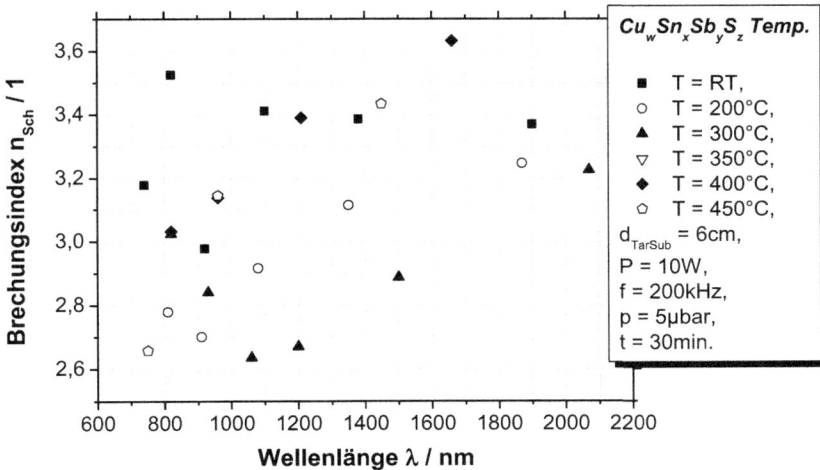

Abb. 3.61 Brechungsindizes n_{Sch} für $Cu_wSn_xSb_yS_z$ Schichten als Funktion der Wellenlänge λ und der Temperatur T des Substrats, während des Sputtervorgangs

n_{Sch} werden minimal für Temperaturen T zwischen 200 °C und 300 °C, vgl. Abb. 3.61. Die Sputterraten v_{Sch} und damit, bei konstanten Sputterdauern t_{Sp}, die Schichtdicken d_{Sch} nehmen kontinuierlich ab; sie weisen aber bei etwa $T = 400$ °C ein lokales Maximum auf. Die Bandlückenenergien E_g steigen über den untersuchten Temperaturbereich von $T = 20$ °C bis $T = 450$ °C stetig an, vgl. Abb. 3.62 und Tab. 3.13.

3.5.1.2 Druck

Die Spektren für $Cu_wSn_xSb_yS_z$ Schichten, die mit unterschiedlichen Prozesskammerdrücken hergestellt wurden, sind in Abb. 3.63 zu sehen. Die wellenlängenabhängigen Brechungsindizes n_{Sch} sind vom Prozesskammerdruck p weitestgehend unabhängig, vgl. Abb. 3.64, die Absorptionskoeffizienten α_{Sch} sinken stetig mit zunehmendem Druck p. Es nehmen die Schichtdicken d_{Sch} und Sputterraten v_{Sch} mit steigendem Prozesskammerdruck p tendenziell zu, weisen aber bei etwa $p = 5$ μbar ein lokales Maximum auf, vgl. Abb. 3.65 und Tab. 3.14. Auch die Bandlückenenergien E_g weisen bei $p = 5$ μbar ein lokales Maximum auf, fallen aber ansonsten über den untersuchten Druckbereich von $p = 2$ μbar bis $p = 10$ μbar durchwegs ab.

Bemerkenswert ist, dass hier die Tauc-Plots zwei lineare Bereiche aufweisen, die auf die Abszisse interpoliert werden können. Damit existiert eine zweite effektive Bandlücke $E_g^* \approx 0{,}59$ eV, die wahrscheinlich einer zweiten stöchiometrischen Zusammensetzung der $Cu_wSn_xSb_yS_z$ Schichten zuzuordnen ist.

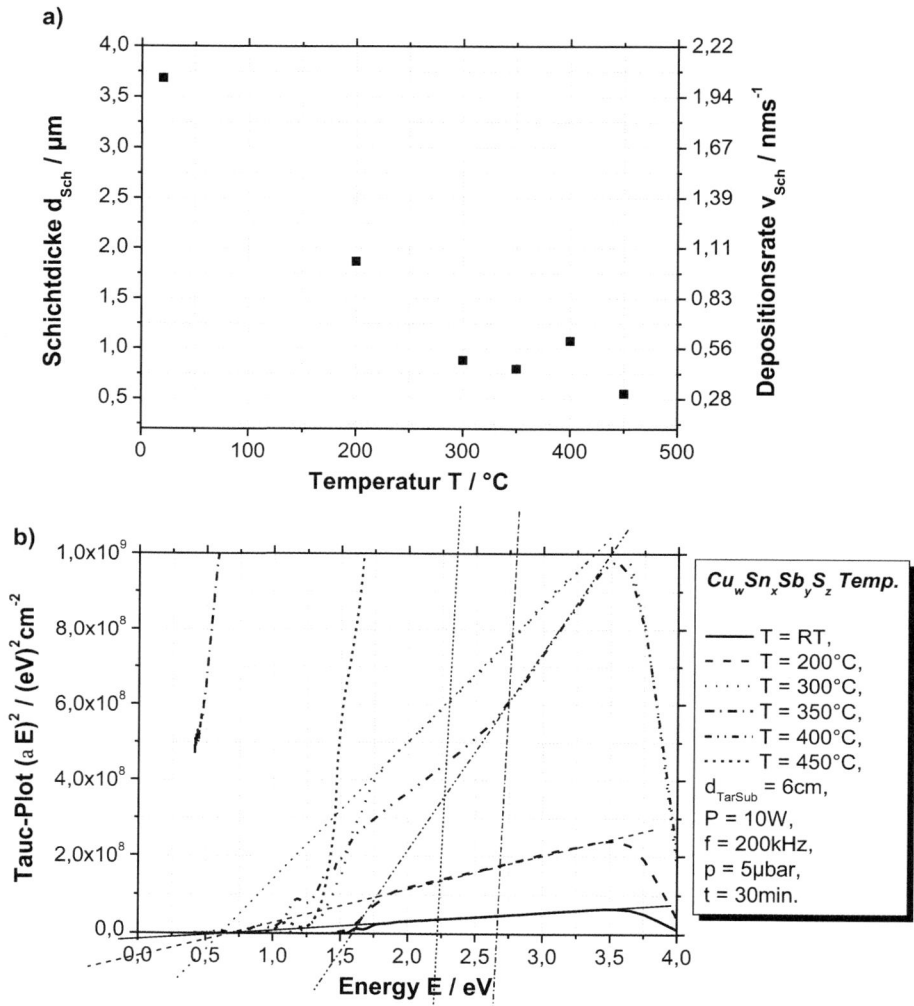

Abb. 3.62 a Schichtdicke d_{Sch}, Depositionsrate v_{Sch} und **b** Tauc-Plot zur Bestimmung der Bandlückenenergie E_g für $Cu_w Sn_x Sb_y S_z$ Schichten als Funktion der Temperatur T des Substrats, während des Sputtervorgangs

Tab. 3.13 Schichtdicke d_{Sch}, Depositionsrate v_{Sch} und Bandlückenenergie E_g für $Cu_w Sn_x Sb_y S_z$ Schichten als Funktion der Temperatur T des Substrats, während des Sputtervorgangs. Die Bandlückenenergien E_g sind zwingend über den Tauc-Plot zu bestimmen

T/°C	20	200	300	400	450
d_{Sch}/µm	3,68	1,87	0,88	1,06	0,55
v_{Sch}/nms^{-1}	2,04	1,04	0,49	0,59	0,31
E_g/eV	0,53	0,54	0,70	1,62	2,17

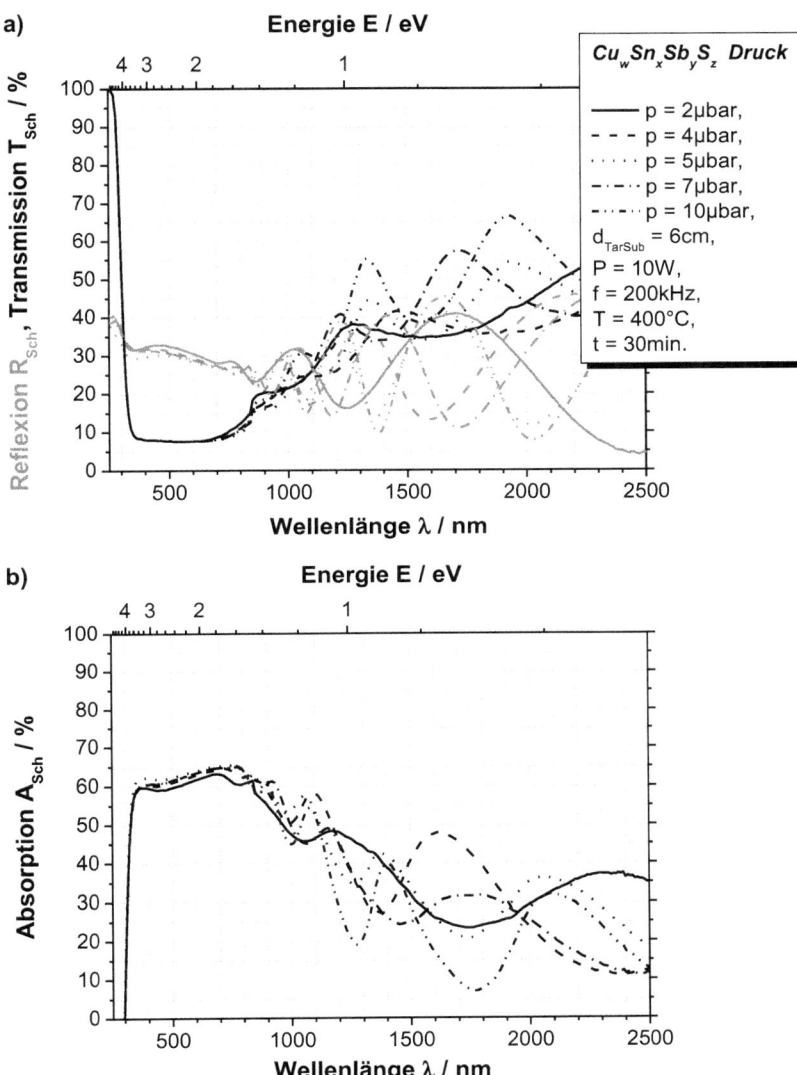

Abb. 3.63 **a** Reflexions- R_{Sch}, Transmissions- T_{Sch} und **b** Absorptionsspektren A_{Sch} für $Cu_wSn_xSb_yS_z$ Schichten als Funktion der Wellenlänge λ und der Energie E, sowie des Laufparameters Druck p in der Prozesskammer. Für Wellenlängen unter etwa 300 nm absorbiert das Substrat nahezu 100 % des Lichts

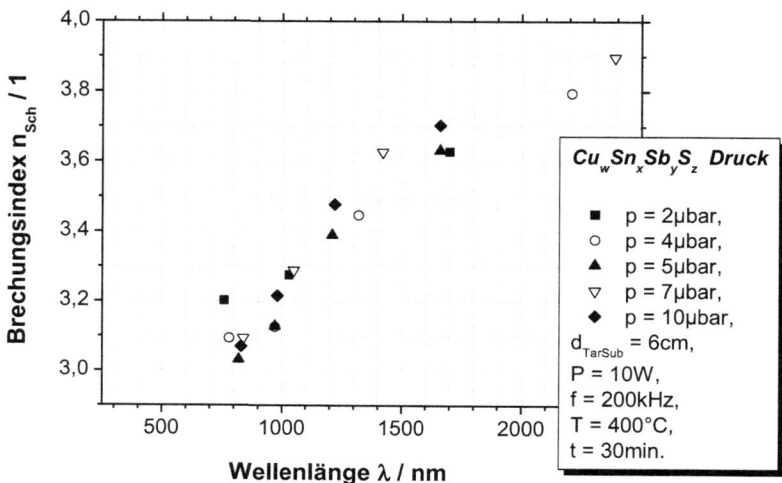

Abb. 3.64 Brechungsindizes n_{Sch} für $Cu_wSn_xSb_yS_z$ Schichten als Funktion der Wellenlänge λ und des Prozesskammerdrucks p, während des Sputtervorgangs

3.5.1.3 Frequenz

Reflexions- R_{Sch}, Transmissions- T_{Sch} und Absorptionsspektren A_{Sch} für $Cu_wSn_xSb_yS_z$ Schichten, die mit unterschiedlichen Sputterfrequenzen f hergestellt wurden sind in Abb. 3.66 zu sehen.

Die Reflexionen der Schicht liegen, wellenlängen- bzw. energieunabhängig, bei durchwegs 30 %. Oberhalb der Bandlückenenergie, welche hier wegen starker Fabry-Pérot Extrema nur sehr schwer abgeschätzt werden kann, weisen die Absorbtionen durchwegs 65 % auf.

Die wellenlängenabhängigen Brechungsindizes n_{Sch} und Absorptionskoeffizienten α_{Sch} der $Cu_wSn_xSb_yS_z$ Schichten steigen mit zunehmender Frequenz f des gepulsten Gleichstromsputterns an, vgl. Abb. 3.67. Dies gilt auch, wenn der Cu-Gehalt gegen null geht.

Grundsätzlich lassen sich die Bandlückenenergien E_g auch aus einer Auftragung der Absorptionen A_{Sch} oder Absorptionskoeffizienten α_{Sch} gegen die Energien E abschätzen. Dies ist hier jedoch kaum möglich, da exakt in diesem Energiebereich die stehenden Wellen der interferierenden Photonen in der Schicht die Bandkanten maskieren. Für die Bestimmung der Bandlückenenergien E_g ist somit zwingend der Tauc-Plot zu verwenden, vgl. Abb. 3.68. Auch hier treten zwei Bandlücken auf, $E_g \approx 1,54$ eV und $E_g{}^* \approx 0,69$ eV, die weitestgehend frequenzunabhängig sind.

Unabdingbar, hingegen, sind diese Fabry-Perot Extrema für die exakte Bestimmung der Schichtdicken d_{Sch} und Depositionsraten $v_{Sch} = d_{Sch}/t_{Sp}$ (t_{Sp} = Sputterdauer), vgl. Abb. 3.68. Diese fallen linear mit steigender Sputterfrequenz, wobei für $f = 150$ Hz ein lokales Minium auftritt.

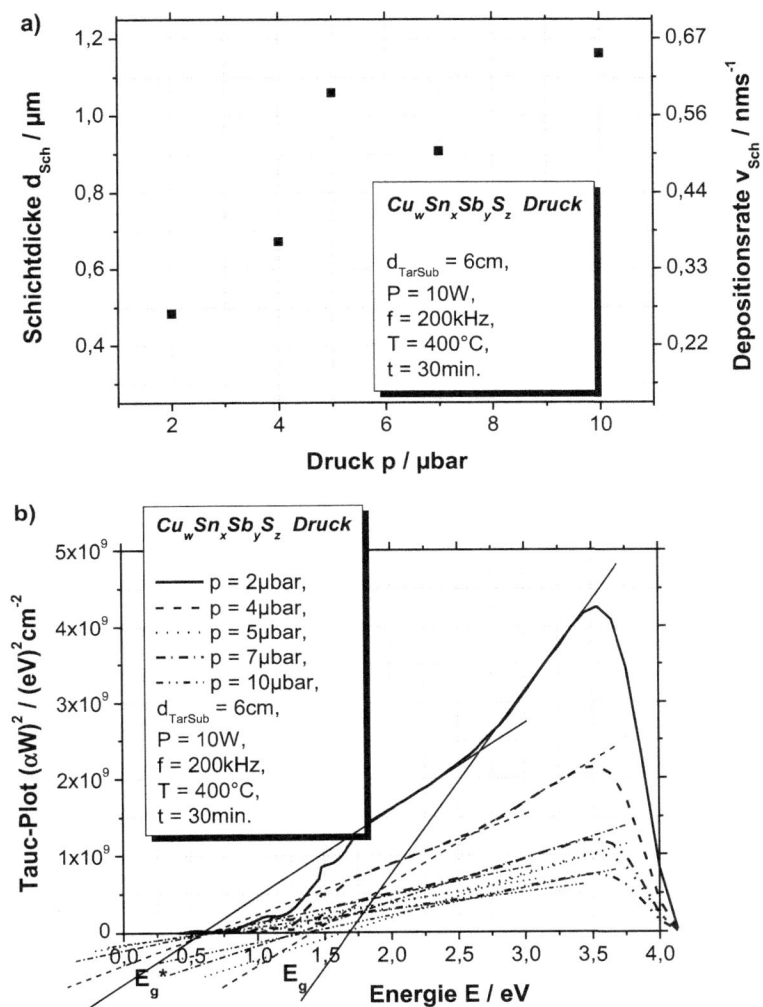

Abb. 3.65 a Schichtdicke d_{Sch}, Depositionsrate v_{Sch} und **b** Tauc-Plot zur Bestimmung der Bandlückenenergie E_g für $Cu_wSn_xSb_yS_z$ Schichten als Funktion des Prozesskammerdrucks p, während des Sputtervorgangs

Tab. 3.14 Schichtdicke d_{Sch}, Depositionsrate v_{Sch} und Bandlückenenergie E_g für $Cu_wSn_xSb_yS_z$ Schichten als Funktion des Drucks p in der Prozesskammer. Die Bandlückenenergien E_g sind zwingend über den Tauc-Plot zu bestimmen

p/µbar	2	4	5	7	10
d_{Sch}/µm	0,48	0,67	1,06	0,91	1,16
v_{Sch}/nms^{-1}	0,27	0,37	0,59	0,51	0,64
E_g/eV	1,71	1,32	1,54	1,20	1,14

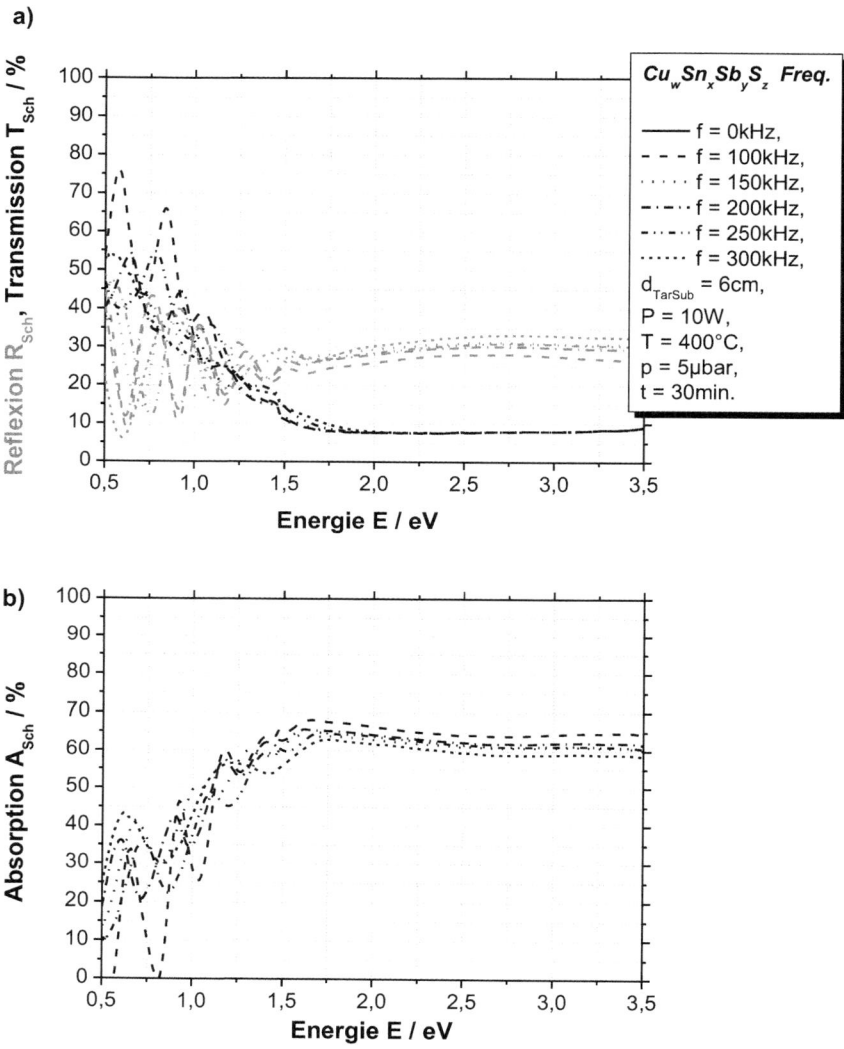

Abb. 3.66 a Reflexions- R_{Sch}, Transmissions- T_{Sch} und **b** Absorptionsspektren A_{Sch} als Funktion der Energie E und der Frequenz f für, mit (gepulstem) Gleichstrom ((P)DC-Sputtern), hergestellte $Cu_wSn_xSb_yS_z$ Schichten

3.5.2 SnS/$Cu_wSb_yS_z$-Gradienten-Absorberschichten

3.5.2.1 Temperatur

Temperaturabhängigkeit: Diese sogenannten **lateralen SnS/$Cu_wSb_yS_z$-Gradienten-Absorberschichten** wurden sowohl in Abhängigkeit von der Temperatur, als auch von der Position, d. h. vom Zinn und Antimon/Kupfer-Gehalt, hergestellt und vermessen. Hier im

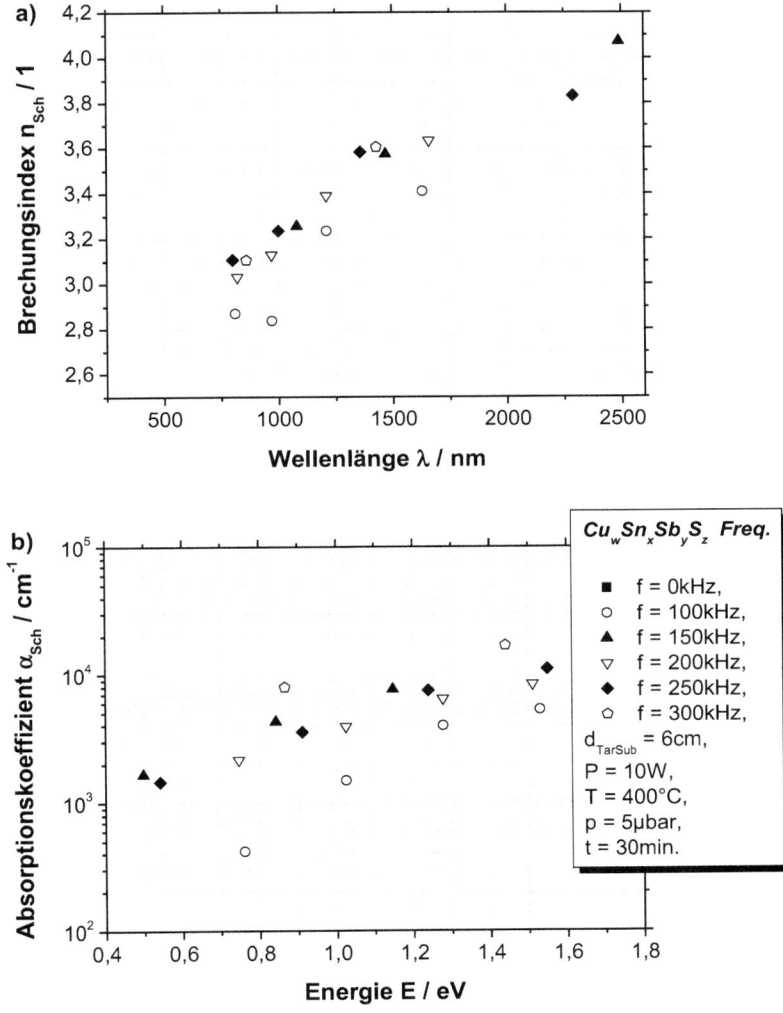

Abb. 3.67 **a** Brechungsindizes n$_{Sch}$ als Funktion der Wellenlänge und **b** Absorptionskoeffizienten α$_{Sch}$ als Funktion der Energie E sowie der Frequenz f für $Cu_wSn_xSb_yS_z$ Schichten. Beide Größen steigen tendenziell mit zunehmender Sputterfrequenz f an

ersten Abschnitt werden die Ergebnisse für eine zentrale Position in **Abhängigkeit von der Temperatur** dargestellt. Im folgenden Abschnitt werden sie für T = 300 °C in Abhängigkeit von der Position aufgetragen.

Mit einer Sputterdauer von 60 min und hohen Substrattemperaturen weisen diese quaternären Schichten mit bis zu 7,5 μm ausgesprochen hohe Schichtdicken auf, vgl. Abb. 3.70. Diese Schichtdicken sind, wie immer, in zentraler Position auf dem Substrat und für hohe Temperaturen maximal. Die entsprechenden Spektren liegen in Abb. 3.69

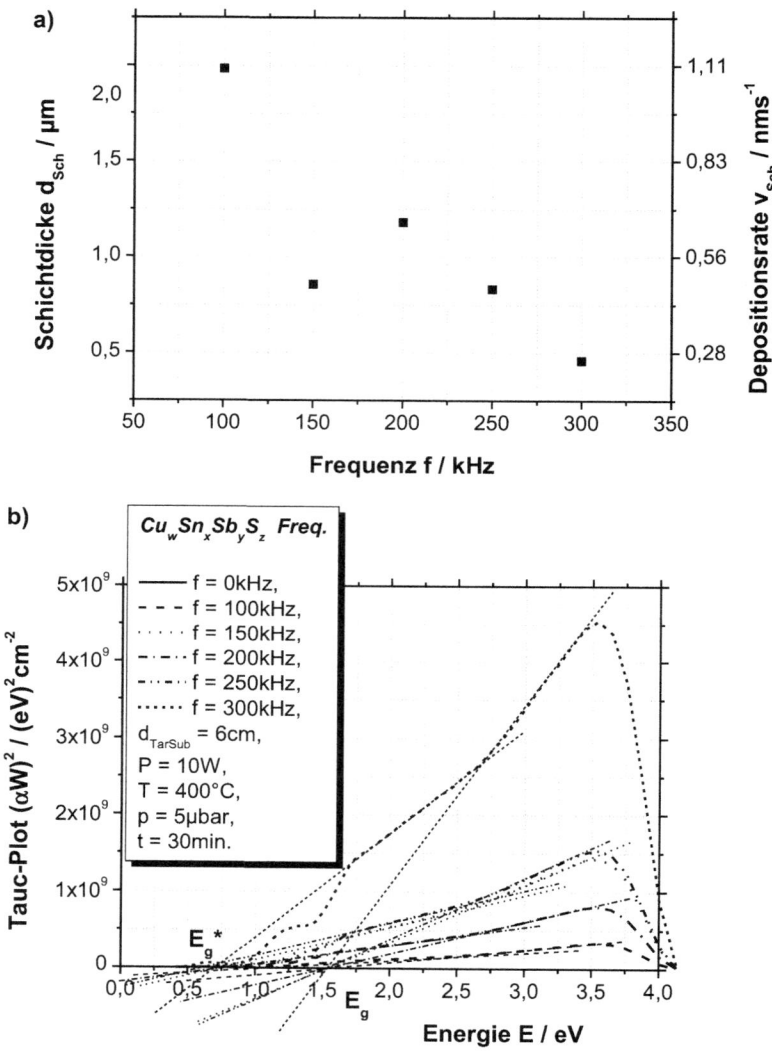

Abb. 3.68 **a** Schichtdicke d_{Sch}, Depositionsrate v_{Sch} und **b** Tauc-Plot zur Bestimmung der hier durchwegs konstanten Bandlückenenergien, $E_g \approx 1{,}54$ eV und $E_g^* \approx 0{,}69$ eV, für $Cu_w Sn_x Sb_y S_z$ Schichten, als Funktion der Sputterfrequenz f

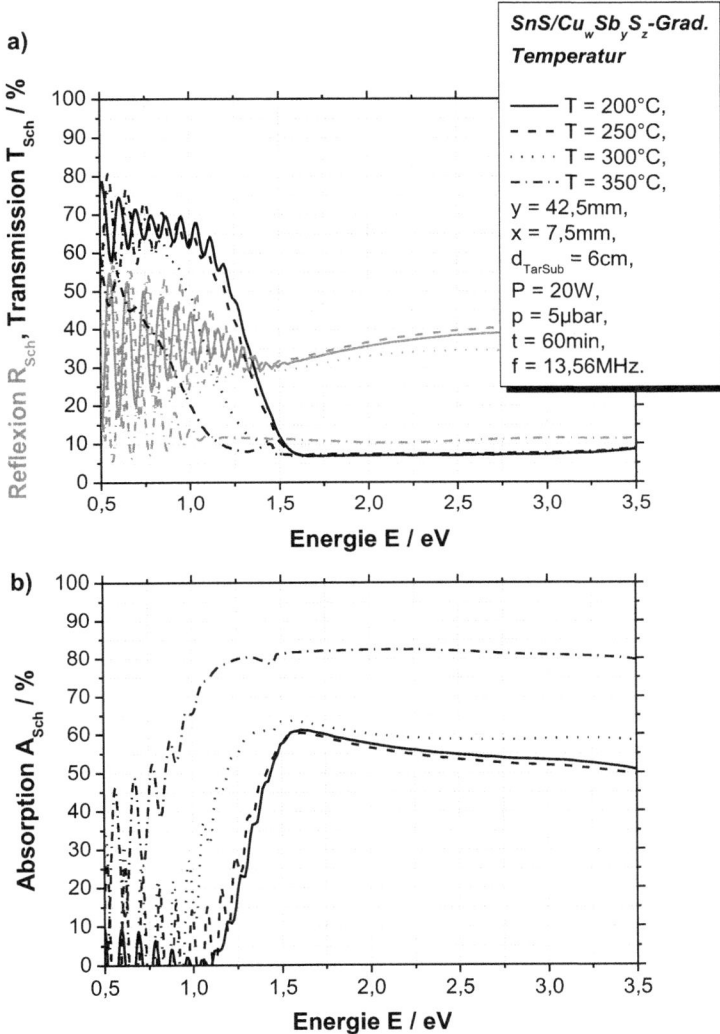

Abb. 3.69 **a** Reflexions- R$_{Sch}$, Transmissions- T$_{Sch}$ und **b** Absorptionsspektren A$_{Sch}$ als Funktion der Energie E und der Temperatur T für, mit Hochfrequenz (RF-Sputtern), hergestellte $Cu_w Sn_x Sb_y S_z$ Schichten

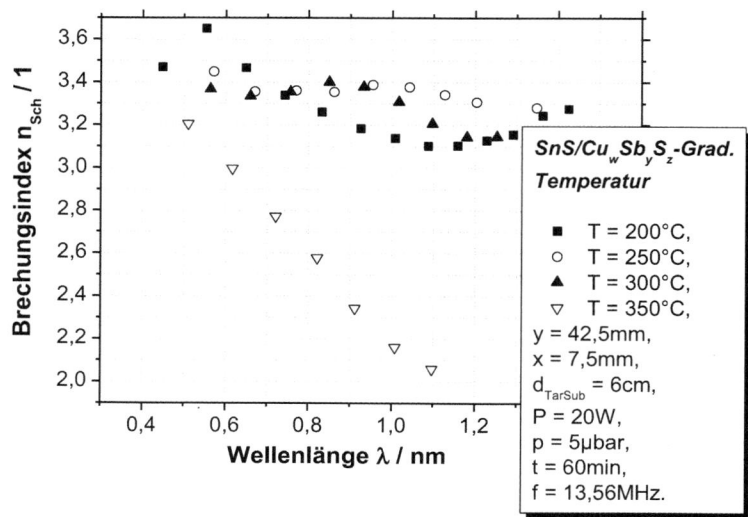

Abb. 3.70 Brechungsindizes n_{Sch} für $Cu_w Sn_x Sb_y S_z$ Schichten als Funktion der Wellenlänge λ und der Temperatur T

Tab. 3.15 Bandlückenenergie E_g für $Cu_w Sn_x Sb_y S_z$ Schichten als Funktion der Temperatur T. Die Bandlückenenergien sind zwingend über den Tauc-Plot zu bestimmen

T/°C	200	250	300	350
E_g/eV	1,07	1,04	1,46	1,17

vor. Die Brechungsindizes sind für Temperaturen bis zu 300 °C vergleichsweise wellenlängenunabhängig und fallen für höhere Temperaturen stark mit der Wellenlänge ab. Die temperaturabhängigen Bandlücken sind in Abb. 3.70 und Tab. 3.15 verzeichnet; sie liegen für eine Sputtertemperatur von 300 °C bei einem optimalen Wert von 1,46 eV. Sowohl für kleinere, als auch für größere Temperaturen liegen sie, mit knapp über einem Elektronenvolt deutlich unter diesem Wert. Auch hier könnten durch lineare Approximation weitere Bandlücken E_g^* bestimmt werden, die jedoch negative Energiewerte aufwiesen und damit physikalisch keinen Sinn machten (Abb. 3.71).

Positionen und Konzentrationen bei T = 300 °C (SnS/$Cu_w Sb_y S_z$-Gradient): Bereits aus den Spektren, Abb. 3.72, ist ersichtlich, dass sich die Bandlücken mit ändernden Zinn, Antimon und Kupfergehalten nur begrenzt ändern. Die Absorption dieser Schichten liegt wieder bei etwa 60 %. Eine genaue Bestimmung der Bandlücken über einen Tauc-Plot erbringt etwa konstant 1,65 eV, für Schichten mit 50 % und mehr Zinnanteil, vgl. Abb. 3.73 und Tab. 3.16. Für Schichten mit überwiegendem Antimon- und Kupferanteil fallen die

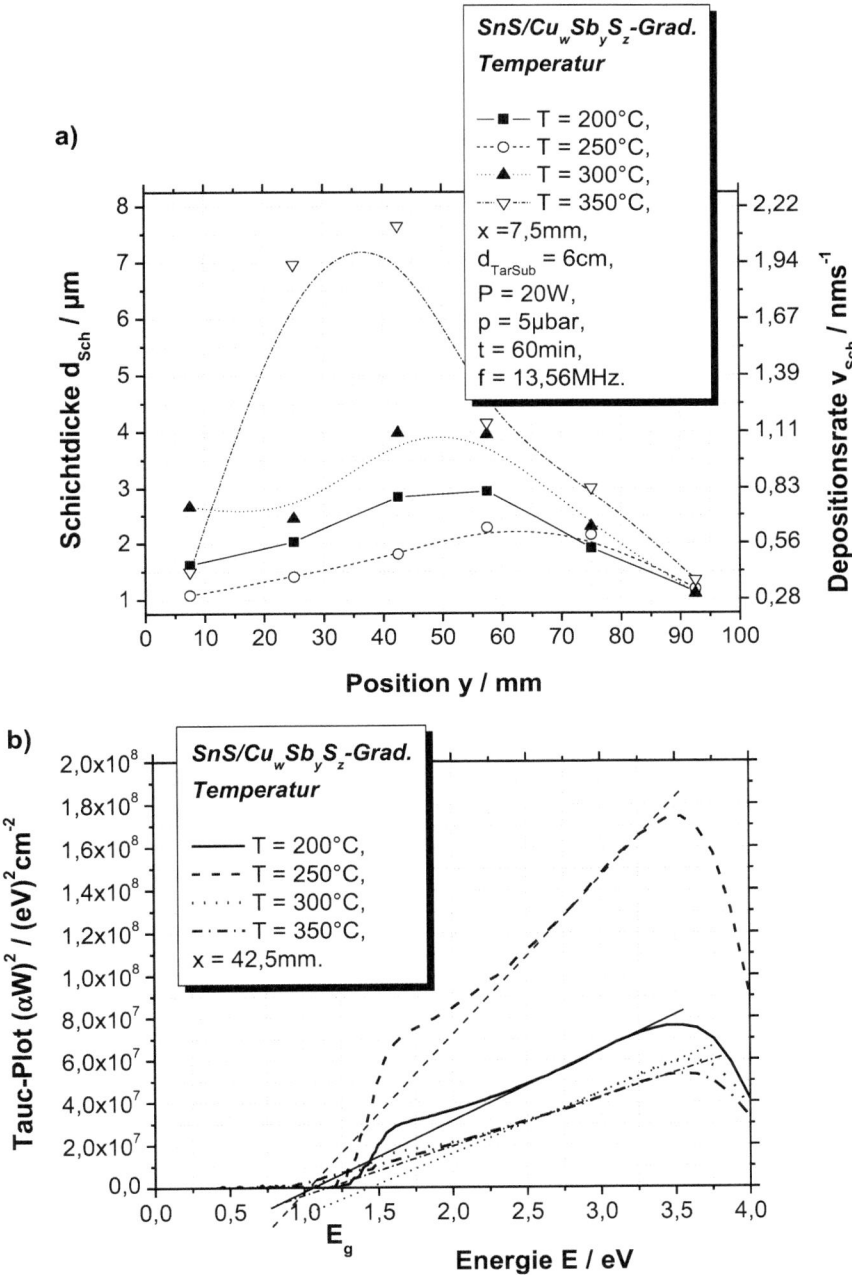

Abb. 3.71 a Schichtdicke d_{Sch} und Depositionsrate v_{Sch} als Funktion der Position y und der Temperatur T. Kleine y-Werte entsprechen hohen Zinngehalten Sn, große y-Werte hohen Antimon- Sb und Kupfergehalten Cu. Grundsätzlich nehmen die Schichtdicken mit steigender Temperatur und zentraler Sputterposition zu. **b** Tauc-Plot zur Bestimmung der Bandlückenenergie E_g, für die in diesem Abschnitt untersuchte Temperaturabhängigkeit

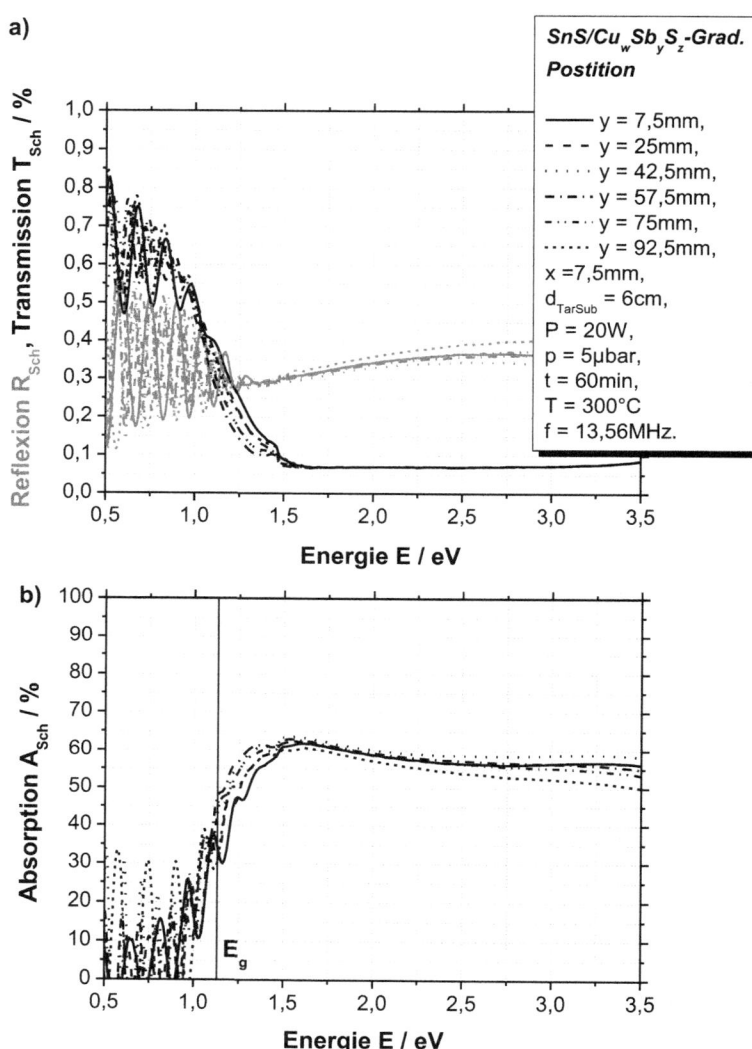

Abb. 3.72 **a** Reflexions- R_{Sch}, Transmissions- T_{Sch} und **b** Absorptionsspektren A_{Sch} für $Cu_w Sn_x Sb_y S_z$ Schichten als Funktion der Energie E und der Zinn-, Antimon- und Kupferkonzentrationen c_{Sn}, c_{Sb} und c_{Cu} in der Schicht. Kleine y-Werte entsprechen hohen Zinngehalten Sn, große y-Werte hohen Antimon- Sb und Kupfergehalten Cu

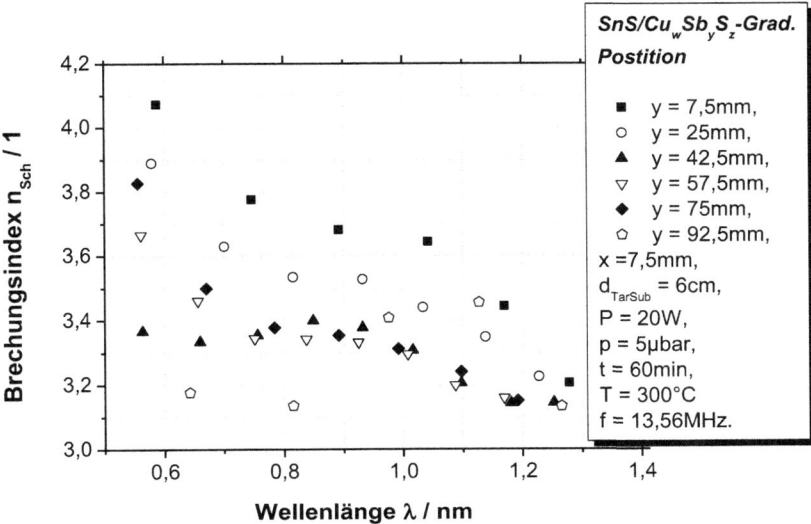

Abb. 3.73 Brechungsindizes n_{Sch} für $Cu_wSn_xSb_yS_z$ Gradientenschichten als Funktion der Wellenlänge λ und der Zinn-, Antimon- und Kupferkonzentrationen c_{Sn}, c_{Sb} und c_{Cu} in der Schicht. Kleine y-Werte entsprechen hohen Zinngehalten Sn, große y-Werte hohen Antimon- Sb und Kupfergehalten Cu

Tab. 3.16 Bandlückenenergien E_g für $Cu_wSn_xSb_yS_z$ Gradientenschichten als Funktion der Position y auf dem Substrat (x = 7,5 mm). Kleine y-Werte entsprechen hohen Zinngehalten Sn, große y-Werte hohen Antimon- Sb und Kupfergehalten Cu. Die Bandlückenenergien E_g sind zwingend über den Tauc-Plot zu bestimmen

y/mm	7,5	25	42,5	57,5	75	92,5
E_g/eV	1,67	1,66	1,64	1,42	1,25	1,04

Bandlücken dann etwas ab. Die wellenlängenabhängigen Brechungsindizes sinken mit steigenden Antimon- und Kupfergehalten jedoch erheblich ab, vgl. Abb. 3.74.

Bemerkung
Für die Interpretation der physikalischen Ergebnisse von **lateralen SnS/$Cu_wSb_yS_z$-Gradienten-Schichten** ist auch deren **Schichtdickenabhängigkeit** zu berücksichtigen. Dies, da die Schichtdicke eine Verteilung ähnlich einer Gaußglocke aufweist, deren Maximum im Zentrum der Deposition zu liegen kommt – und alle physikalischen Größen der Schichten, nicht allgemeingültig bestimmbar, von der Schichtdicke abhängen.

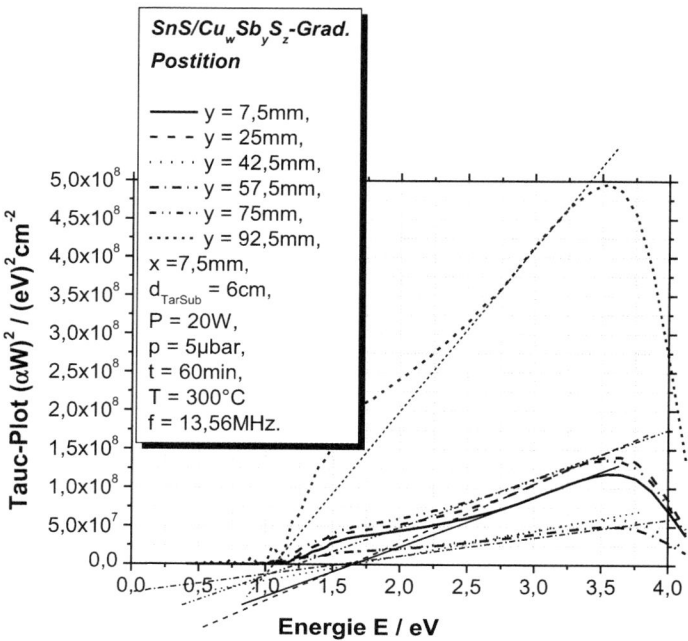

Abb. 3.74 Tauc-Plot zur Bestimmung der Bandlückenenergie E_g, für die in diesem Abschnitt untersuchte Konzentrationsabhängigkeit

3.5.2.2 Tempern in Schwefelatmosphäre

Theorie
Bislang wurde versucht, die elektronische Aktivität halbleitender ternärer Materialsysteme ($Sn_xSb_yS_z$) durch *Zusatz geringer Mengen Kupfer Cu* ($Cu_wSn_xSb_yS_z$) zu erhöhen. Einen weitaus stärkeren Einfluss auf die **effektive Dotierung sulfidischer Verbindungshalbleiter** hat jedoch der *Schwefelgehalt in der Schicht*.

Nun ist die Variation des Schwefelgehalts während des Sputterprozesses schwierig, da der Schwefel dazu neigt, flüchtig zu sein. Um nun dennoch Schwefel in das Gitter einzubauen, werden die fertigen Schichten für die Dauer von $t_{Ann} = 60$ min bei unterschiedlichen Temperaturen T_{Ann} in Schwefelatmosphäre thermisch nachbehandelt (anneal). Mit steigender Temperatur (und Dauer) wird dann zunehmend Schwefel in das Kristallgitter eingebaut oder auch auf Zwischengitterplätzen angelagert.

Für die zentrale Position auf dem Substrat, d. h. für ausgewogene Zinn- und Antimonanteile, wurden UV/Vis/NIR-Messungen durchgeführt und dies sowohl für $Cu_wSn_xSb_yS_z$ Schichten, die für $t_{Ann} = 60$ min in Schwefelatmosphäre bei unterschiedlichen Temperaturen T_{Ann} anneal wurden, als auch für entsprechende nicht-anneale $Cu_wSn_xSb_yS_z$ Schichten. Die Transmissions- und Reflexionsspektren aus diesen Messungen sind in Abb. 3.75

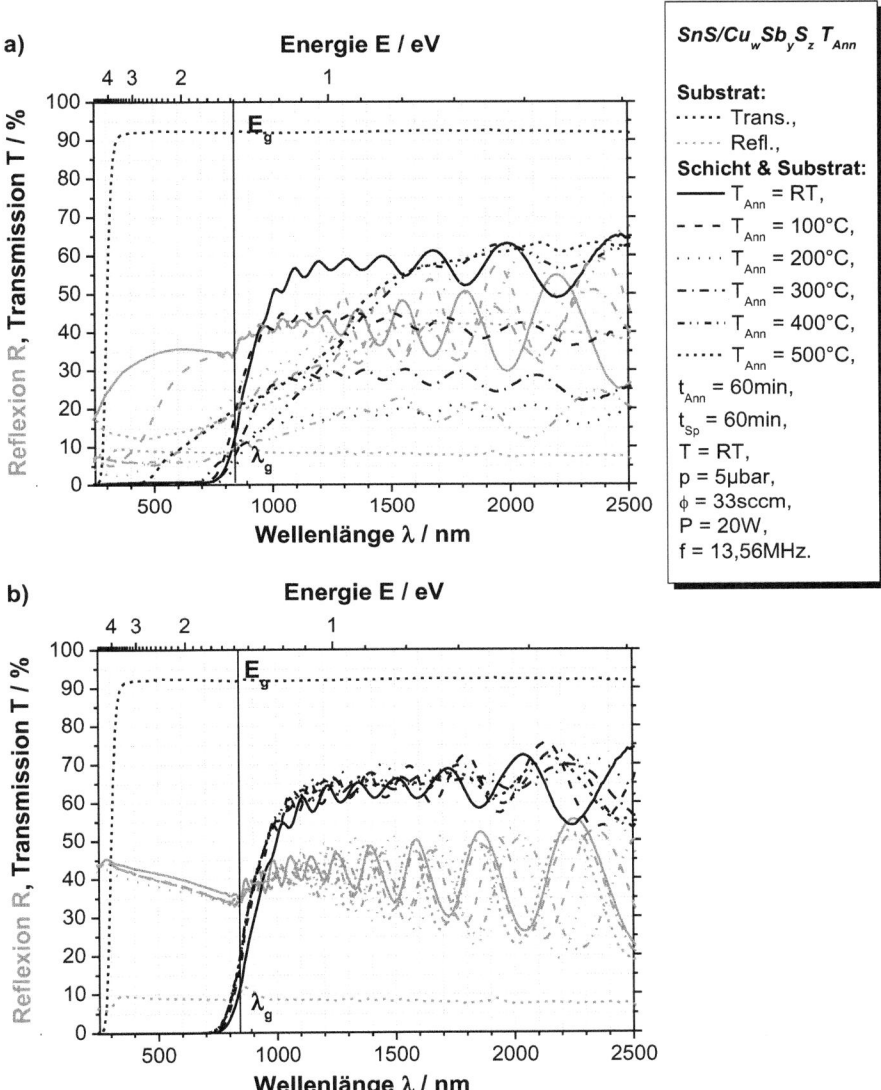

Abb. 3.75 Reflexions- R und Transmissionsspektren T für Cu_wSn$_x$Sb$_y$S$_z$ Schichten als Funktion der Wellenlänge λ und der Energie E. Gezeigt sind **a** Spektren für in Schwefelatmosphäre mit der Temperatur T$_{Ann}$ für die Dauer t$_{Ann}$ = 60 min annealte Proben und **b** Spektren für die entsprechenden unbehandelten Referenzproben

zu sehen. Sowohl im Absorptionsbereich, $E > E_g$, als auch im Transmissionsbereich, $E < E_g$, ändern sich die Spektren durch das Annealing erheblich. Aus Abb. 3.76 geht hervor, dass die bereits ohne Annealing glockenförmig temperaturabhängige Schichtdickenverteilung durch die thermische Behandlung in Schwefelatmosphäre sozusagen Aufgeblasen wird. Für eine Temperatur von etwa 200 °C steigt die Schichtdicke somit von ungefähr 3 μm auf 7 μm an.

Die Brechungsindizes liegen mit und ohne thermische Behandlung bei knapp $n_{Sch} \approx 3$. Bei den annealten Proben streuen diese jedoch etwas stärker in Abhängigkeit von der Temperatur T_{Ann}. Für hohe Temperaturen, z. B. 400 °C, fallen sie auf kleinere Werte, z. B. $n_{Sch} \approx 2$, ab. Analoges gilt für die Dielektrizitätskonstanten, vgl. Abb. 3.77.

Auch die komplexwertigen Wellenzahlen und die Absorptionskoeffizienten weisen, sowohl nachbehandelt, als auch nicht, vergleichbare Werte auf – die im Fall annealter Proben wieder stärker streuen. Für die nicht nachbehandelten Proben ergibt sich bei einer Energie von etwa 1,1 eV, d. h. einer Wellenlänge von etwa 1100 nm, durchwegs ein deutliches Minimum, das nach thermischer Behandlung in Schwefelatmosphäre völlig entfällt. Gleiches gilt für die optisch gemessenen Leitfähigkeiten (Abb. 3.78).

Durch die thermische Nachbehandlung in Schwefelatmosphäre werden insbesondere die, mittels UV/Vis/NIR Spektroskopie optisch bestimmten, Leitfähigkeiten und die, mittels Vier-Spitzen-Messplatz elektrisch gemessenen, Schichtwiderstände, siehe Abb. 3.79 und Tab. 3.17, im Temperaturbereich zwischen T = 200 °C und T = 400 °C erheblich beeinflusst. Grundsätzlich müsste man davon ausgehen, dass der zu den Isolatoren gehö-

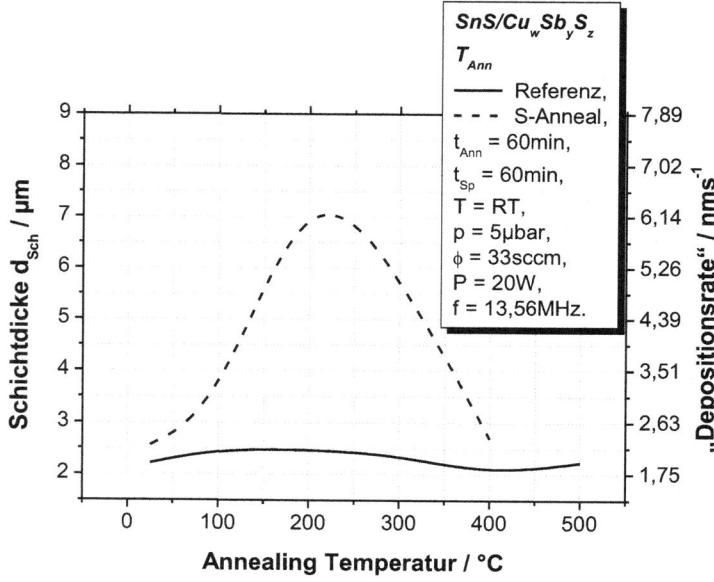

Abb. 3.76 Schichtdicken und Depositionsraten als Funktion der Temperatur T_{Ann} für in Schwefelatmosphäre annealte Proben und die entsprechenden Referenzproben

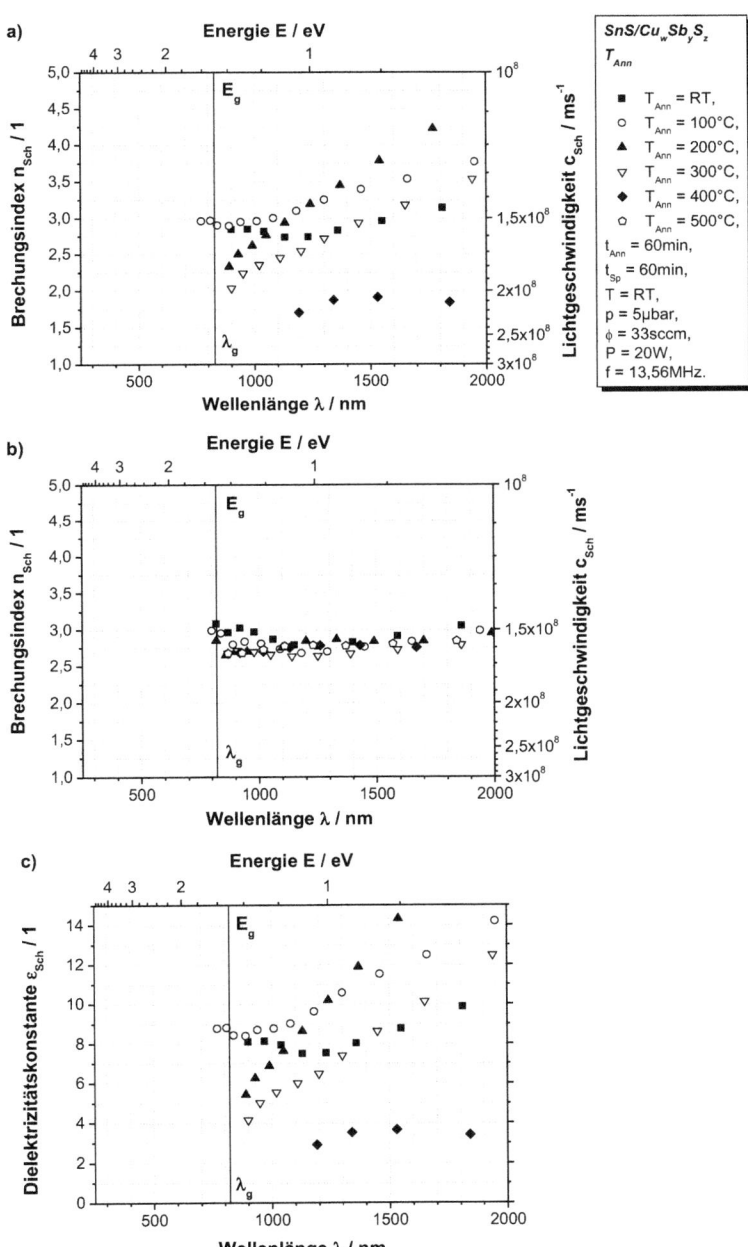

Abb. 3.77 Brechungsindizes n_{Sch} und Lichtgeschwindigkeiten c_{Sch} für $Cu_wSn_xSb_yS_z$ Schichten als Funktion von der Wellenlänge λ und der Energie E, sowie von der Annealing-Temperatur T_{Ann} – **a** für in Schwefelatmosphäre annealte Proben und **b** für nicht-annealte Referenzproben. **c** Entsprechende Dielektrizitätskonstanten ε_{Sch} für annealte Proben

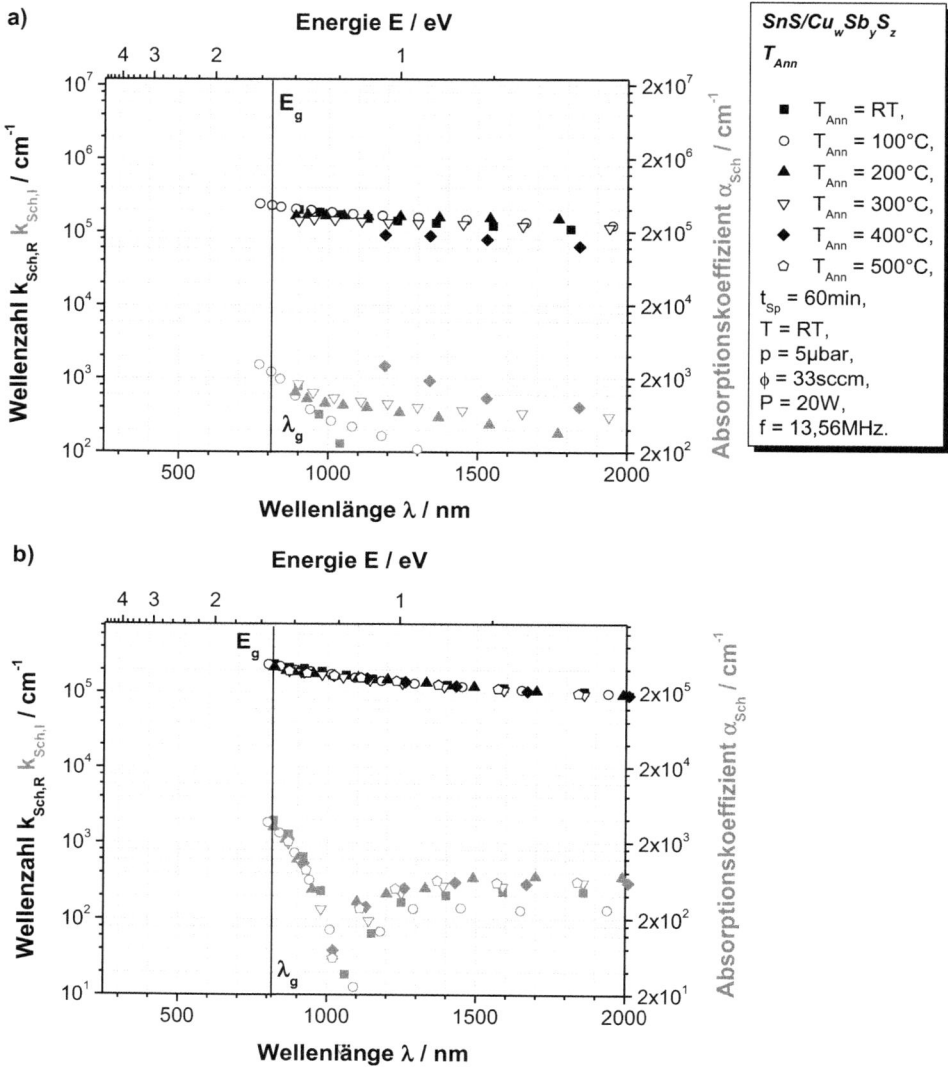

Abb. 3.78 Real- und Imaginäranteil der Wellenzahlen $k_{Sch,R}$, $k_{Sch,R}$ und Absorptionskoeffizienten α_{Sch} für $Cu_w Sn_x Sb_y S_z$ Schichten als Funktion der Wellenlänge λ und der Energie E, sowie von der Annealing-Temperatur T_{Ann} – **a** für in Schwefelatmosphäre annealte Proben und **b** für nicht-annealte Referenzproben

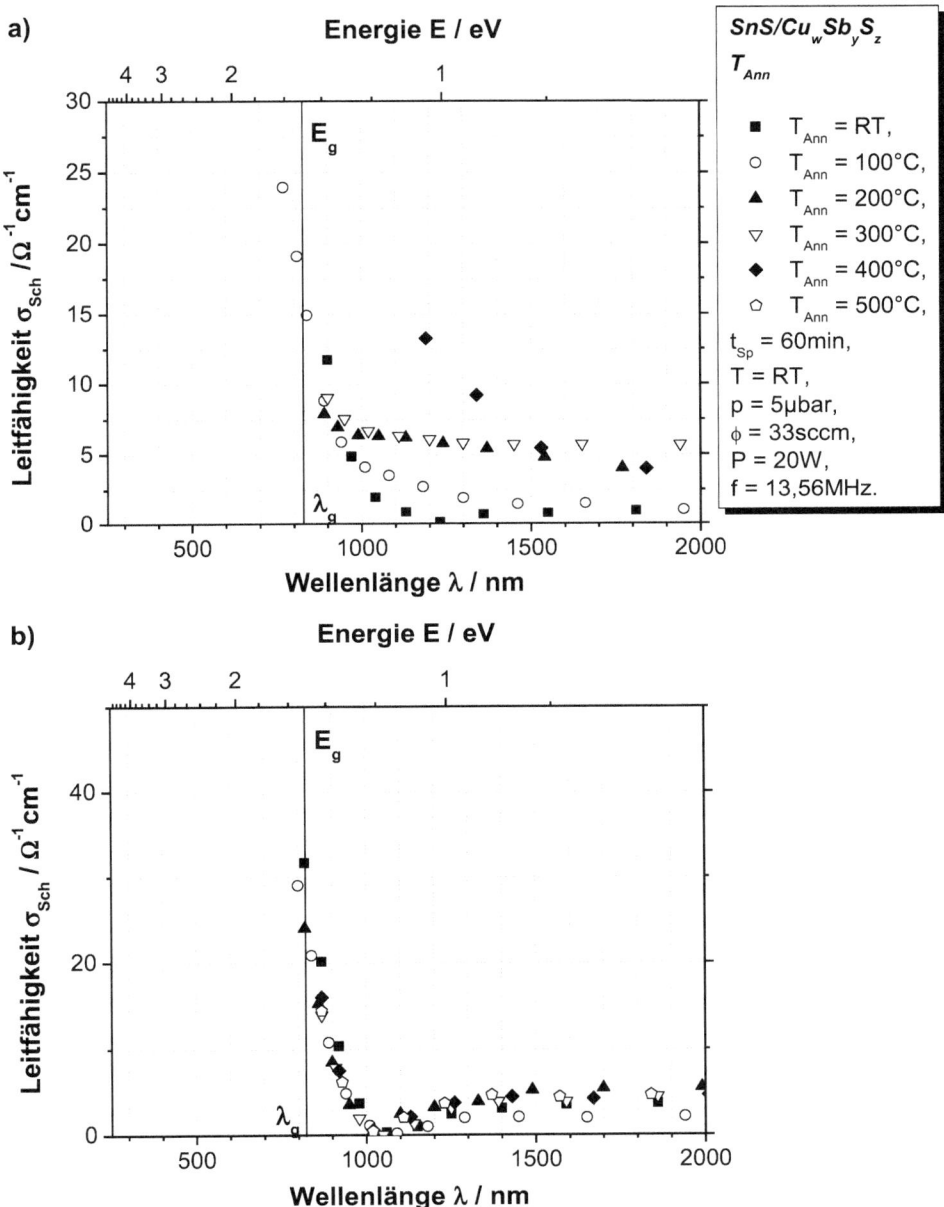

Abb. 3.79 Leitfähigkeiten σ_{Sch} für $Cu_wSn_xSb_yS_z$ Schichten als Funktion der Wellenlänge λ und der Energie E, sowie von der Annealing-Temperatur T_{Ann} – **a** für in Schwefelatmosphäre annealte Proben und **b** für nicht-annealte Referenzproben

Tab. 3.17 Schichtwiderstände für $Cu_wSn_xSb_yS_z$ Schichten als Funktion der Annealing-Temperatur T_{Ann} – für annealte Proben und für nicht-annealte Referenzproben

$T_{Ann}/°C$	$\rho/\Omega cm$	$\rho_{Ann}/\Omega cm$
RT	1.547.639,2	737.798,18
100	1.122.360,92	1.457.692,44
200	2.390.460,844	0,0584998
300	3.354.773,62	0,2885568
400	390.651,06	8,6714788
500	1.514.199,76	1.965.718,66

rende Schwefel den Schichtwiderstand erhöht, doch genau das Gegenteil ist der Fall. Mit steigender Leitfähigkeit und sinkendem Schichtwiderstand geht bei halbleitenden Materialien, wie dem $Cu_wSn_xSb_yS_z$, auch eine erhöhte effektive Dotierung einher. Diese deutlich dickeren $Cu_wSn_xSb_yS_z$ Schichten mit wohl deutlich höherem z, einer vermutlich anderen Konsistenz und Gitterstruktur weisen also eine deutlich höhere effektive Dotierung auf, deren Vorzeichen jedoch mittels UV/Vis/NIR Spektroskopie nicht ermittelt werden kann.

Die über Tauc-Plots bestimmten Bandlücken sind mit thermischer Nachbehandlung in Schwefelatmosphäre höher, insbesondere für niedrige Annealing-Temperaturen, vgl. Abb. 3.80, Tab. 3.18.

3.5.3 SnS/$Cu_wSb_yS_z$-Doppel-Gradienten-Absorberschichten

Theorie

Bislang wurden **laterale und vertikale Gradienten-Schichten** angewandt. Produziert man eine laterale Gradienten-Schicht und dreht nach z. B. der Hälfte der Prozessdauer das Substrat mit der bereits gewachsenen Schicht um 180° (um die zentrale Normalenachse), dann ergibt sich nach dem Wachsen der zweiten Hälfte der Schicht eine sogenannte **Doppel-Gradienten-Schicht** – und dies in doppelter Hinsicht: zum einen lateral, zum anderen vertikal.

In praktischer Hinsicht eignen sich diese Doppel-Gradienten-Schichten nur bedingt, um lateral unterschiedliche chemische Zusammensetzungen der Schicht zu untersuchen. Dies, da sich – dreht man nach der Hälfte der Prozessdauer die Probe um 180° – in Summe die chemische Zusammensetzung der Schicht lateral nicht ändert. Von Interesse ist hier jedoch die sich lateral ändernde vertikale Zusammensetzung der Gradientenschicht, d. h. der sich lateral ändernde Anteil von z. B. Zinn oder Antimon an der Oberseite oder der Unterseite der gewachsenen Schicht, da hiermit die Grenzflächeneigenschaften zu den benachbarten Schichten auf beiden Seiten günstig beeinflusst werden können.

Berücksichtigt werden muss hier immer auch die glockenförmige Schichtdickenverteilung, die durch den Sputterprozess vorgegeben wird.

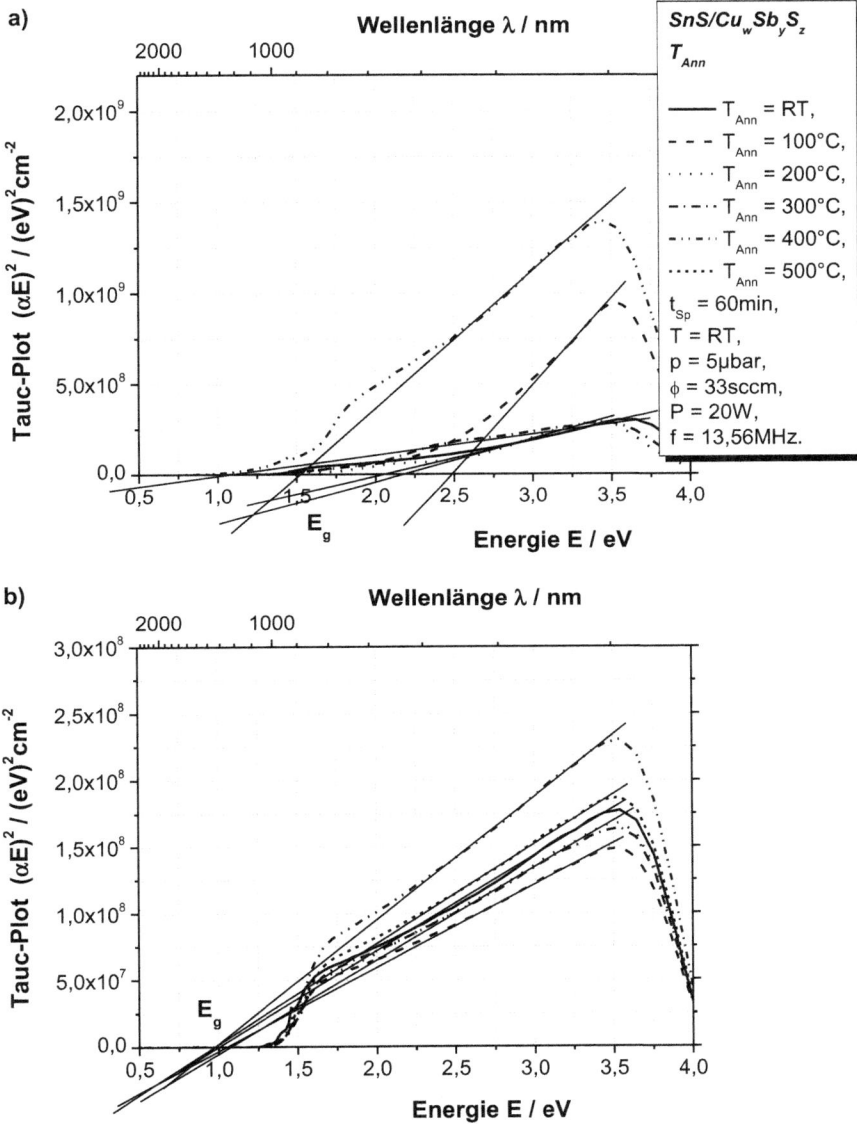

Abb. 3.80 Tauc-Plots zur Bestimmung der Bandlückenenergie E$_g$ von Cu_wSn$_x$Sb$_y$S$_z$ Schichten als Funktion der Annealing-Temperatur T$_{Ann}$ – **a** für in Schwefelatmosphäre annealte Proben und **b** für nicht-annealte Referenzproben

Tab. 3.18 Bandlückenenergien E_g von $Cu_wSn_xSb_yS_z$ Schichten als Funktion der Annealing-Temperatur T_{Ann} – für annealte Proben und für nicht-annealte Referenzproben

T_{Ann}/°C	RT	100 °C	200 °C	300 °C	400 °C	500 °C
E_g/eV	0,99	1,01	1,04	1,06	1,00	0,98
$E_{g,Ann}$/eV	2,21	2,49	2,06	1,11	1,52	-

UV/Vis/NIR-Spektren von SnS/$Cu_wSb_yS_z$ Doppel-Gradienten-Schichten sind in Abb. 3.81 und 3.82 für Prozesstemperaturen von $T = $ RT ... 350 °C zu finden. Während die bei Raumtemperatur gesputterten Schichten noch auswertbare Spektren liefern, weisen die Spektren der Schichten, die bei Temperaturen von 300 °C und 350 °C hergestellt wurden, über den gesamten Wellenlängenbereich nahezu konstante Reflexions- R_{Sch}, Transmissions- T_{Sch} und Absorptionswerte A_{Sch} auf, die nicht mehr eingehender interpretierbar sind.

Die Brechungsindizes, der bei Raumtemperatur hergestellten Schichten, liegen zwischen 2,6 und 2,8 – sie sind etwas niedriger für zentrale Positionen, vgl. Abb. 3.83. Die, über Tauc-Plot bestimmten, Bandlückenenergien bleiben mit $E_g \approx (1,33\pm0,03)$eV vergleichsweise konstant, siehe Abb. 3.84. Die Schichtwiderstände R_{Sch} dieser $Cu_wSn_xSb_yS_z$ Doppel-Gradienten-Schichten, hergestellt bei Raumtemperatur, sind zu hoch um gemessen werden zu können. Da sich mangels Fabry-Pérot Interferenzen die Schichtdicken, für die bei T = 300 °C und T = 350 °C gesputterten Schichten, auch nicht bestimmen lassen, können für diese nur die Schichtwiderstände R_{Sch}, und nicht die spezifischen Schichtwiderstände ρ_{Sch}, angeben werden (Abb. 3.85).

3.5.4   Exkurs: Standard-Solarzellen (mit $Cu_wSn_xSb_yS_z$-Absorberschichten)

Bislang wurden vorwiegend opto-elektrische Eigenschaften von einzelnen Schichten auf Glassubstraten mit Hilfe der UV/Vis/NIR Spektroskopie und eines Vier-Spitzen-Messplatzes untersucht. Ziel ist es jedoch, hiermit Dünnschicht-Solarzellen herzustellen.

Theorie

Dünnschicht-Solarzellen bestehen grundsätzlich aus einem *Glassubstrat* (z. B. Bor-Silikat-Glas BSG), einem *Grundkontakt* (z. B. Molybdän Mo), einer *Absorber-Schicht* (z. B. $Cu_wSn_xSb_yS_z$), ggf. einer *Pufferschicht* (z. B. Cadmium-Sulfid CdS), ggf. einer *Zwischenschicht* (z. B. intrinsisches, aluminiumhaltiges Zink-oxid i-ZnO:Al) und einer *transparenten, leitenden Oxidschicht* (TCO = Transparent Conducting Oxide, z. B. mit Aluminium n-dotiertes Zinkoxid n-ZnO:Al). Im Rahmen dieser Arbeit wurden diese Schichten auch durchwegs in dieser Reihenfolge auf das Substrat aufgebracht – und damit die Solarzelle **Bottom-Up** aufgebaut. Würde man sie in umgekehrter Reihenfolge, d. h. beginnend mit der TCO-Schicht, auf das Substrat abscheiden, spräche man vom **Top-Down** Verfahren.

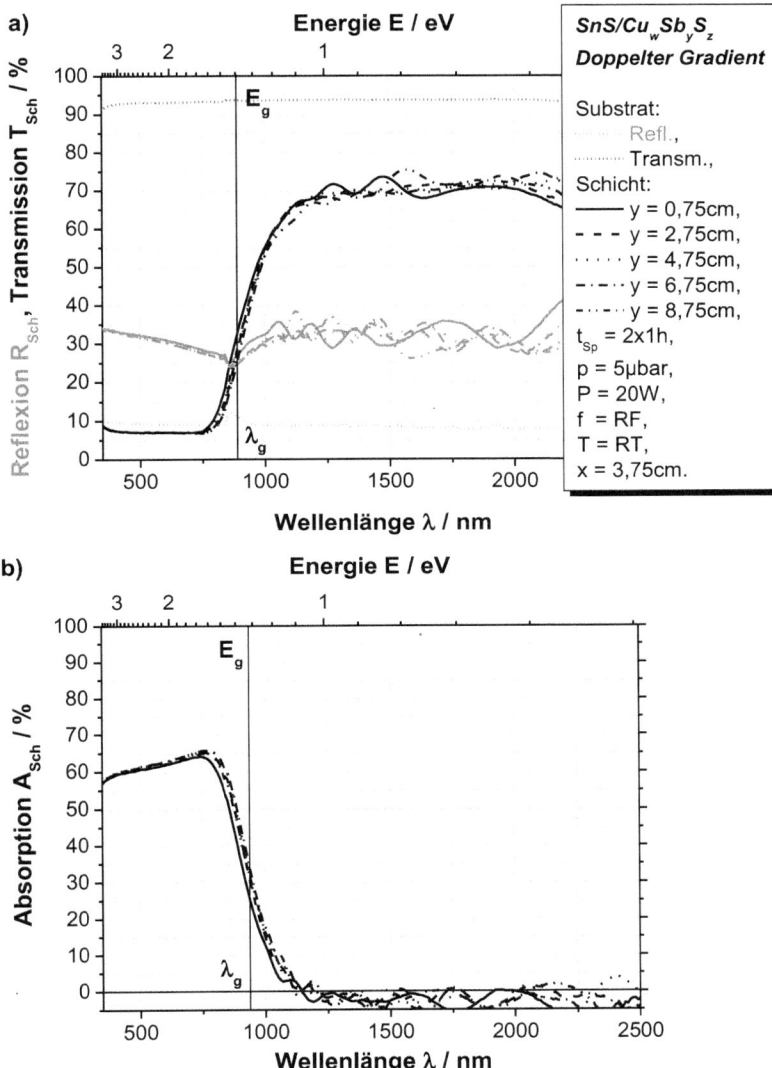

Abb. 3.81 **a** Reflexions- R$_{Sch}$, Transmissions- T$_{Sch}$ und **b** Absorptionsspektren A$_{Sch}$ für *Cu$_w$Sn$_x$Sb$_y$S$_z$* Doppel-Gradienten-Schichten als Funktion der Wellenlänge λ und der Energie E, hergestellt bei Raumtemperatur. Für kleine y-Werte ist der Sn-Anteil in Substratnähe höher und der Sb-Anteil niedriger – für große y-Werte ist dies umgekehrt

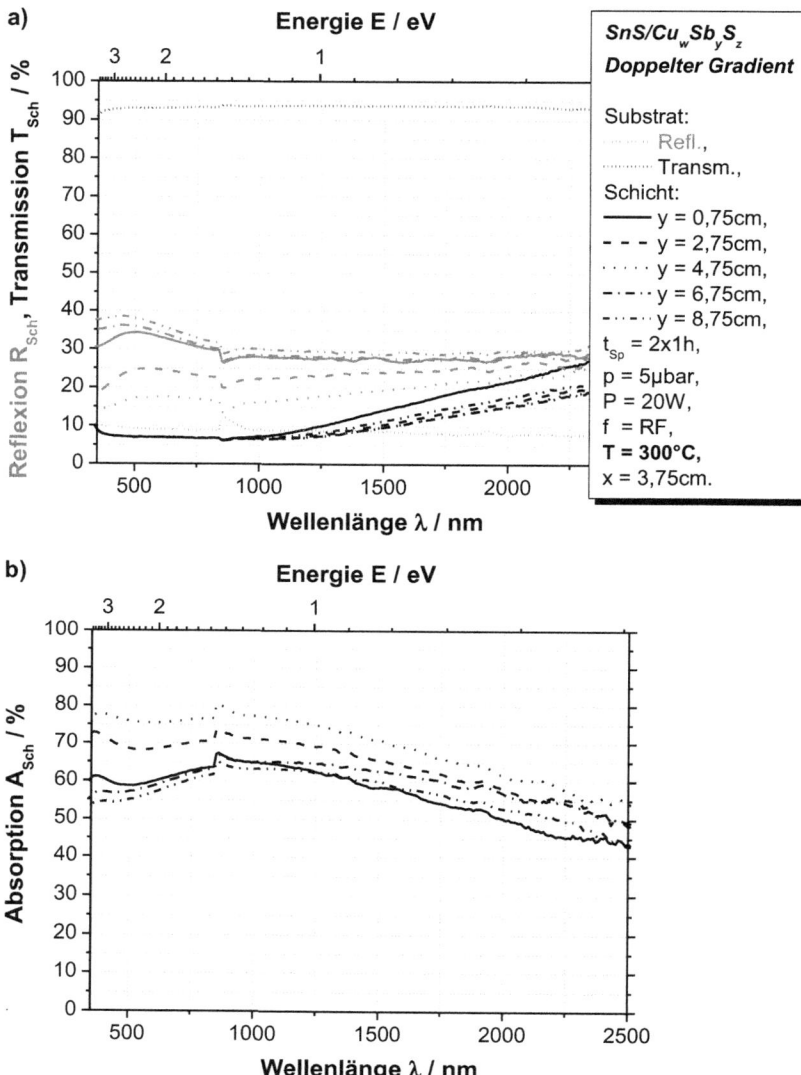

Abb. 3.82 **a**, **c** Reflexions- R$_{Sch}$, Transmissions- T$_{Sch}$ und **b**, **d** Absorptionsspektren A$_{Sch}$ für
$Cu_w Sn_x Sb_y S_z$ Doppel-Gradienten-Schichten als Funktion der Wellenlänge λ und der Energie E, hergestellt **a**, **b** bei T = 300 °C und **c**, **d** bei T = 350 °C. Für kleine y-Werte ist der Sn-Anteil in Substratnähe höher und der Sb-Anteil niedriger – für große y-Werte ist dies umgekehrt

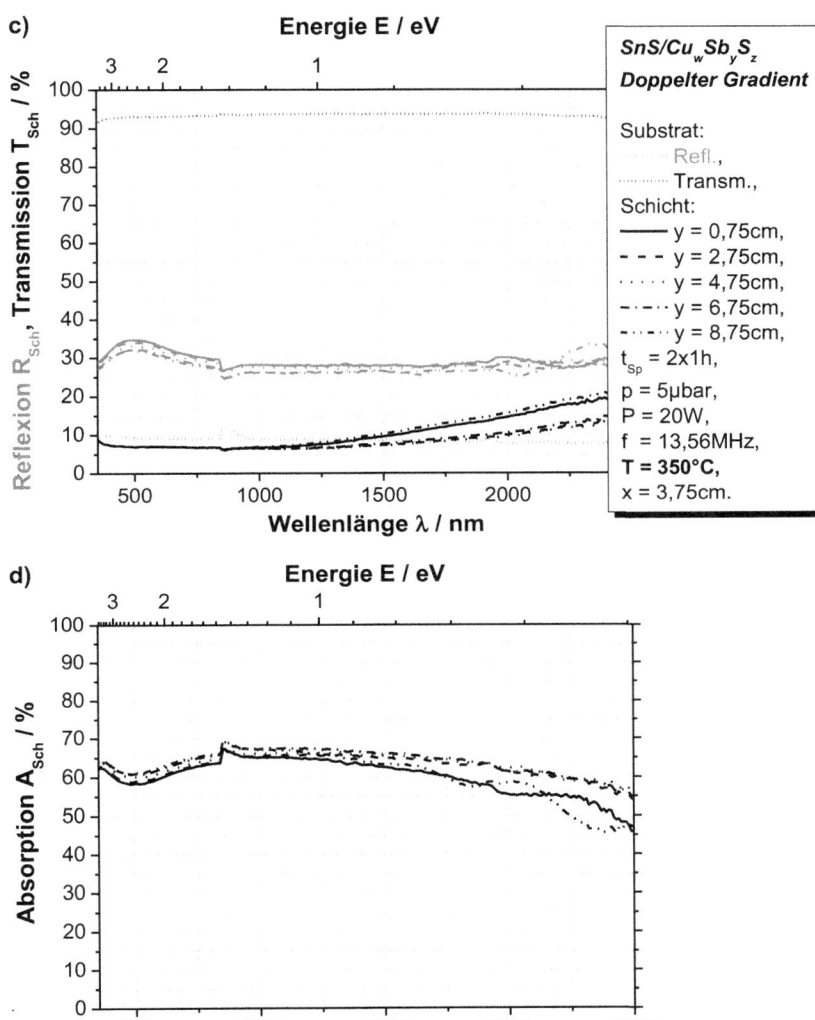

Abb. 3.82 (Fortsetzung)

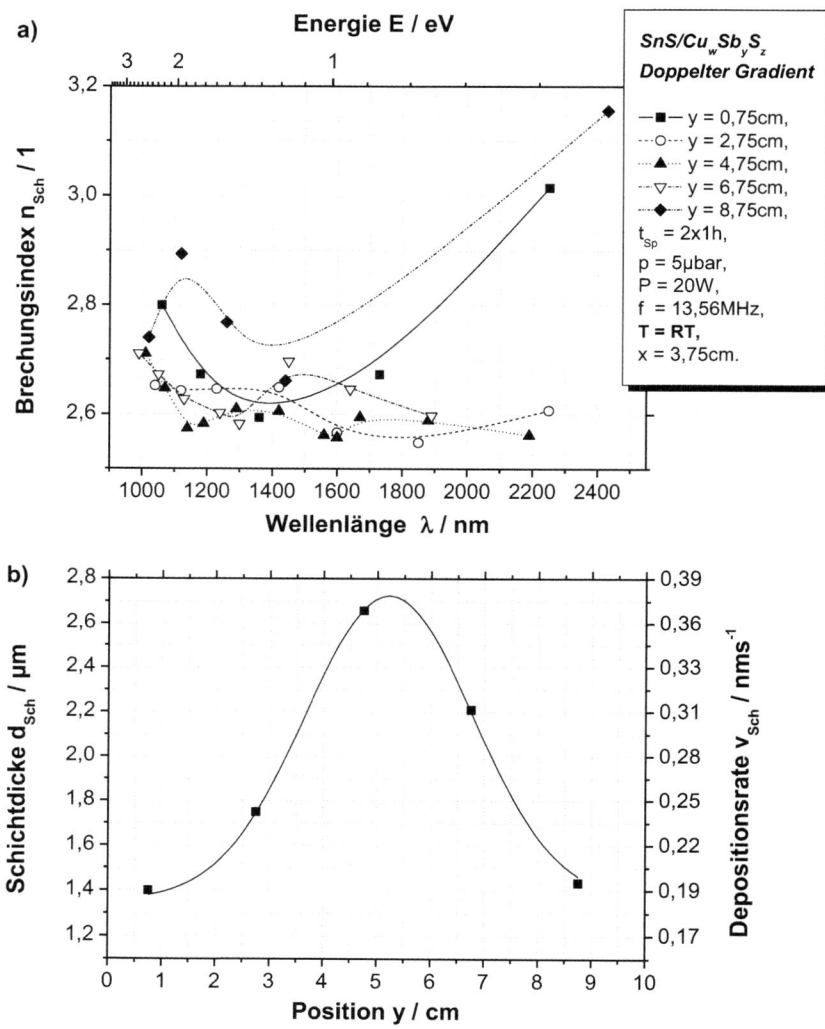

Abb. 3.83 **a** Brechungsindizes n_{Sch}, **b** Schichtdicke d_{Sch} und Depositionsrate v_{Sch} für $Cu_wSn_xSb_yS_z$ Doppel-Gradienten-Schichten. Für kleine y-Werte ist der Sn-Anteil in Substratnähe höher und der Sb-Anteil niedriger – für große y-Werte ist dies umgekehrt

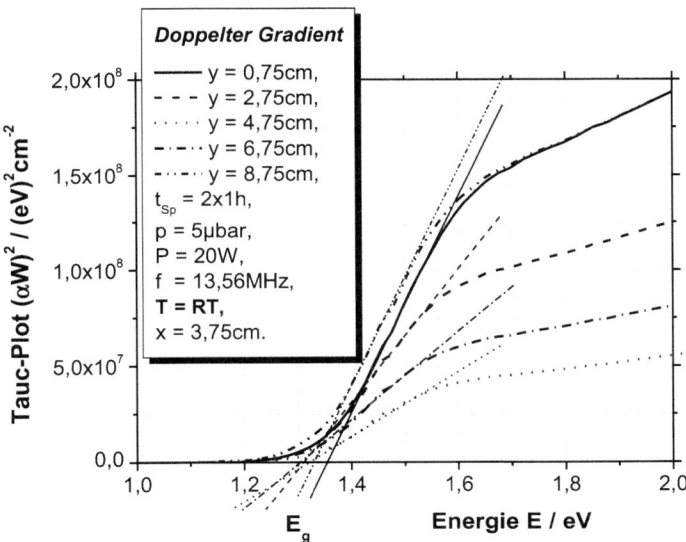

Abb. 3.84 Tauc-Plots zur Bestimmung der Bandlückenenergie E_g von $Cu_wSn_xSb_yS_z$ Doppel-Gradienten-Schichten. Hier bleibt die Bandlückenenergie mit $E_g \approx (1{,}33 \pm 0{,}03)$eV vergleichsweise konstant. Für kleine y-Werte ist der Sn-Anteil in Substratnähe höher und der Sb-Anteil niedriger – für große y-Werte ist dies umgekehrt

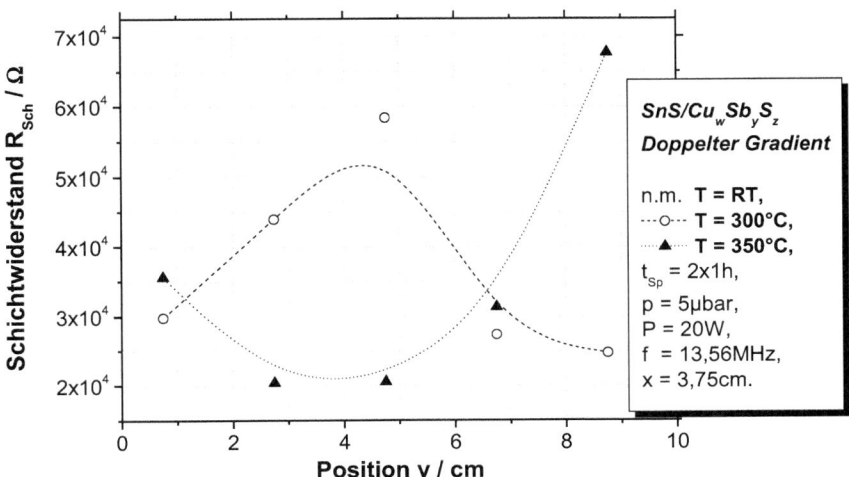

Abb. 3.85 Schichtwiderstände R_{Sch} von $Cu_wSn_xSb_yS_z$ Doppel-Gradienten-Schichten, hergestellt bei unterschiedlichen Temperaturen. Die Widerstände, der bei Raumtemperatur hergestellten Schichten, sind zu hoch um gemessen werden zu können. Da mangels Fabry-Pérot Interferenzen die Schichtdicken für T = 300 °C und T = 350 °C nicht bestimmt werden können, lassen sich hier nur die Schichtwiderstände, und nicht die spezifischen Schichtwiderstände, angeben. Für kleine y-Werte ist der Sn-Anteil in Substratnähe höher und der Sb-Anteil niedriger – für große y-Werte ist dies umgekehrt

Die typischen Prozessparameter für die verwendeten Standard-Dünnschicht Solarzellen sind in Tab. 3.8 zu finden. Hier sollen nun die opto-elektrischen Eigenschaften der Schichten zusammengestellt werden, welche standardgemäß für die Herstellung von Dünnschicht-Solarzellen verwendet wurden. Im weiteren Verlauf werden dann auch ganze Solarzellen analysiert und der Einfluss der einzelnen Schichten auf deren Funktion diskutiert.

3.5.4.1 Molybdän Grundkontakt

Theorie

An die meist metallischen Grundkontakte sind folgende, zentrale Forderungen zu stellen:

- *Grundkontakte von Solarzellen müssen – wie auch transparente leitende Oxide (TCOs) – hohe Leitfähigkeiten aufweisen, um einen ungehinderten Transport der freigesetzten Ladungsträger sicherzustellen.*
- *Metallische Grundkontakte dürfen – im Gegensatz zu den TCOs – mit den Absorberschichten ausschließlich ohmsche Kontakte ausbilden und technologisch nicht zur Ausbildung von Schottky-Kontakten neigen, welche in Sperrichtung betrieben extrem hohe elektrische Widerstände aufweisen.*
- *Optische Energie ist von den Grundkontakten in die Absorptionsschicht zurückzureflektieren, um den Wirkungsgrad der Dünnschicht-Solarzellen zu erhöhen (nahezu zu verdoppeln).*
- *Grundkontakte sollten eine hohe mechanische Festigkeit aufweisen, um ein preisgünstiges Segmentieren der Heterostrukturen in einzelne Solarzellen durch Ritzen zu ermöglichen*

Molybdän Grundkontakte weisen, unabhängig von den Positionen auf dem Substrat – also auch unabhängig von den entsprechenden Schichtdicken (glockenförmig), für Energien einfallender Photonen über $E = 1,4$ eV Reflexionen von etwa $R_{Sch} = 55$ % auf. Im Energie-Bereich unter 1,4 eV steigen die Reflexionen auf über 90 % an. Transmittiert werden über den gesamten Wellenlängenbereich etwas mehr als 5 % des Lichts. Mit $A_{Sch} = 1 - (T_{Sch} + R_{Sch})$ werden damit 40 % der Photonen mit Energien über 1,4 eV vom Molybdän absorbiert, abfallend für Photonen mit kleineren Energien.

Dies ist nun insofern für die Funktion der Dünnschicht-Solarzellen von Bedeutung, als dass die Bandlücke der Absorbermaterialien eben auch bei etwa $E_g = 1,4$ eV liegt. Nur einfallende Photonen mit Energien über der Bandlückenenergie können im Absorber-Material Elektronen freisetzen. Transmittieren einfallende Photonen die Absorber-Dünnschicht, dann werden dem entsprechend lediglich 55 % von denjenigen mit Energien $E \geq 1,4$ eV wieder in den Absorber zurückgeworfen und bekommen dort eine zweite Möglichkeit Elektronen freizusetzen.

Die Leitfähigkeiten der metallischen Molybdän-Grundkontakte sind unabhängig vom Beleuchtungszustand erfreulich hoch.

Von technologischer Bedeutung ist insbesondere die mechanische Festigkeit der Molybdän Grundkontakt Schichten. Dies, da Dünnschicht-Solarzellen herkömmlich durch Ritzen segmentiert werden, wobei ein durchgehender Grundkontakt aus Molybdän erhalten bleibt (Abb. 3.86 und 3.87).

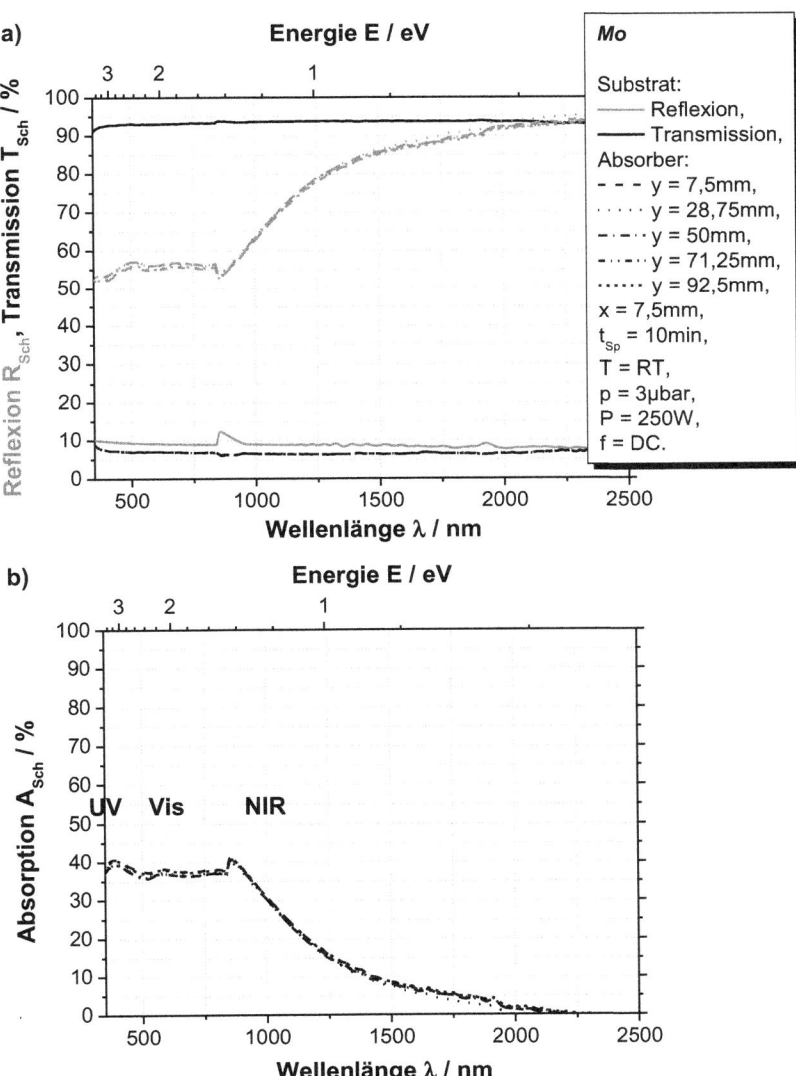

Abb. 3.86 **a** Reflexions- R$_{Sch}$, Transmissions- T$_{Sch}$ und **b** Absorptionsspektren A$_{Sch}$ der Molybdän Grundkontakt-Schichten als Funktion der Wellenlänge λ, der Energie E und der Position y auf dem Substrat

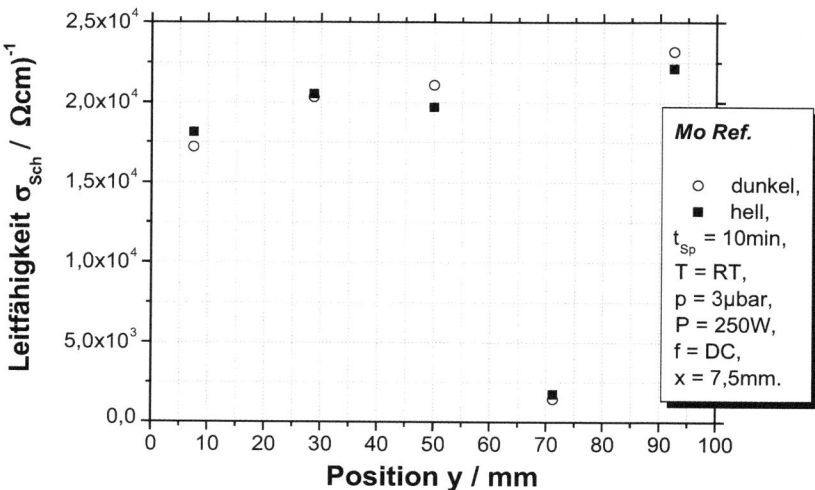

Abb. 3.87 Spezifische Leitfähigkeiten σ_{Sch} der Molybdän Grundkontakt-Schichten als Funktion der Position y auf dem Substrat. Für das metallische Molybdän unterscheiden sich die Dunkel- und Hellmessungen nicht voneinander

3.5.4.2 $Cu_wSn_xSb_yS_z$-Absorberschichten

Theorie
Grundsätzlich sollten Absorberschichten folgende Eigenschaften besitzen:

- *Hohe Absorptionen und Absorptionskoeffizienten, um möglichst viele Photonen des Sonnenlichts für die Wandlung in freibewegliche Elektronen (Strom) einzufangen.*
- *Ihre Brechungsindizes sollten vergleichbar zu denjenigen der angrenzenden Puffer-, Zwischen- oder TCO-Schichten sein, um Reflexionen an den Grenzflächen zu vermeiden.*
- *Ihre, von der effektiven Dotierung abhängende, elektrische Leitfähigkeit sollte weder zu hoch (schlechte Leerlaufspannung), noch zu niedrig (schlechter Kurzschlussstrom) sein.*

Über die ersten beiden Aspekte wird das optische Design der Solarzelle optimiert, über die letzteren die elektrischen Konditionen.

$SnS/Cu_wSb_yS_z$-Gradienten-Schichten wurden bereits in Abschn. 3.5.2, in Abhängigkeit von der Temperatur T und der Position y, untersucht. Hier nun soll die Positionsabhängigkeit einer, bei $T = 300\,°C$ hergestellten, zweiten Gradienten-Schicht, als Beispiel für eine Absorberschicht in der Solarzelle, etwas eingehender analysiert werden. Damit wird auch die Reproduzierbarkeit dieser Schicht überprüft, vgl Abb. 3.72 bis 3.73.

Die Reflexions-, Absorptions- und Transmissionsspektren dieser Schichten sind in Abb. 3.88 zu finden. Im Absorptionsbereich, $E > E_g$, ist die Reflexion für zentrale Positionen,

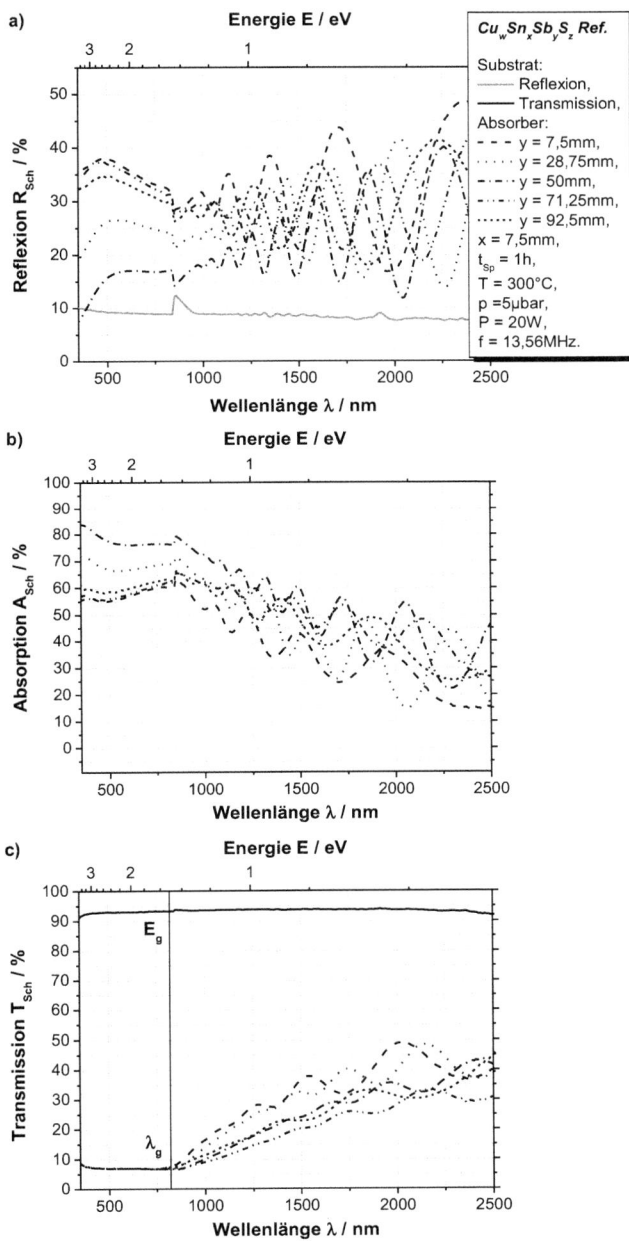

Abb. 3.88 **a** Reflexions- R$_{Sch}$, **b** Absorptions- A$_{Sch}$ und **c** Transmissionsspektren T$_{Sch}$ für SnS/Cu_wS-b$_y$S$_z$ Gradienten-Schichten als Funktion der Wellenlänge λ, der Energie E und der Position y

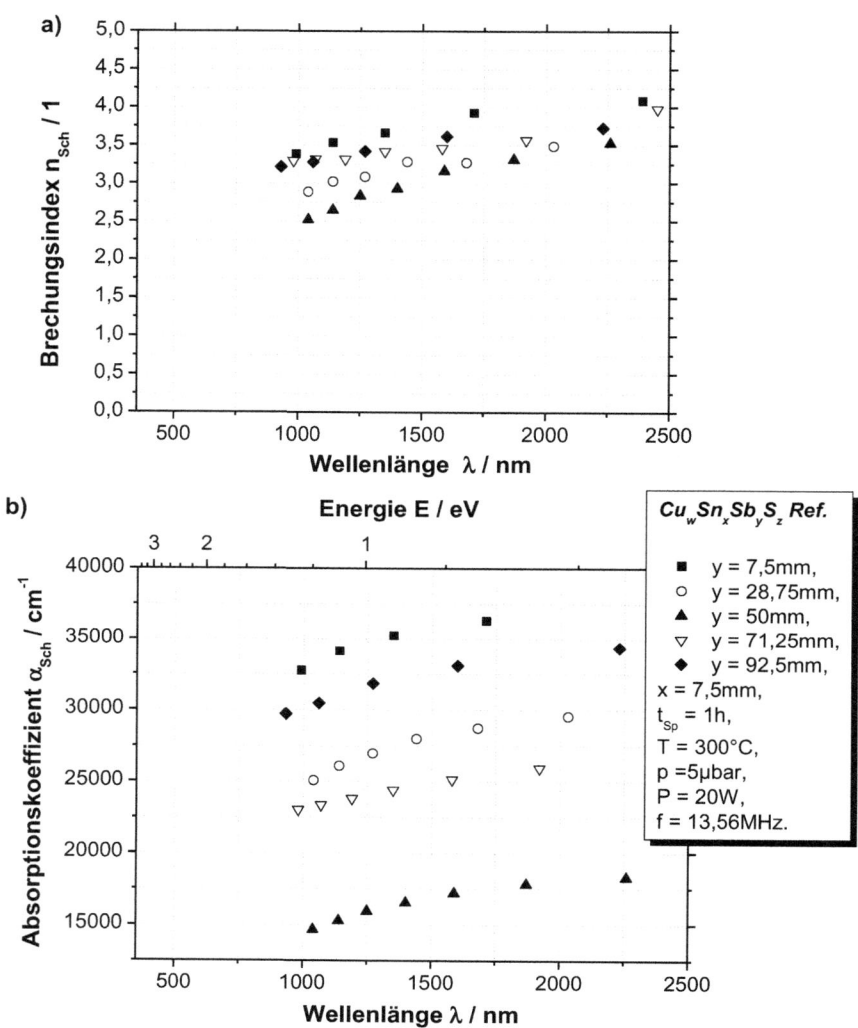

Abb. 3.89 a Brechungsindizes n_{Sch} und **b** Absorptionskoeffizienten α_{Sch} für SnS/Cu_wSb$_y$S$_z$ Gradienten-Schichten als Funktion der Wellenlänge λ, der Energie E und der Position y

$y = 50$ mm, mit etwa 15 % minimal. Bei konstanter Transmission von etwas über 5 %, ergibt sich eine maximale Absorption von etwa 80 %. Hier ist auch zu erwähnen, dass bei zentralen Positionen die Schichtdicken maximal werden. Abweichend davon sind entsprechend Abb. 3.89 im Transmissionsbereich, $E < E_g$, die bestimmten Absorptionskoeffizienten für zentrale Positionen minimal.

Die Brechungsindizes fallen mit steigendem Sn- und fallendem Cu/Sb-Gehalt, und dies gleichermaßen in Abb. 3.74 und 3.89. Damit weisen sie auch eine vergleichbare

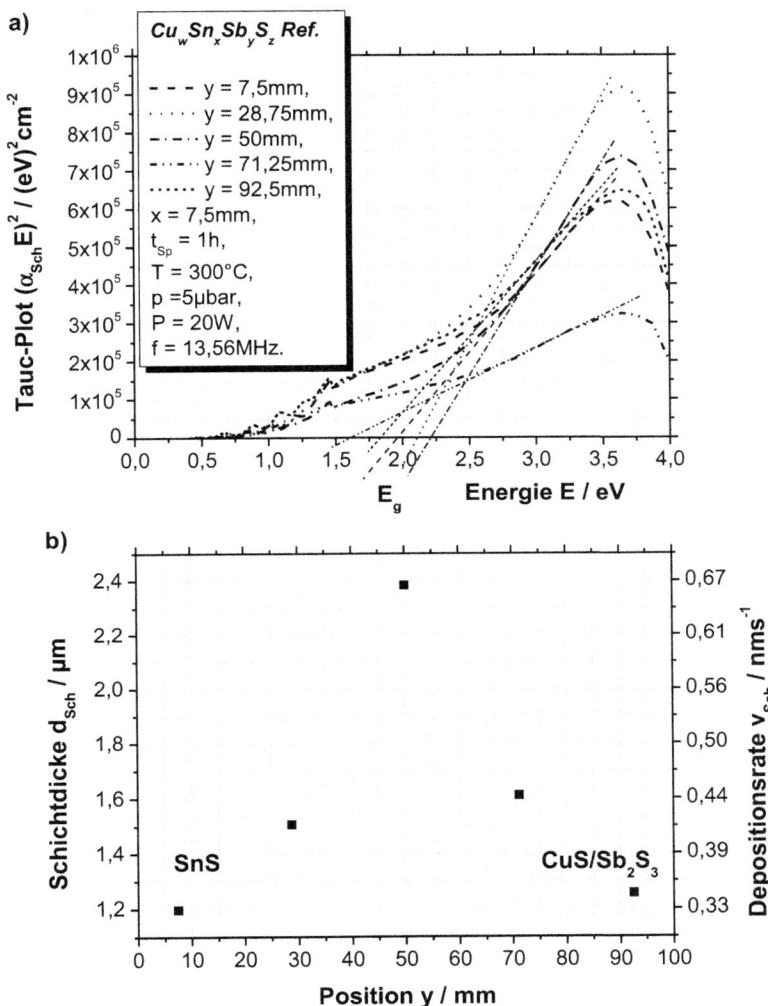

Abb. 3.90 a Tauc-Plot zur Bestimmung der Bandlückenenergie E_g sowie **b** Schichtdicken d_{Sch} und Depositionsraten v_{Sch} für $SnS/Cu_wSb_yS_z$ Gradienten-Schichten als Funktion der Position y

Positionsabhängigkeit auf, lediglich die Wellenlängenabhängigkeit zeigt hier kleine Abweichungen. Die mittels Tauc-Plot bestimmten Bandlückenenergien aus Abb. 3.73 und Tab. 3.16 sind jedoch durchwegs etwas niedriger als die Werte aus Abb. 3.90.

Die Schichtdicken und Depositionsraten sind im Zentrum doppelt so hoch, $d_{Sch} = 2,4$ µm, wie an den Rändern und zeigen das typische Glockenprofil. Entsprechend Abb. 3.91 nehmen die, mit dem Vier-Spitzen-Messplatz gemessenen, Leitfähigkeiten der Schichten mit fallendem Sn-Anteil und steigendem Cu/Sb-Anteil auf über das 10-fache zu. Dies könnte auf den steigenden Kupfer-Anteil in der Schicht zurückzuführen sein.

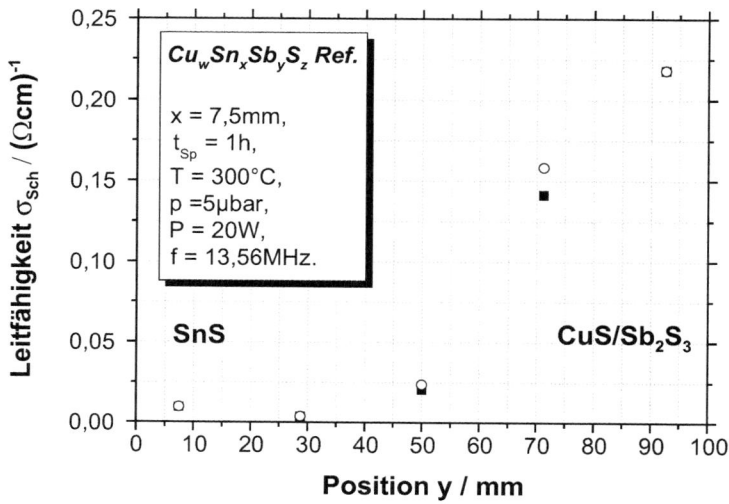

Abb. 3.91 Mit einem Vier-Spitzen-Messplatz gemessene Leitfähigkeiten σ_{Sch} für SnS/$Cu_w Sb_y S_z$ Gradienten-Schichten als Funktion der Position y

3.5.4.3 CdS-Pufferschichten und Zwischenschichten (optional)

Theorie

Grundsätzlich sollten Puffer- und Zwischenschichten folgende Eigenschaften aufweisen:

- *Beitrag zum Antireflexionsverhalten der Solarzellen durch Schichtdicke und –zusammensetzung. Weisen sie hohe Absorptionen auf, so ergänzen sie die Absorberschicht; sind sie vorwiegend transparent, ergänzen sie optisch die TCO-Schicht.*
- *Moderate Schichtwiderstände, da ein zu hoher spezifischer Schichtwiderstand den Serienwiderstand im Ersatzschaltbild der Solarzelle unnötig erhöht und damit den Kurzschlussstrom senkt. Zu niedrige spezifische Schichtwiderstände, hingegen, würden den Parallelwiderstand (Shunt-Widerstand) im Ersatzschaltbild der Solarzelle und damit die Leerlaufspannung unangemessen klein gestalten.*
- *Die zentrale Aufgabe der Puffer- und Zwischenschichten ist jedoch eine optimale energetische Bandanpassung zwischen Absorber- und TCO-Schicht, um den Wirkungsgrad der Solarzellen hoch zu halten.*

Eine, durch 5 min Eintauchen in eine 75 °C heiße CdSO$_4$:NH$_3$:Thioharnstoff = 1:1:1 Lösung, nasschemisch auf Bor-Silikat-Glas Substrate aufgebrachte Cadmiumsulfid-Schicht (CdS-Schicht) zeigt über den gesamten Wellenlängenbereich etwa $T_{Sch} = 98 \%$ Transmission und keine Reflexion $R_{Sch} = 0$, vgl. Abb. 3.92 (Die Abweichung bei $\lambda \approx 850$ nm ist auf einen Umschaltprozess im verwendeten UV/Vis/NIR Spektrometer zurückzuführen). Damit ist diese CdS-Schicht optisch eine optimale Ergänzung zur TCO-Schicht, mit ausgezeichnetem Antireflexverhalten.

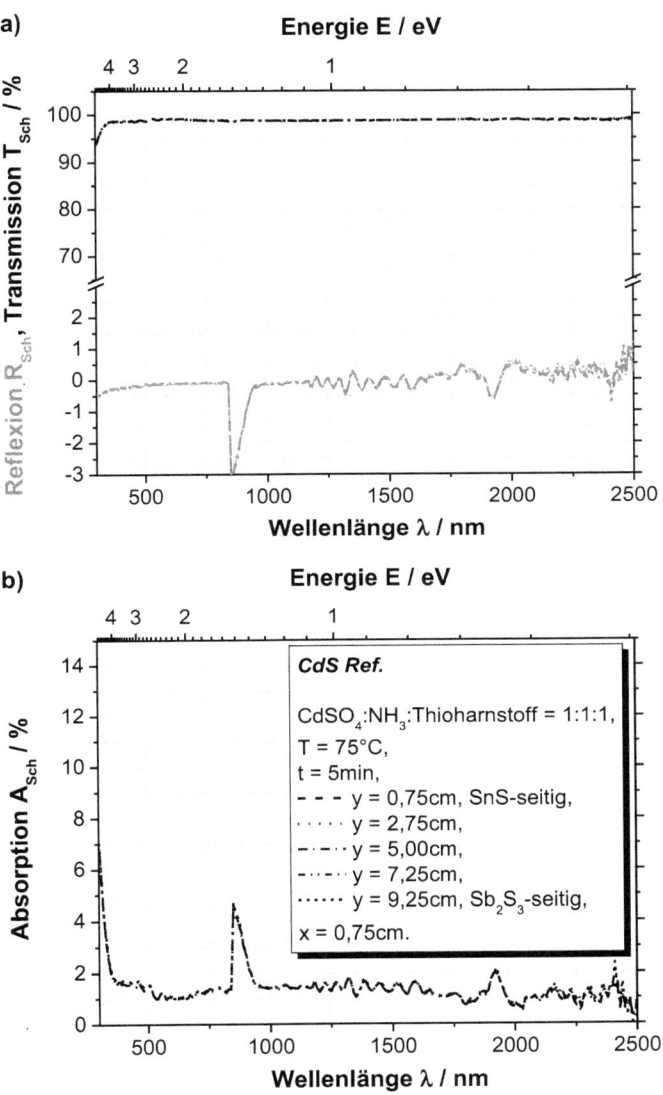

Abb. 3.92 **a** Reflexions- R_{Sch}, Transmissions- T_{Sch} und **b** Absorptionsspektren A_{Sch} für CdS Puffer-schichten als Funktion der Wellenlänge λ, der Energie E und der Position y

Elektrisch verhält sich diese sehr dünne Puffer-Schicht wie ein Absorber, d. h. sie weist sehr hohe Schichtwiderstände auf. Dies führt einerseits dazu, dass die Leerlaufspannung mit CdS Puffer deutlich erhöht werden kann, andererseits lässt diese sehr dünne Schicht das quantenmechanische Tunneln von Elektronen zu, so dass die Kurzschlussstromdichte nur geringfügig gesenkt wird. Diese Pufferschichten sind zur Erzielung hoher Wirkungs-grade und ggf. auch Füllfaktoren unerlässlich (Abb. 3.93).

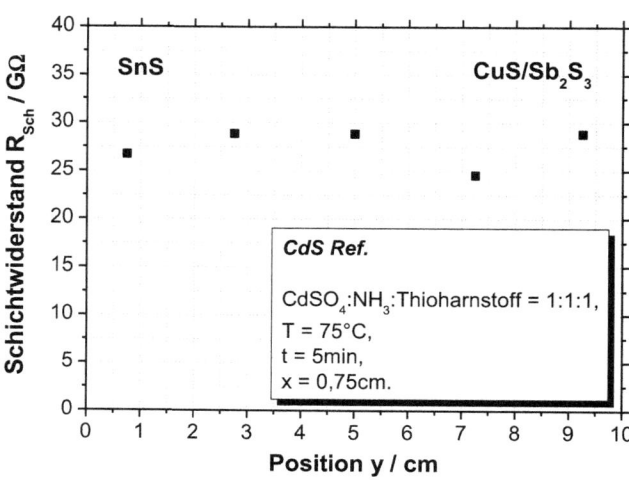

Abb. 3.93 Mit einem Vier-Spitzen-Messplatz gemessene Leitfähigkeiten σ_{Sch} für CdS Puffer-schichten als Funktion der Position y

3.5.4.4 ZnO:Al TCO-Schichten

Theorie

Grundsätzlich haben transparente, leitende, oxydische Dünnschichten (Transparent Conductive Oxides TCOs) folgende Eigenschaften aufzuweisen:

- *Als Antireflexionsschichten mit geringem optischen Widerstand bis zu 100 % der einfallenden optischen Energie zum Absorber, beziehungsweise zum pn-Übergang zwischen TCO-(, Puffer-) und Absorberschicht, gelangen zu lassen.*
- *Darüber hinaus weisen sie auch sehr kleine elektrische Schichtwiderstände auf, so dass die über den Photoeffekt freigesetzten Elektronen auch freibeweglich bleiben.*
- *Sie besitzen Bandlücken, die im Zusammenwirken mit der Puffer- und Absorber-schicht einen für Solarzellen adäquaten Bandübergang ermöglichen. Dies, um den Wirkungsgrad der Solarzelle hoch zu halten.*

Die Notwendigkeit das abgenutzte mit Aluminium dotierte Zinkoxid-Target zu wechseln, ermöglicht einen Vergleich der physikalischen Größen für TCO-Schichten, wie sie sich einerseits mit einem verbrauchten und andererseits mit einem neuen ZnO:Al Target ergeben. Das alte Target weist eine nahezu sphärische Mulde auf, die abgesehen von den geometrischen Rahmenbedingungen, zu einer vernachlässigbaren Erhöhung des Target-Sub-strat Abstandes d_{TarSub} führt. UV/Vis/NIR Spektren der entsprechenden ZnO:Al Schichten sind in Abb. 3.94 zu sehen. Sie zeigen einen ähnlichen Verlauf für beide Alterungszustände des Targets.

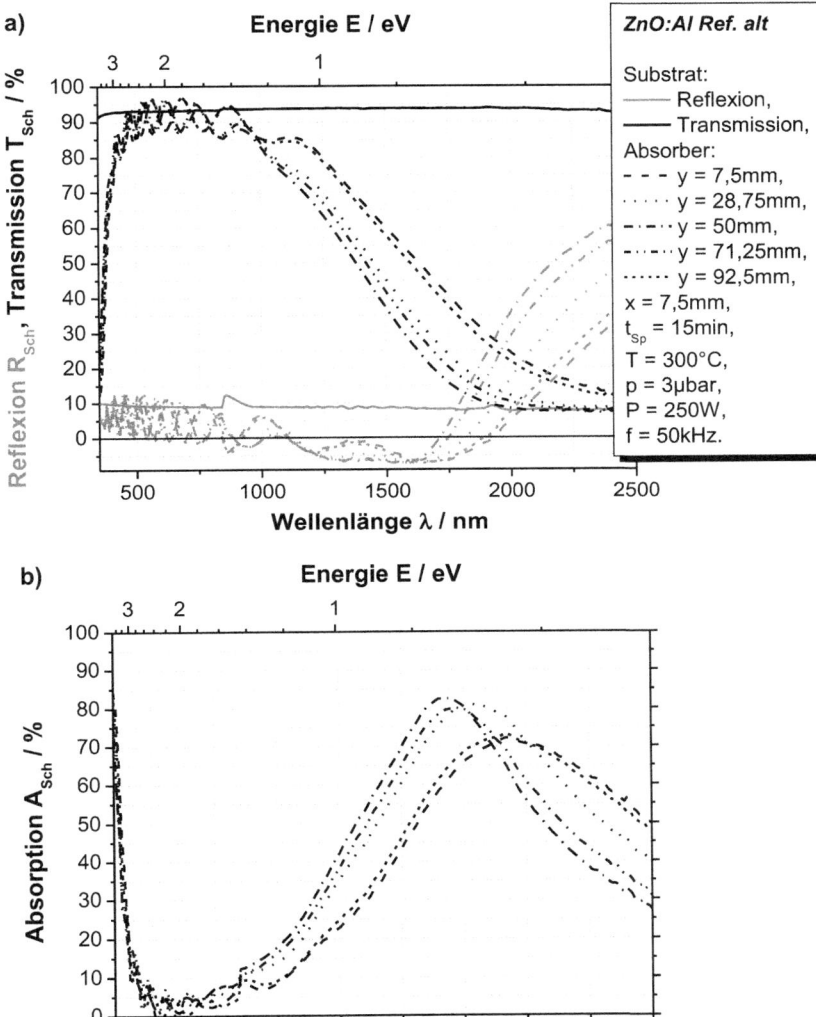

Abb. 3.94 **a**, **c** Reflexions- R_{Sch}, Transmissions- T_{Sch} und **b**, **d** Absorptionsspektren A_{Sch} für ZnO:Al TCO-Schichten als Funktion der Wellenlänge λ, der Energie E und der Position y. Gezeigt sind Kurven für Schichten, die **a**, **b** mit einem nahezu gänzlich verbrauchten Target gesputtert wurden und **c**, **d** mit einem ganz neuen Target. Sowohl die Spektren, als auch die aus ihnen extrahierbaren physikalischen Größen, sind annähernd gleich

c)

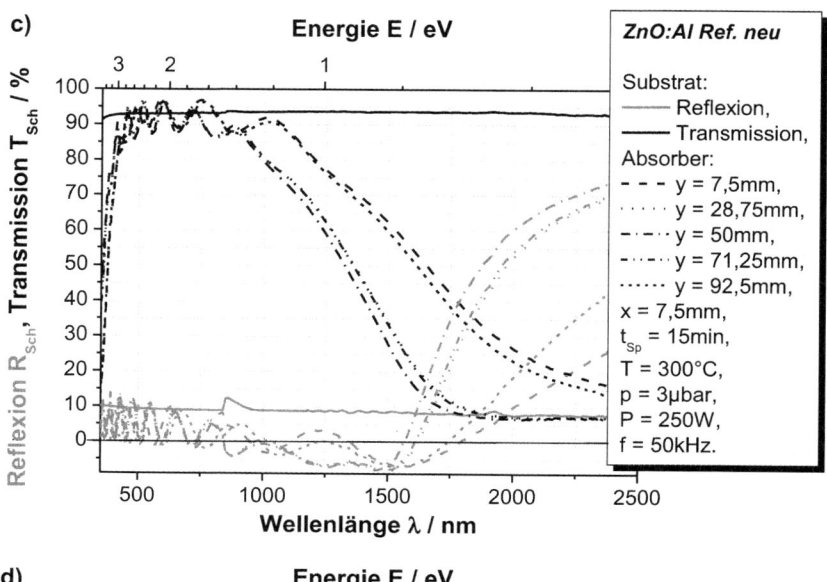

d)

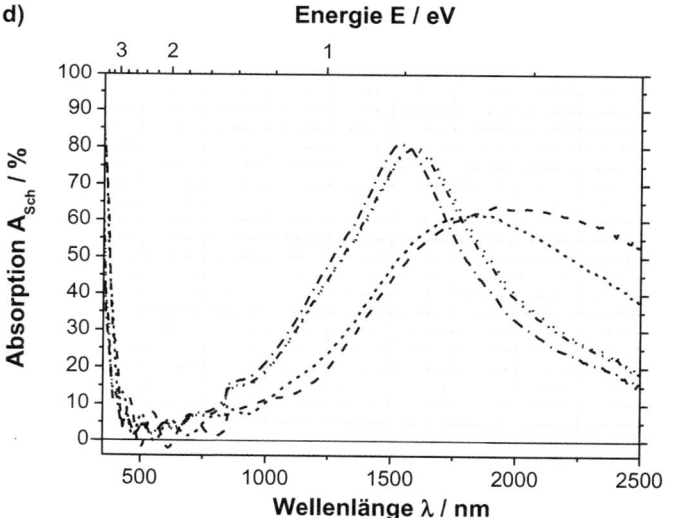

Abb. 3.94 (Fortsetzung)

Die sich mit dem vergleichsweise großflächigen 6" Target ergebende glockenförmige
Schichtdickenverteilung, siehe Abb. 3.95, weist für das alte Target, insbesondere im Zentrum, geringfügig (5 %) höhere Depositionsraten aus. Die Brechungsindizes sind über den
gesamten Wellenlängenbereich exakt identisch, vgl. Abb. 3.96. Bei Verwendung des neuen
Targets jedoch fallen in den Randbereichen der Schichten die Brechungsindizes im unteren
Wellenlängenbereich ($\lambda < 450$ nm) etwas ab. Für beide Alterungszustände sind die Brechungsindizes im Zentrum der Deposition geringfügig kleiner.

Die über Tauc-Plot bestimmten Bandlückenenergien (Schnittpunkte mit der Abszisse)
sind grundsätzlich im Zentrum der Deposition deutlich erhöht, und fallen für das neue
Target, insbesondere für zentrale Positionen, etwas höher aus, vgl. Abb. 3.97. Die Leitfähigkeiten von ZnO:Al Schichten, die mit dem neuen Target hergestellt wurden, weisen die
gleiche Abhängigkeit von der Position auf, wie die Bandlückenenergien, siehe Abb. 3.98.
So steigen sie von Randpositionen der Schicht auf dem Substrat, $\sigma_{Sch} \approx 80\ \Omega^{-1}\ \text{cm}^{-1}$, zum
Zentrum der Deposition um über das doppelte, auf $\sigma_{Sch} \approx 180\ \Omega^{-1}\ \text{cm}^{-1}$, an.

Abb. 3.98 zeigt auch die Leitfähigkeiten der, für diese Standard-Solarzellen, verwendeten Absorber- und TCO-Schichten im Vergleich. Daraus geht hervor, dass

- die spezifischen Leitwerte (schichtdickenkorrigiert!) Positionsabhängig sind – und damit durchwegs auch eine Schichtdickenabhängigkeit („Glockenkurve") aufweisen,
- die Leitwerte der TCO-Schichten deutlich höher sind als die der Absorbermaterialien,
- die Leitwerte, als Maß für die effektive Dotierung, ein Hinweis auf unterschiedliche
  Bandlückenverhältnisse am pn-Übergang sind – und dies insbesondere bei Verwendung
  von Gradienten-Schichten.

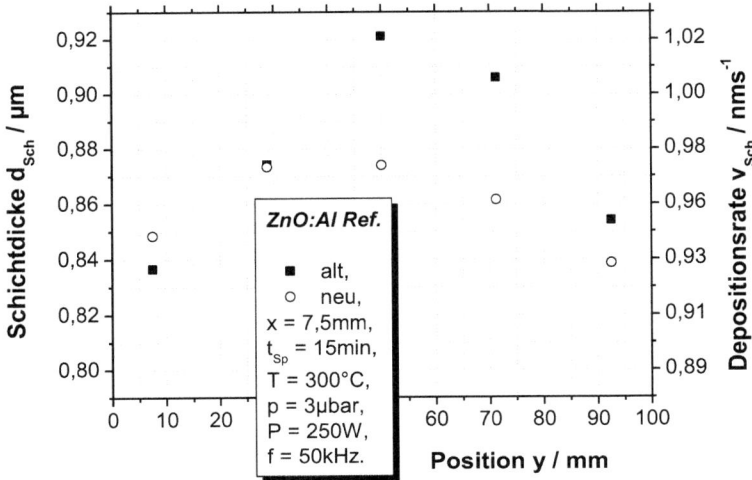

Abb. 3.95 Schichtdicken d$_{Sch}$ und Depositionsraten v$_{Sch}$ für ZnO:Al TCO-Schichten als Funktion
der Position y. Gezeigt sind Kurven für Schichten, die mit einem nahezu gänzlich verbrauchten
Target (alt) und mit einem ganz neuen Target (neu) gesputtert wurden

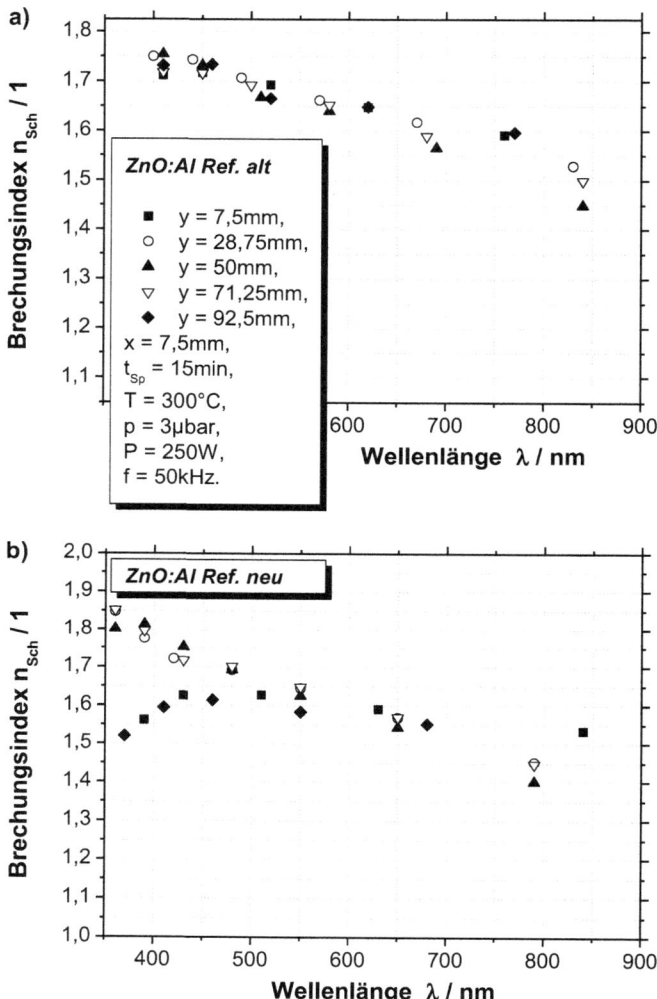

Abb. 3.96 Brechungsindizes n$_{Sch}$ für ZnO:Al TCO-Schichten als Funktion der Wellenlänge λ und der Position y. Gezeigt sind Kurven für Schichten, die **a** mit einem nahezu gänzlich verbrauchten Target gesputtert wurden und **b** mit einem ganz neuen Target

Betrachten wir uns den ersten und den dritten Punkt dieser Auflistung nochmals etwas genauer: Die schichtdickenkorrigierten Leitwerte sind über die glockenförmige Depositionsrate schichtdickenabhängig – und: die Leitwerte (Kehrwerte der spezifischen Widerstände) sind ein Maß für die effektive Dotierung.

So ändert sich mit der Schichtdicke der Leitwert, und mit diesem die Aluminiumdotierung der ZnO:Al Schicht. Nach H. Kim [18] ist der Zusammenhang zwischen den Leitwerten (den spezifischen Widerständen) von ZnO:Al Schichten und der Aluminiumdotierung

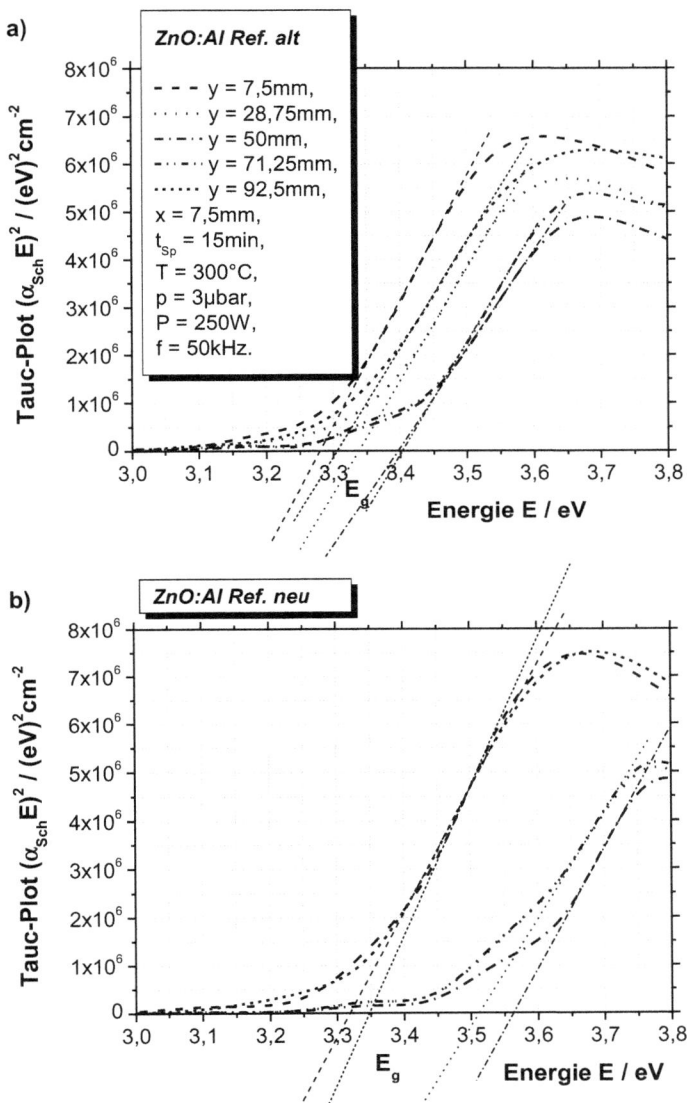

Abb. 3.97 Tauc-Plots zur Bestimmung der Bandlückenenergie von ZnO:Al TCO-Schichten als Funktion der Position y. Gezeigt sind Kurven für Schichten, die **a** mit einem nahezu gänzlich verbrauchten Target gesputtert wurden und **b** mit einem ganz neuen Target

in Abb. 3.99 gegeben. Über Abb. 3.98 lässt sich dann die Schichtdickenabhängigkeit der Al-Dotierung bestimmen. Diese ergibt die in Abb. 3.99 gezeigten sinnvollen Werte. In dünnen Schichten ist der Al-Gewichtsanteil höher als in dicken Schichten. Dies, da hier die defektreichen Grenz- und Oberflächenbereiche der Schichten, in welchen sich das Aluminium ablagert, einen stärkeren Einfluss haben.

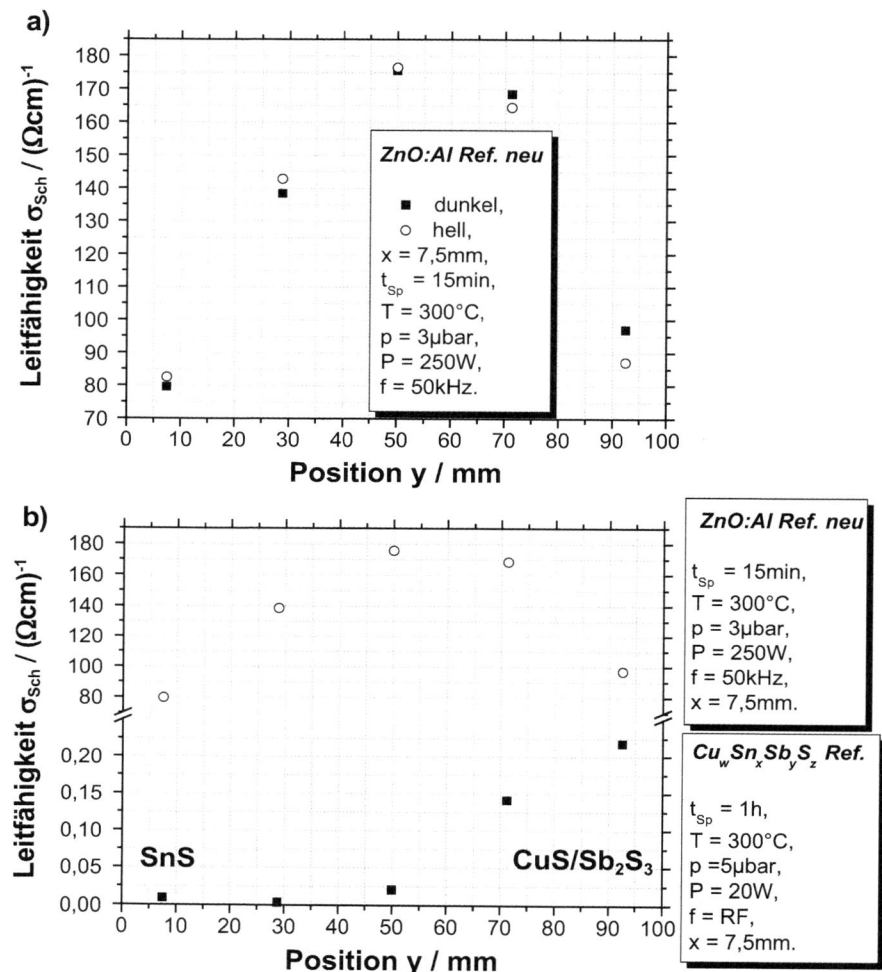

Abb. 3.98 Mit einem Vier-Spitzen-Messplatz bestimmte Leitfähigkeiten σ_{Sch} für ZnO:Al TCO-Schichten als Funktion der Position y. Gezeigt sind Kurven für Schichten, die mit dem neuen Target gesputtert wurden: **a** mit und ohne Beleuchtung, **b** im Vergleich zu den Werten der hier verwendeten Absorberschicht

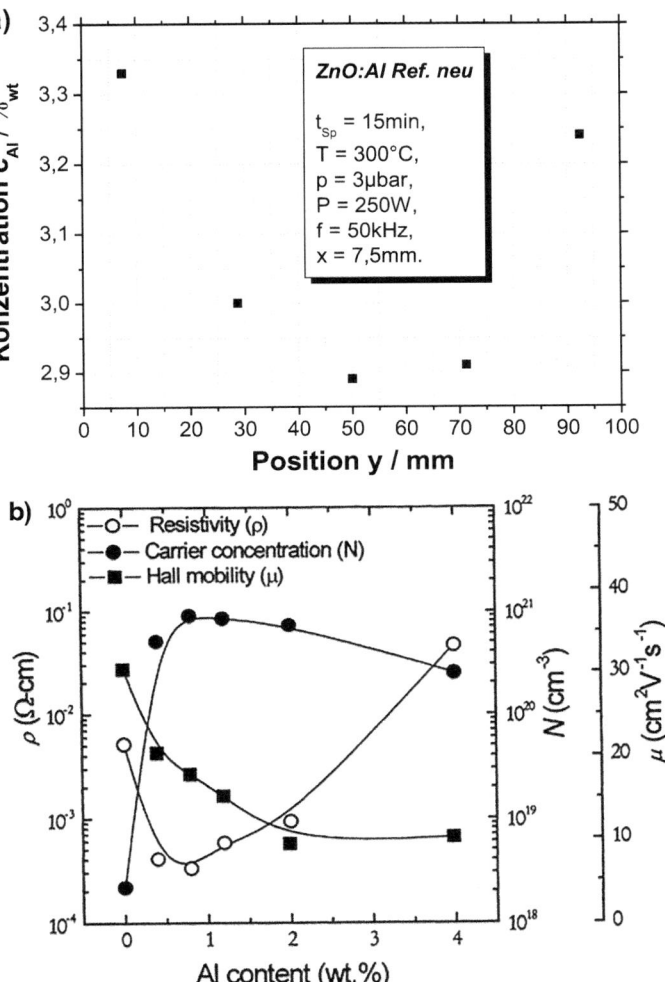

Abb. 3.99 **a** Dotierstoffkonzentration von Aluminium in einer ZnO:Al Schicht, bestimmt über **b** den Zusammenhang zwischen spezifischem Widerstand und Aluminiumgehalt in einer ZnO:Al Schicht nach H. Kim [18]

3.5.5   Solarzellen mit SnS/Cu$_w$Sb$_y$S$_z$-Gradienten-Absorberschichten

Theorie

Solarzellen weisen **Dioden-Kennlinien** auf. Bei Dunkelheit gemessen, verlaufen diese durch den Ursprung des j(U)-Diagramms. Unter Beleuchtung gemessen, werden sie vorwiegend entlang der Stromdichteachse verschoben, und zwar derart, dass ein Spannungsachsenabschnitt, die **Leerlaufspannung** U_{oc}, und ein Stromdichteachsenabschnitt, die **Kurzschlussstromdichte** j_{sc}, gemessen werden können.

Trägt man das Produkt aus Stromdichte und Spannung, d. h. die *Leistungsdichte*, $p = jU$, gegen die Spannung auf, so weist für den beleuchteten Fall die parabelähnliche Kurve ein negatives, globales Minimum auf. Über dieses ergeben sich die *Größen des maximalen Leistungsrechtecks* p_m, U_m und j_m.

Aus diesen bislang gemessenen Größen lassen sich dann der **Füllfaktor**, $FF = p_m/p_o = j_m U_m/j_{sc} U_{oc}$, d. h. ein Maß für die Krümmung der Diodenkennlinie, und der **Wirkungsgrad** $\eta = p_m/p_{Licht} = j_m U_m/p_{Licht}$ berechnen. Sinnvolle Werte für den Füllfaktor liegen zwischen 25 % und 94 %; die Lichtleistung beträgt auf der Erdoberfläche etwa $1 kW/m^2$ (Solarkonstante).

Bevor der physikalische Einfluss unterschiedlicher Absorberschichten auf die beleuchtungsabhängige Strom-Spannungs Kennlinie – Leerlaufspannung U_{oc}, Kurzschlussstromdichte j_{sc}, Wirkungsgrad η und Füllfaktor FF – entsprechender Solarzellen untersucht werden kann, sind **grundlegende Einflüsse** des Mess*objekts* und des Mess*geräts* (*Lichtquelle*) zu sondieren.

3.5.5.1 Das Messobjekt: Probengeometrie und -beschaffenheit

Probengeometrie und –beschaffenheit lassen sich mittels REM-Aufnahmen bestimmen. So zeigt Abb. 3.100 einen vertikalen Schnitt durch eine Solarzelle und Abb. 3.101 einen Ritzgraben vor der Reinigung mit Druckluft.

Der vertikale **Schnitt durch eine Solarzelle** mit Mo/Cu$_w$Sn$_x$Sb$_y$S$_z$/CdS/ITO-Schichtenfolge, zeigt eine $d_{Sch} = 532,9$ nm dicke Molybdänschicht, eine 1,013 µm dicke Cu$_w$Sn$_x$Sb$_y$S$_z$-Absorberschicht und eine 782,9 nm dicke ITO- Schicht (TCO-Schicht). Die zwischen der Absorber- und der TCO-Schicht liegende CdS-Pufferschicht ist so dünn, dass sie hier nicht aufgelöst werden kann. Diese Aufnahme bestätigt die mittels UV/Vis/NIR Spektroskopie für die vorliegenden Schichten bestimmten Dicken.

Ein in der Fotovoltaik übliches Verfahren, zur **Segmentierung von Solarzellen**, ist das Ritzen mit einem Skalpell. Hierbei werden jedoch die Ränder der Solarzellen beschädigt. Grundsätzlich besteht deshalb die Gefahr, durch Kurzschlüsse über die Mesenränder (Mesa = spanisch Tafelberg), kleine Shunt-Widerstände zu erzeugen. Da jedoch die Schichten nicht zum Verschmieren neigen, sollte eine Säuberung mit reiner Druckluft alle Partikel entfernen und damit Kurzschlüsse weitgehend ausschließen.

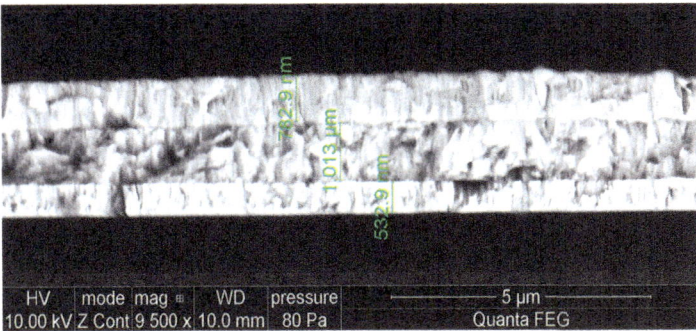

Abb. 3.100 Raster-Elektronen-Mikroskop (REM) Aufnahme eines senkrechten Schnitts durch eine Dünnschicht-Solarzelle mit Mo/Cu$_w$Sn$_x$Sb$_y$S$_z$/CdS/ITO-Schichtenfolge (Reihung von unten nach oben). Die CdS Pufferschicht ist zu dünn um aufgelöst werden zu können

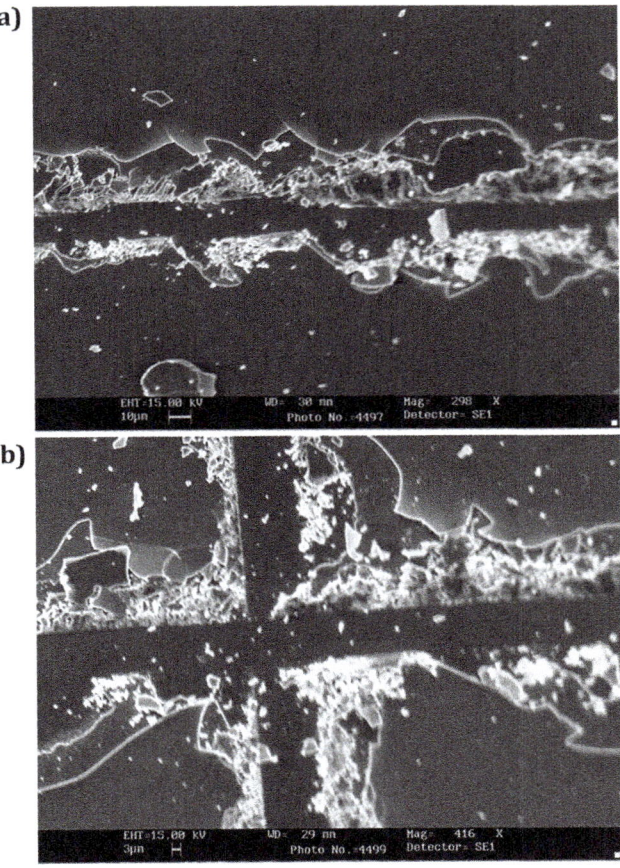

Abb. 3.101 REM-Aufnahmen von den Ritzgräben, vor der Reinigung mit sauberer Druckluft

3.5.5.2 Das Messgerät (Lichtquelle): Sonne und künstliche Lichtquelle

Als Beleuchtungsquellen standen hier im Sommer natürlich die **Sonne** und für alle anderen Jahreszeiten eine künstliche Lichtquelle zur Verfügung. Bei Verwendung von Sonnenlicht wurde, wie in der Fotovoltaik üblich, für die *Solarkonstante auf der Erdoberfläche* durchgehend $p_{Licht} = 1000\ \mathrm{Wm^{-2}}$ verwendet. Dies ist jedoch nur gültig für nahezu senkrechte Sonnenlichteinstrahlung, d. h. zur Mittagszeit zwischen etwa 11.00 Uhr und 13.00 Uhr, bei wolkenfreiem Himmel, vgl. auch Abb. 3.102.

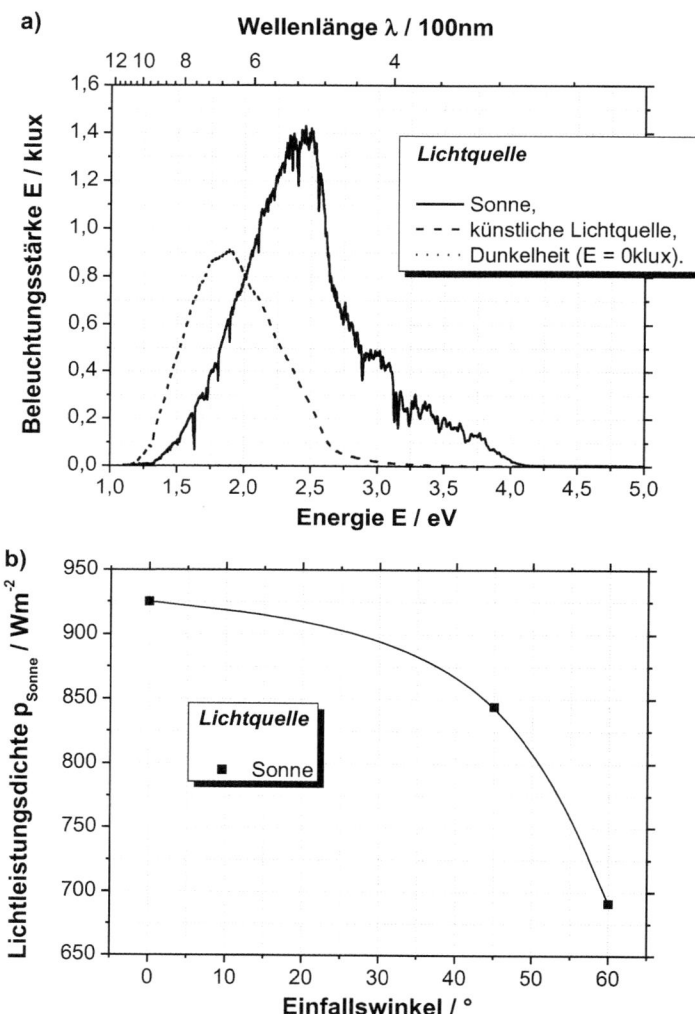

Abb. 3.102 a Spektren der Sonne auf der Erdoberfläche (AM 1.5), der künstlichen Lichtquelle und der Dunkelheit. **b** Ungefähre Lichtleistungsdichte der Sonne auf der Erdoberfläche als Funktion des Einfallswinkels zwischen Sonnenstrahl und der Senkrechten zur Erdoberfläche

Die **künstliche Beleuchtung** bestand aus fünf Philips G6 Twistline Alu Lampen, mit einer Nennleistung von 50 W. Diese erzeugen effektiv eine Lichtleistungsdichte von etwa $p_{Licht} = 393$ Wm^{-2}. Mit dieser etwas kleineren Lichtleistung (siehe Abb. 3.102) ist natürlich auch das Leistungsrechteck der gemessenen Strom-Spannungs Kennlinie etwas kleiner, vgl. Abb. 3.103. Dennoch lassen sich damit nahezu vergleichbare Wirkungsgrade (und Füllfaktoren) bestimmen.

Bemerkung
Grundsätzlich werden **in den Legenden der Abbildungen, für physikalische Größen von Solarzellen, die Prozessdaten der Absorber-Dünnschichten** verzeichnet. Dies, da für die durchwegs verwendeten Standard-Solarzellen die Parameter der *Molybdän-Grundkontakt-, Cadmiumsulfid-Puffer-* und *ZnO:Al-Deckelektroden*, wie oben verzeichnet, konstant gehalten werden. Sollten Prozessparameter der Grundkontakt-, Puffer- oder TCO-Schichten variiert werden, wird dies im Einzelnen angegeben werden.

Bemerkung
Im Rahmen der **Analyse ganzer Solarzellen** wurden, bei Verwendung von Gradienten-Absorberschichten, im Koordinatensystem zur Bestimmung der Position $r = (x, y)$ die **x- und y-Achse**, im Vergleich zu den **opto-elektrischen Analysen einzelner Schichten**, getauscht. Das heißt, verliefen die Gradienten bei den opto-elektrischen Analysen einzelner Schichten nominell entlang der y-Achsen, so verlaufen sie bei den Analysen ganzer Solarzellen entlang der x-Achsen. Dies hat historische Gründe, erleichtert aber auch die Unterscheidung der Abbildungen zu opto-elektrischen Analysen einzelner Schichten und zu Analysen ganzer Solarzellen.

Um den Einfluss der Lichtquelle auf die charakteristischen physikalischen Größen von Solarzellen – Leerlaufspannung U_{oc}, Kurzschlussstromdichte j_{sc}, Wirkungsgrad η und Füllfaktor FF – eingehender zu untersuchen, wurden Standard-Dünnschicht-Solarzellen mit SnS/$Cu_wSb_yS_z$ Gradienten-Absorberschichten bei $T = 250$ °C bzw. $T = 300$ °C gesputtert und mit dem j(U)-Messplatz bei unterschiedlicher Beleuchtung vermessen. Dem entsprechend zeigt Abb. 3.104 die Abhängigkeit der Leerlaufspannung und des Betrages der Kurzschlussstromdichte; Abb. 3.105 zeigt die Abhängigkeit der Wirkungsgrade und der Füllfaktoren von der Lichtquelle.

Auffallend ist, dass sowohl Leerlaufspannung als auch Kurzschlussstromdichte unter künstlicher Beleuchtung mitunter deutlich kleiner sind als unter Sonnenlichteinstrahlung – darauf wies auch schon Abb. 3.103 hin. Mit der deutlich kleineren Lichtleistungsdichte p_{Licht} des Messplatzes (393 Wm^{-2}) gegenüber derjenigen der Sonne (1000 Wm^{-2})

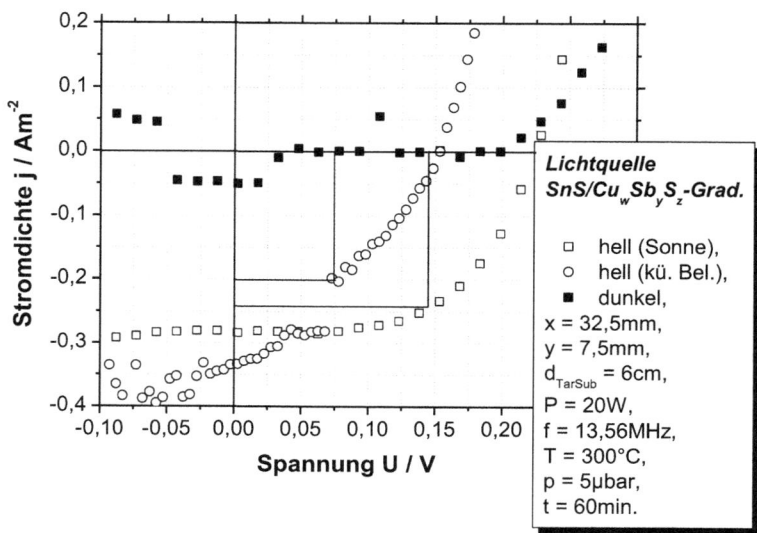

Abb. 3.103 Stromdichte-Spannungs Kennlinie für eine Standard-Solarzelle mit SnS/Cu$_w$Sb$_y$S$_z$ Gradienten-Absorberschicht (zentrale Position). Gezeigt ist der Einfluss der Beleuchtungsquelle auf die j(U)-Kennlinie, wobei die Solarzelle bei Dunkelheit, bei Sonnenlichteinstrahlung zur Mittagszeit und unter Verwendung einer künstlichen Lichtquelle (fünf Philips G6 Twistline Alu Lampen mit je 50 W) gemessen wurde

ergeben sich jedoch für den Wirkungsgrad vergleichbare Werte, insbesondere für die Solarzelle, mit der bei 300 °C hergestellten Absorberschicht. Dies gilt auch für die Füllfaktoren, wobei die in Abb. 3.103 gezeigte Position hier, wie auch bei der Kurzschlussstromdichte, eher eine Ausnahme darstellt.

3.5.5.3 Abhängigkeiten von der Prozesstemperatur
Nachdem die grundlegenden Einflüsse des Messobjekts und des Messgeräts (Lichtquelle) auf die Strom-Spannungs Kennlinie – Leerlaufspannung U_{oc}, Kurzschlussstromdichte j_{sc}, Wirkungsgrad η und Füllfaktor *FF* – untersucht wurden, können nun die **Absorberschichten der Standard-Solarzellen mit unterschiedlichen Prozessparametern hergestellt** werden, und damit deren Einfluss auf die beleuchtungsabhängige j(U)-Kennlinie untersucht werden.

Bereits die UV/Vis/NIR-Messungen zeigten, dass die **Temperatur *T*** des Probenhalters während des Sputterns der Absorberschicht einen starken Einfluss auf deren physikalische Eigenschaften haben. So wurden die Temperaturen zur Herstellung von SnS/Cu$_w$Sb$_y$S$_z$ Gradienten-Schichten im Bereich zwischen 50 °C und 400 °C variiert. Gesputtert wurden die Absorberschichten mit Hochfrequenz (Radio Frequency (RF), *f* = 13,56 MHz). Eine Pufferschicht wurde nicht verwendet. Gemessen wurden die Standard-Solarzellen mit diesen Absorberschichten unter Sonnenlichteinstrahlung.

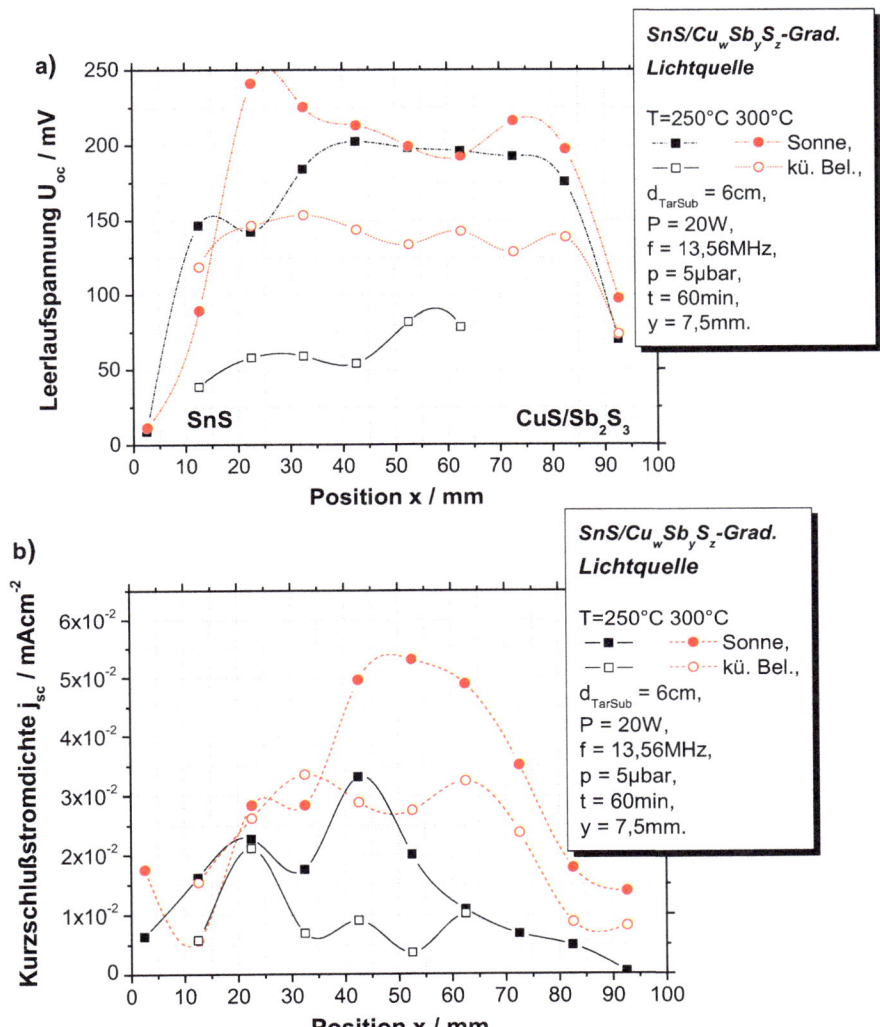

Abb. 3.104 **a** Leerlaufspannung und **b** Kurzschlussstromdichte als Funktion der Position, d. h. auch als Funktion des Sn- bzw. Cu/Sb-Gehalts der Absorberschicht; gemessen mit Sonnenlichteinstrahlung und künstlicher Lichtquelle

Abb. 3.106 zeigt die entsprechenden Leerlaufspannungen U_{oc} und Kurzschlussstromdichten j_{sc}. Obwohl die Kurzschlussstromdichte bei einer Temperatur von $T = 350\,°C$ maximal ($j_{sc} = 60\,\mu Acm^{-2}$) wird, liegt die optimale Leistungsdichte ($p_m = 5\,\mu Wcm^{-2}$) bei einer Temperatur von etwa $T = 300\,°C$. Der entsprechende Wirkungsgrad erreicht seine Obergrenze bei etwa $\eta = 5 \times 10^{-3}\,\%$, der Füllfaktor weist bei dieser Temperatur einen Wert von etwa $FF = 60\,\%$ auf, vgl. Abb. 3.107.

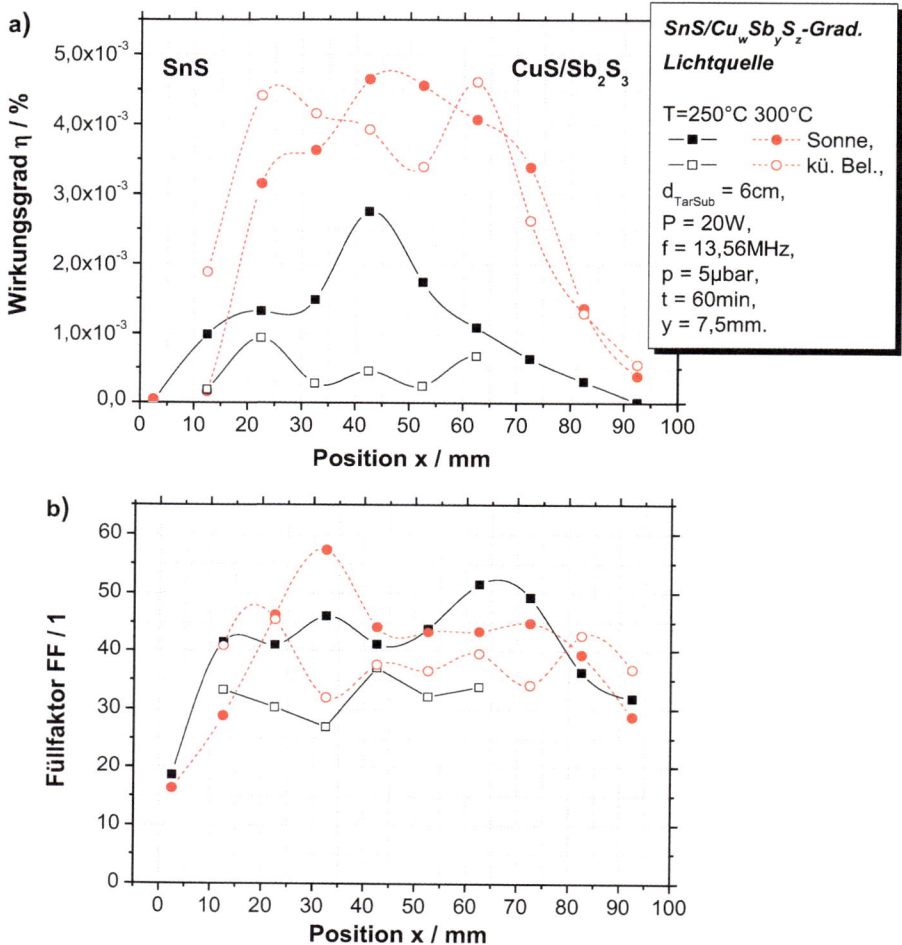

Abb. 3.105 **a** Wirkungsgrad und **b** Füllfaktor als Funktion der Position x, d. h. auch als Funktion des Sn- bzw. Cu/Sb-Gehalts der Absorberschicht; gemessen mit Sonnenlichteinstrahlung und künstlicher Lichtquelle

Über die Temperatur *T* wird i. a. die Wachstumskinetik (Depositionsrate) optimiert und ggf. Defekte in der bereits abgeschiedenen Schicht ausgeheilt. Darüber hinaus dürften während des Sputterns der *glockenförmigen Gradienten-Absorberschicht* Absorptions- und Desorptionsphänomene deren physikalische Eigenschaften beeinflussen. Bei günstiger Kombination dieser Aspekte stellt die Absorberschicht zusammen mit der darauffolgend gesputterten TCO-Schicht einen optimalen pn-Übergang für die Generation und den Transport von Ladungsträgern dar. Dies beeinflusst dann insbesondere den Wirkungsgrad η und den Füllfaktor *FF*. Optimal werden die Kenngrößen der Standard-Solarzellen mit

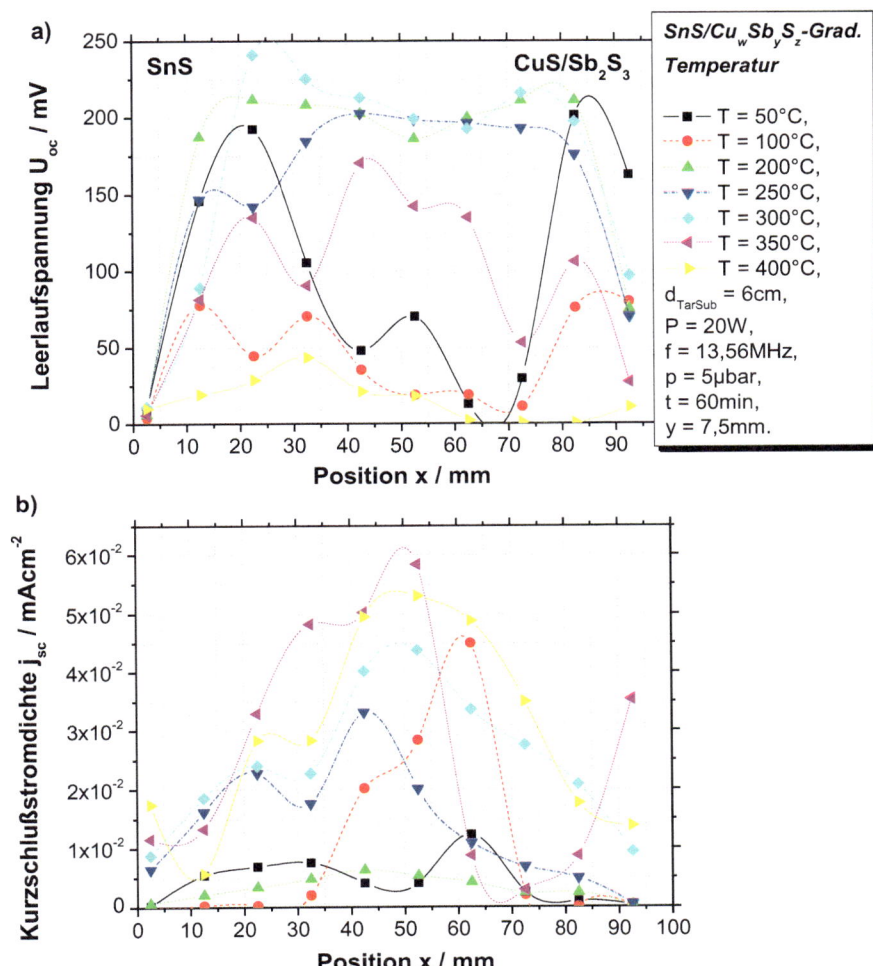

Abb. 3.106 **a** Leerlaufspannungen und **b** Kurzschlussstromdichten als Funktion der Position, also auch als Funktion des Sn- bzw. Cu/Sb-Gehalts der Absorberschicht. Die Gradienten-Absorberschichten dieser Standard-Solarzellen wurden mit unterschiedlichen Substrat-Temperaturen hergestellt. Es wurde keine Pufferschicht verwendet

SnS/Cu$_w$Sb$_y$S$_z$ Gradienten-Absorberschicht durchwegs, wenn diese Absorberschicht mit einer Sputtertemperatur von $T = 300\,°C$ hergestellt werden.

3.5.5.4 Solarzellen mit doppelter Gradientenschicht

Doppelte-Gradienten Schichten wurden, wie auch die (temperaturabhängig) gesputterten Gradientenschichten, bereits im Rahmen der opto-elektrischen Analysen (UV/Vis/NIR-Spektroskopie, Vier-Spitzen-Messplatz) an einzelnen Schichten behandelt. Auf CdS-Pufferschichten wurde bereits im ersten Band dieses Werkes eingegangen.

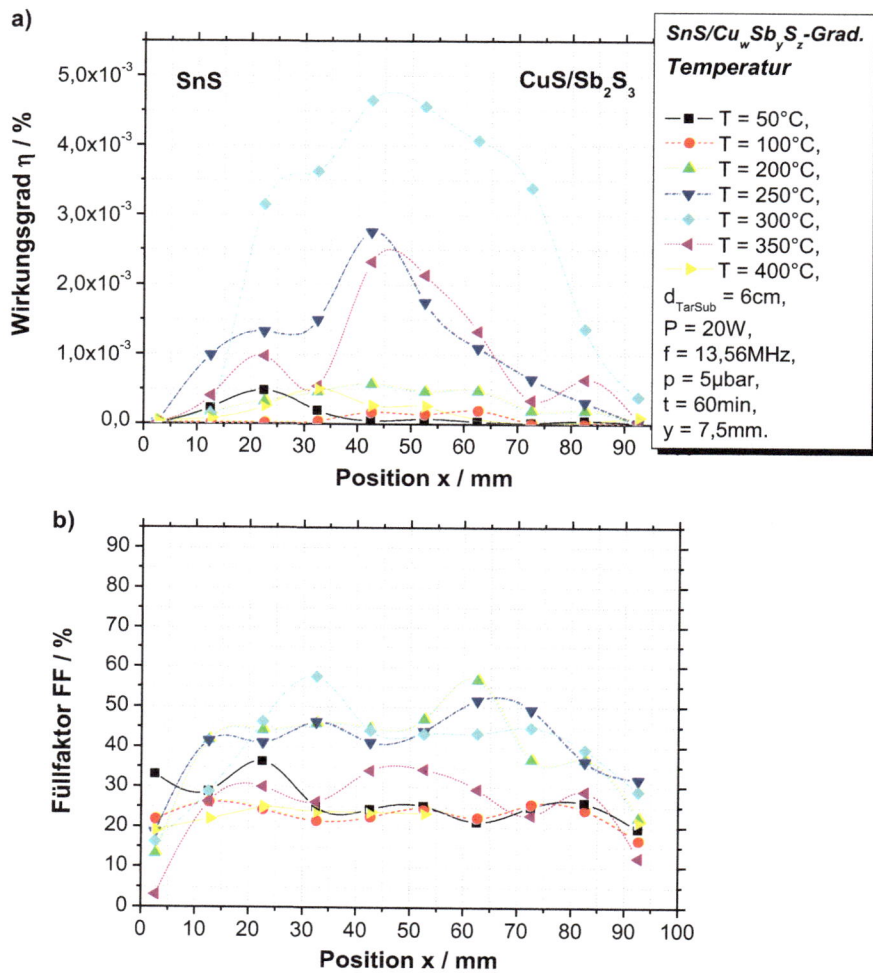

Abb. 3.107 **a** Wirkungsgrade und **b** Füllfaktoren als Funktion der Position, also auch als Funktion des Sn- bzw. Cu/Sb-Gehalts der Absorberschicht. Die Gradienten-Absorberschichten dieser Standard-Solarzellen wurden mit unterschiedlichen Substrat-Temperaturen hergestellt. Es wurde keine Pufferschicht verwendet

Hier soll nun einerseits der Einfluss einfacher Gradienten-Absorberschichten ($\varphi = 0°$) mit dem doppelter Gradienten-Absorberschichten ($\varphi = 180°$), gleicher Dicke d_{Sch}, auf die j(U)-Kennlinie von Standard-Solarzellen verglichen werden. Andererseits soll das soeben genannte Experiment sowohl mit CdS-Pufferschichten als auch ohne erfolgen.

Abb. 3.108 zeigt die dem entsprechenden j(U)-Kennlinien. Da Solarzellen schaltungstechnisch nichts anderes als Dioden sind, kehrt eine Cadmiumsulfid-Schicht deren Polarität

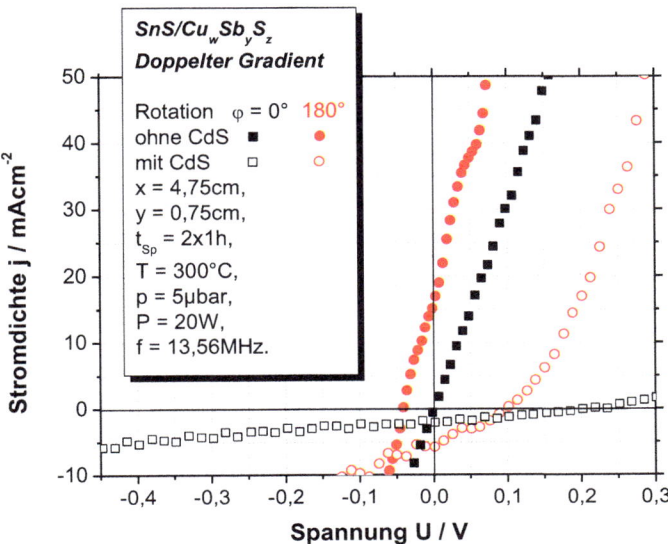

Abb. 3.108 j(U)-Kennlinien für Standard-Solarzellen mit SnS/Cu$_w$Sb$_y$S$_z$ (Doppel-)Gradienten-Absorberschichten (zentrale Position). Gezeigt ist einerseits der Einfluss einer CdS-Pufferschicht auf die j(U)-Kennlinie, andererseits der Vergleich einer einfachen Gradienten-Schicht ($\varphi = 0°$) mit einer doppelten Gradienten-Schicht ($\varphi = 180°$), gleicher Dicke d$_{Sch}$

um – aus einer pn-Diode wird mit CdS-Schicht eine np-Diode. Denkbar wäre hier, dass Teile der nasschemisch aufgebrachten hauchdünnen CdS-Schichten (vgl. REM-Aufnahmen) durch das Aufsputtern der aluminiumdotierten Zinkoxidschicht, in eben dieser in Lösung gehen und sie damit höher p-dotieren, als die Absorberschicht.

Aus Abb. 3.109 geht hervor, dass die Leerlaufspannungen der Solarzellen mit CdS-Puffer höher sind, als die der Solarzellen ohne CdS-Schicht – und dies unabhängig vom Absorber. Grund hierfür ist der vergleichsweise hohe Schichtwiderstand der CdS-Schichten. Dieser sollte dann auch zu einer Senkung der Kurzschlussstromdichten führen, was auch bei den Solarzellen mit Doppel-Gradienten-Absorberschichten deutlich zu sehen ist. Bei den Solarzellen mit einfacher Gradienten-Absorberschicht führt wohl die höhere Leerlaufspannung auch zu einem erhöhten Stromfluss. Solarzellen mit Doppel-Gradienten-Absorberschichten weisen außerordentlich hohe Kurzschlussstromdichten auf, insbesondere für kleine x-Werte. Dies, da anscheinend bereits die Doppel-Gradienten Absorberschichten wegen unterschiedlicher Dotierverhältnisse (senkrecht zur Heterostruktur) Diodencharakteristik zeigen. Somit erstreckt sich über die gesamte Dicke der Absorberschicht, über die Grenzfläche und über die ZnO:Al TCO-Schicht ein vergleichsweise effektiver pn-Übergang mit günstigem Bandverlauf für eine Solarzelle.

CdS-Pufferschichten führen folglich zu durchwegs hohen Wirkungsgraden und Füllfaktoren, vgl. Abb. 3.110. Die höchsten Wirkungsgrade erzielen jedoch Solarzellen mit einer Schichtenfolge, wie sie für kleine x-Werte gegeben ist, auch ohne CdS-Schicht.

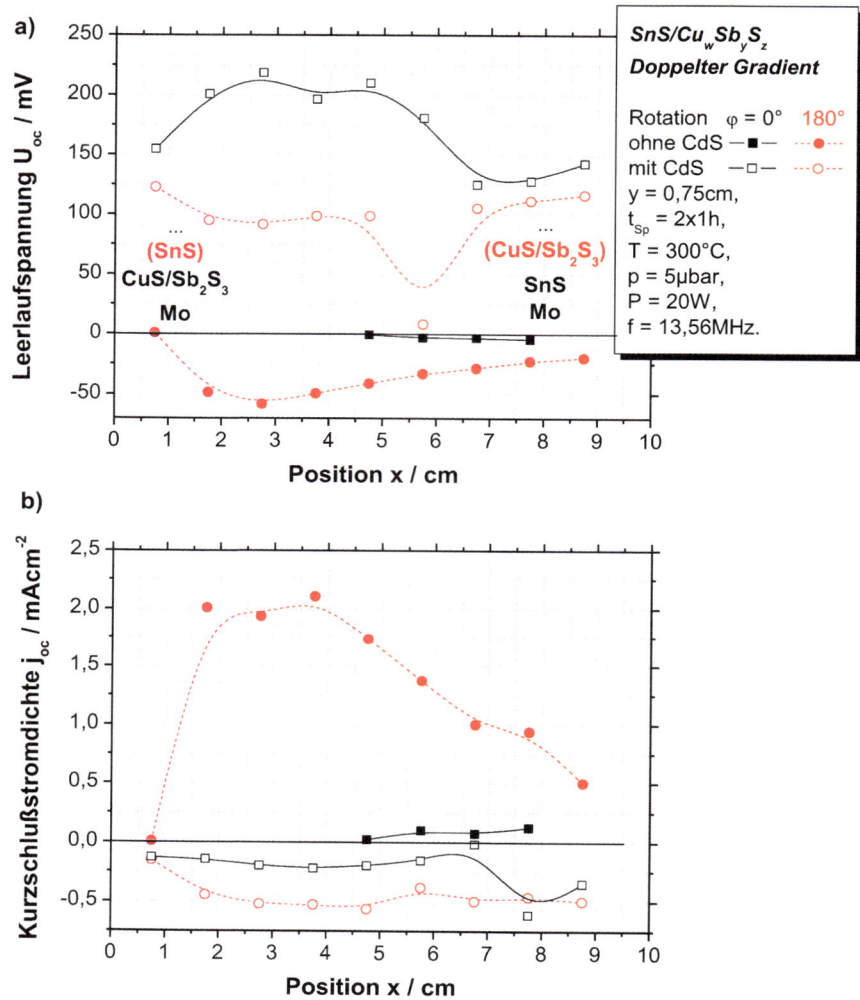

Abb. 3.109 **a** Leerlaufspannungen und **b** Kurzschlussstromdichten als Funktion des Sn- bzw. Cu/Sb-Gehalts (Position) der Absorberschicht. Gezeigt ist einerseits der Einfluss einer CdS-Pufferschicht auf diese Größen, andererseits der Vergleich einer einfachen Gradienten-Schicht ($\varphi = 0°$) mit einer doppelten Gradienten-Schicht ($\varphi = 180°$), gleicher Dicke d_{Sch}

3.5.5.5 Variation der Abkühldauer

Hier wurde die Dauer t_{Cool} für das Abkühlen der Solarzelle nach dem Sputtervorgang der Absorberschicht von $T = 300\,°C$ auf Raumtemperatur variiert. Verglichen wurden dann die Auswirkungen der Abkühlzeiten von $t_{Cool} \approx \frac{1}{2}$ h, $t_{Cool} \approx 1$ h und $t_{Cool} \approx 2$ h auf die physikalischen Eigenschaften der Dünnschicht-Solarzellen.

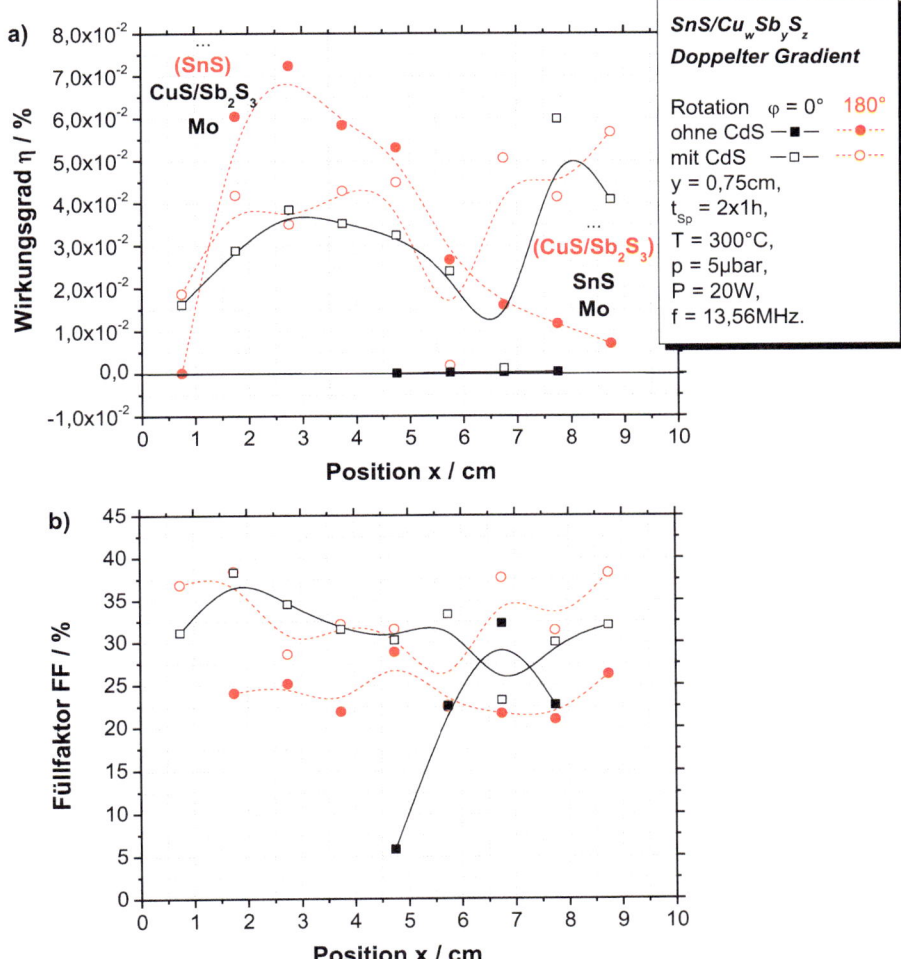

Abb. 3.110 a Wirkungsgrade und **b** Füllfaktoren als Funktion des Sn- bzw. Cu/Sb-Gehalts (Position) der Absorberschicht. Gezeigt ist einerseits der Einfluss einer CdS-Pufferschicht auf diese Größen, andererseits der Vergleich einer einfachen Gradienten-Schicht ($\varphi = 0°$) mit einer doppelten Gradienten-Schicht ($\varphi = 180°$), gleicher Dicke d$_{Sch}$

Leerlaufspannungen U_{oc}, Kurzschlussstromdichten j_{sc}, und die Größen des maximalen Leistungsrechtecks U_m, j_m, p_m sowie Wirkungsgrade η und Füllfaktoren FF werden über die gesamte SnS/Cu$_w$Sb$_y$S$_z$ Gradientenschicht fast durchwegs optimal für eine Abkühlzeit von $t_{Cool} = 1$ h, vgl. Abb. 3.111 und 3.112. Über die Temperatur T wird i. a. die Wachstumskinetik optimiert und ggf. Defekte in der bereits abgeschiedenen Schicht ausgeheilt. Bei günstiger Wahl der Abkühldauer t_{Cool} wird vermieden, dass durch eine temperaturbedingte

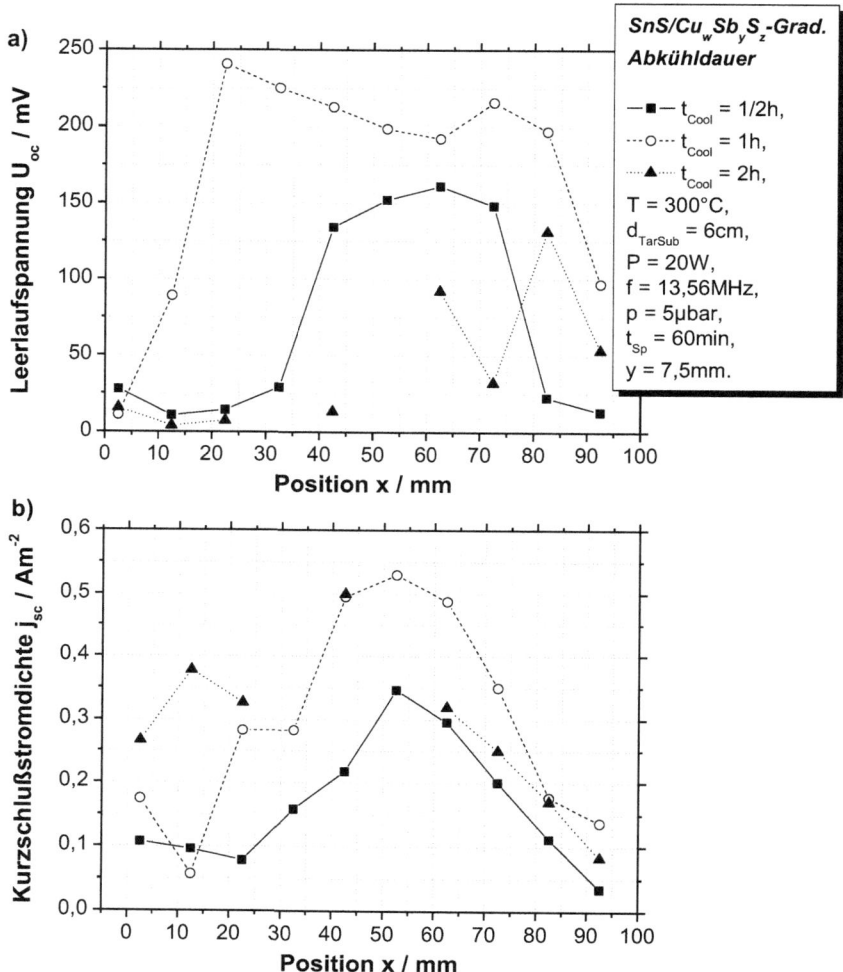

Abb. 3.111 **a** Leerlaufspannungen und **b** Kurzschlussstromdichten als Funktion des Sn- bzw. Cu/Sb-Gehalts (Position) der Absorberschicht und der Abkühldauer t_{Cool}

Verspannung der Schicht während des Abkühlvorgangs unerwünschte Defekte generiert werden. Bei allen hier produzierten Schichten wurde die mittlere Abkühldauer nach dem Sputtern der Absorberschicht verwendet.

3.5.5.6 Thermische Nachbehandlung in inerter Argon Atmosphäre

Während des Sputterns wird über die Temperatur T die Wachstumskinetik beeinflusst und ggf. Defekte in der bereits abgeschiedenen Schicht generiert oder ausgeheilt. Über eine günstige Wahl der Abkühldauer soll die Bildung von Defekten über temperaturbedingte Verspannungen in der Schicht vermieden werden. Dennoch weisen die hergestellten

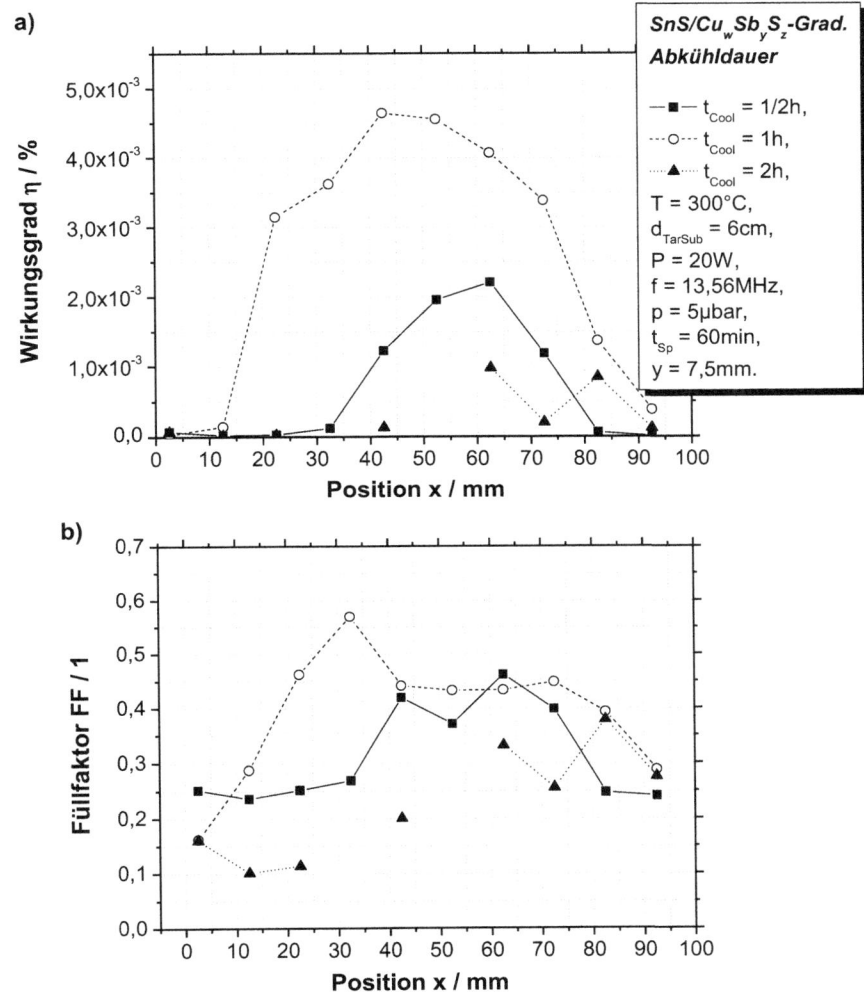

Abb. 3.112 **a** Wirkungsgrade und **b** Füllfaktoren als Funktion des Sn- bzw. Cu/Sb-Gehalts (Position) der Absorberschicht und der Abkühldauer t_{Cool}

Schichten unerwünschte Defekte auf, die durch eine thermische Nachbehandlung bei moderaten Temperaturen, für eine wohldefinierte Zeit, in Inertgasatmosphäre (keine unerwünschten nachträglichen Reaktionen mit reaktiven Gasen) ausgeheilt werden sollen.

Abb. 3.113 zeigt Leerlaufspannungen und Kurzschlussstromdichten für das Tempern in Argon-Atmosphäre, bei einer Temperatur von $T_{Temp} = 100\,°C$ und einer Dauer von $t_{Temp} = 10\,s$, *gemessen mit Sonnenlicht* ($p_{Licht} = 1000\,Wm^{-2}$). Abb. 3.114 zeigt die daraus resultierenden maximalen Leistungsdichten, Wirkungsgrade und Füllfaktoren. All diese Größen ändern sich (bei Sonnenlichteinstrahlung) nur wenig durch die gewählte thermische Nachbehandlung.

Diese Solarzellen wurden darüber hinaus auch mit *künstlicher Lichtquelle* vermessen, d. h. mit spektral anders verteilter (Abb. 3.102a), geringerer Lichtleistungsdichte ($p_{Licht} = 393 \ Wm^{-2}$). Die entsprechenden Ergebnisse sind in Abb. 3.115 und Abb. 3.116 zu sehen. Im Gegensatz zu den unter Sonnenlichteinstrahlung gemessenen Zellen weisen die physikalischen Größen dieser, mit der künstlichen Lichtquelle vermessenen Zellen, nach dem Tempern durchaus Degradationseffekte auf. Diese sind möglicherweise auf Diffusion von Material im Bereich des pn-Übergangs zurückzuführen, welches die Funktionsweise der Solarzelle ungünstig beeinflusst.

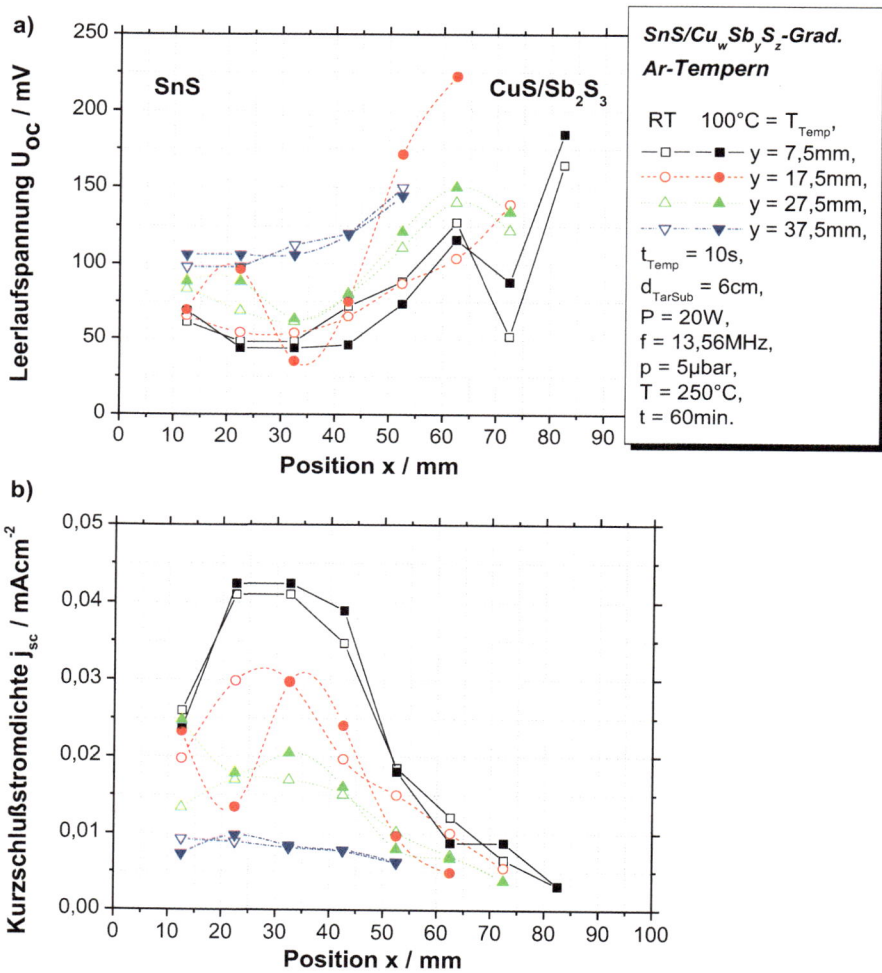

Abb. 3.113 **a** Leerlaufspannungen und **b** Kurzschlussstromdichten als Funktion des Sn- bzw. Cu/Sb-Gehalts (Position) der Absorberschicht und des Temperns bei $T_{Temp} = 100\,°C$, $t_{Temp} = 10$ s in Argon-Atmosphäre. Gemessen wurde hier *unter Sonnenlichteinstrahlung*

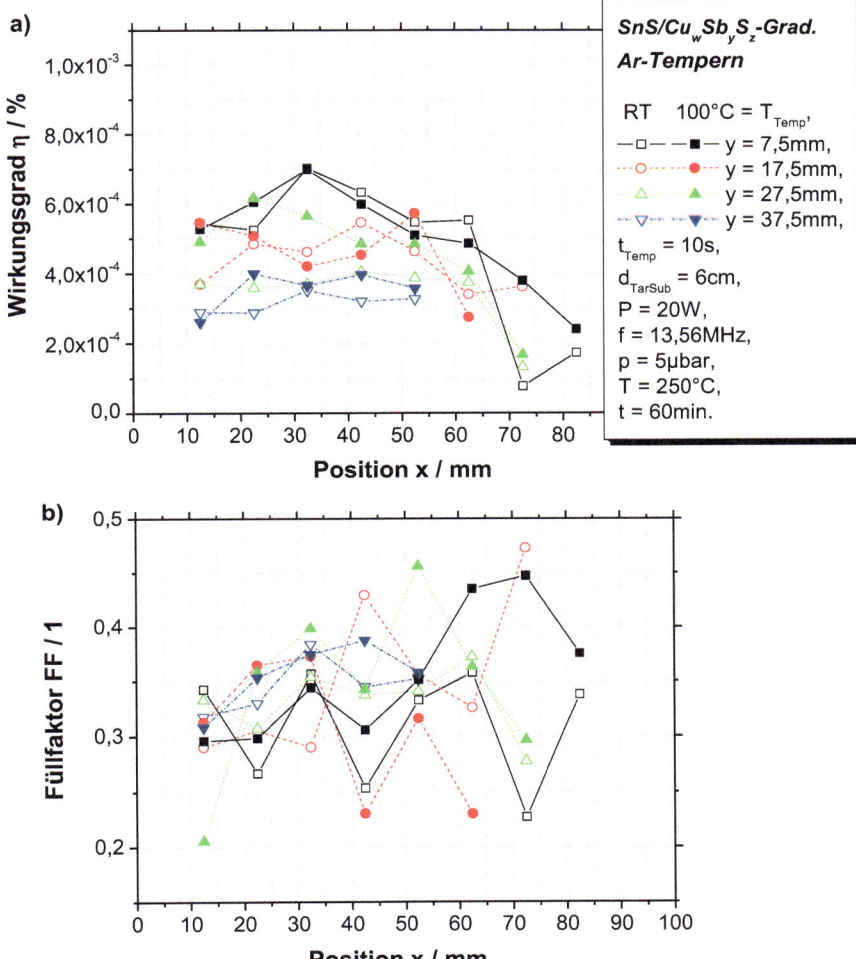

Abb. 3.114 a Wirkungsgrad und **b** Füllfaktoren als Funktion des Sn- bzw. Cu/Sb-Gehalts (Position) der Absorberschicht und des Temperns bei $T_{Temp} = 100\,°C$, $t_{Temp} = 10\,s$ in Argon-Atmosphäre. Gemessen wurde hier *unter Sonnenlichteinstrahlung*

Bemerkung

Grundsätzlich wird bei der Herstellung von Halbleiterbauteilen (z. B. Solarzellen) versucht, nach den **Hochtemperaturprozessen** im FEOL (Front End Of Line) das Temperaturbudget im BEOL (Back End Of Line) niedrig zu halten um die wohldefinierten geometrischen Strukturen und Dotierprofile dieser aktiven Bauelemente nicht aufzuweichen und damit deren Funktionalität in Frage zu stellen. Dies ist wohl auch hier zu beachten.

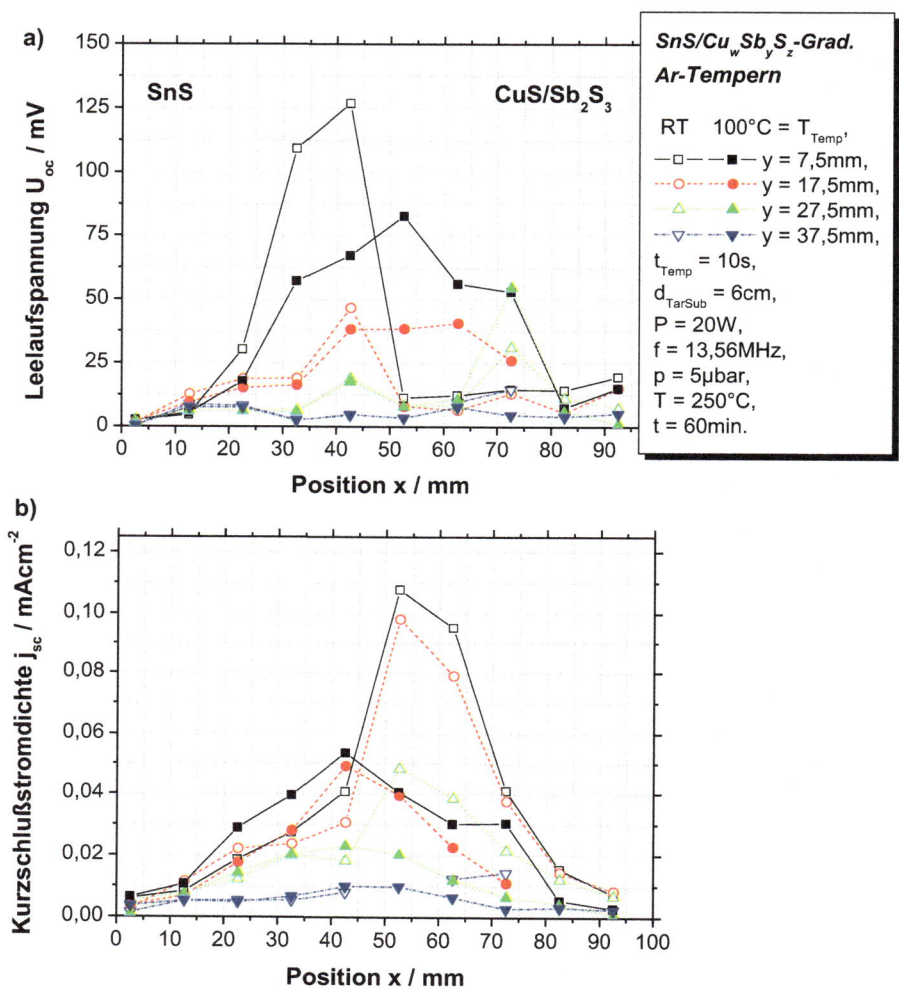

Abb. 3.115 a Leerlaufspannungen und **b** Kurzschlussstromdichten als Funktion des Sn- bzw. Cu/Sb-Gehalts (Position) der Absorberschicht und des Temperns bei T_{Temp} = 100 °C, t_{Temp} = 10 s in Argon-Atmosphäre. Gemessen wurde hier *mit künstlicher Lichtquelle*

3.5.5.7 Sauerstoff – In situ und mit Vakuumbruch hergestellte Solarzellen

Zum Beispiel zur nasschemischen Aufbringung von Cadmiumsulfid-Pufferschichten ist das Vakuum im Sputter-Cluster-Tool zu brechen. Dadurch gelangt mit der Luft reaktiver Sauerstoff an die Oberfläche der Absorberschicht (vgl. Band 1: *Zusatz von reaktivem O_2 und inertem N_2 zum inerten Ar-Prozessgas*, S. 162). Der Einfluss dieses Sauerstoffs auf das hier untersuchte Solarzellenkonzept soll nun untersucht werden. Wird nasschemisch auch

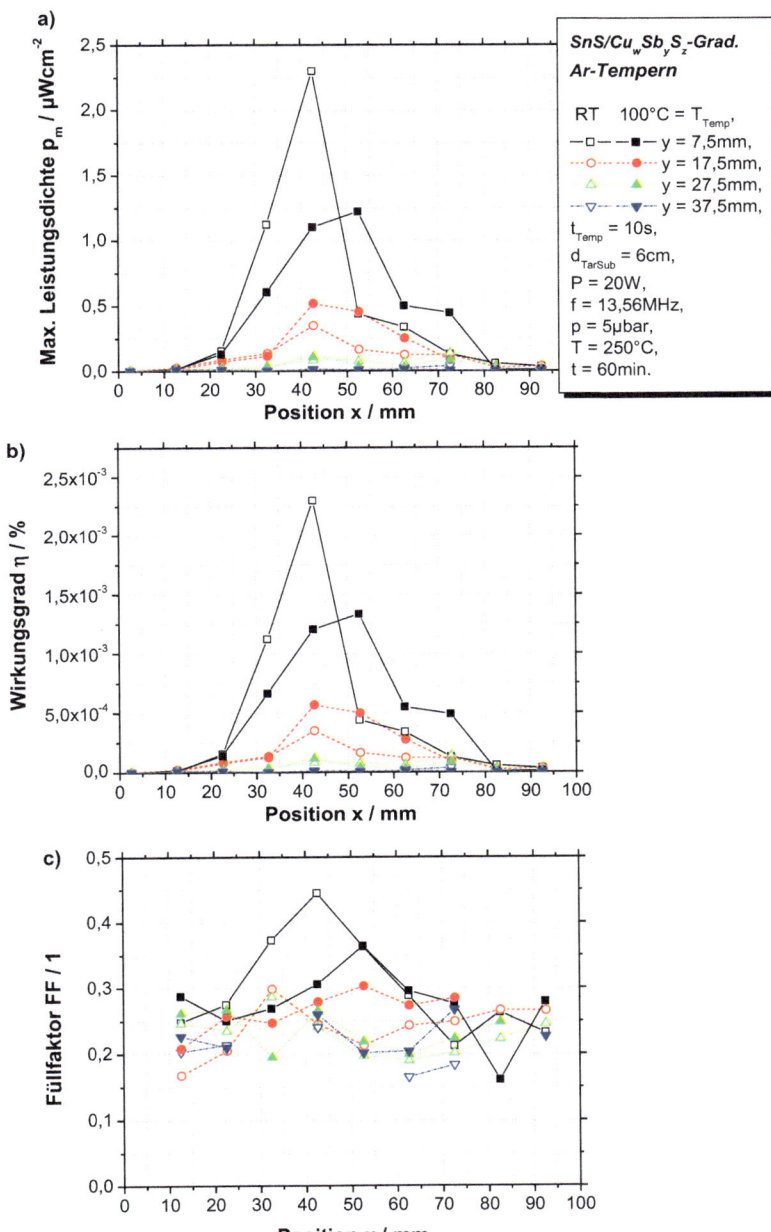

Abb. 3.116 a Maximale Leistungsdichte, **b** Wirkungsgrad und **c** Füllfaktoren als Funktion des Sn- bzw. Cu/Sb-Gehalts (Position) der Absorberschicht und des Temperns bei $T_{Temp} = 100\,°C$, $t_{Temp} = 10$ s in Argon-Atmosphäre. Gemessen wurde hier *mit künstlicher Lichtquelle*

noch eine CdS-Schicht aufgebracht, dann ist davon auszugehen, dass zudem Wasser-stoffatome in die Absorberschicht eindringen, dort bekannter Weise ungesättigte Orbitale („dangling bonds") binden und damit elektrisch deaktivieren. Gleiches könnte auch für den Sauerstoff und andere in der Luft enthaltene Elemente gelten.

Abb. 3.117 und 3.118 zeigen Leerlaufspannungen, Kurzschlussstromdichten und Wir-kungsgrade für Solarzellen, die in situ (d. h. ausschließlich in inerter Argon-Atmosphäre)

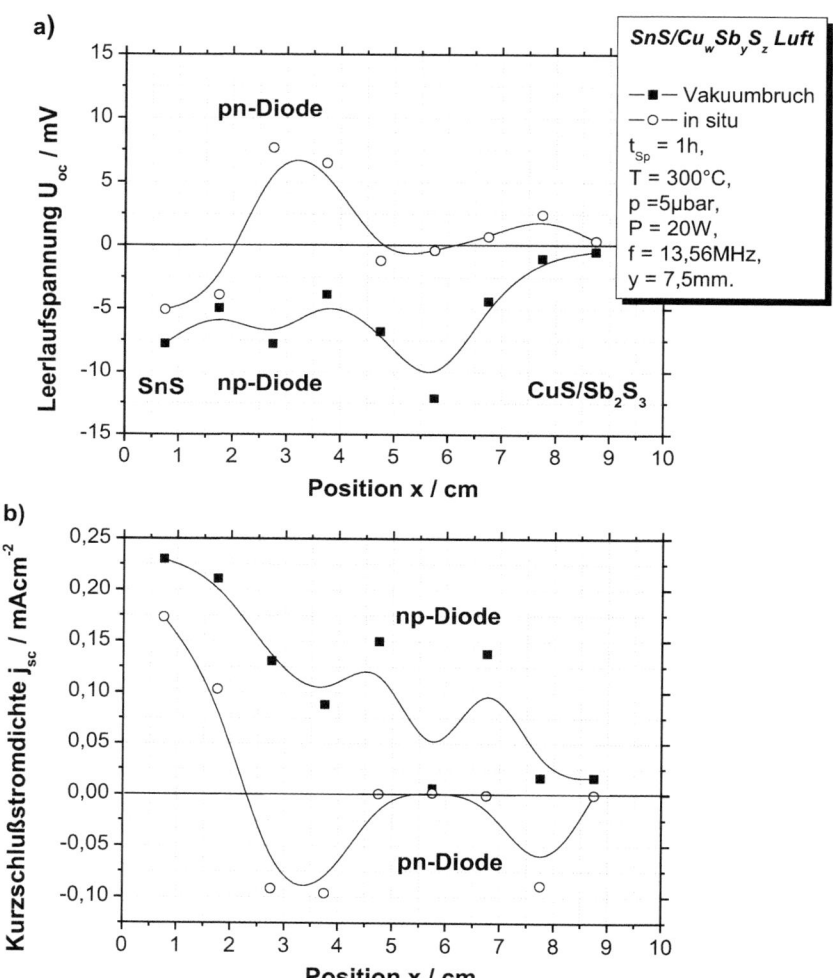

Abb. 3.117 **a** Leerlaufspannungen und **b** Kurzschlussstromdichten als Funktion der Position, also auch des Sn- bzw. Cu/Sb-Gehalts der Absorberschicht. Einerseits wurde nach dem Sputtern der Absorberschicht das Vakuum gebrochen, andererseits nicht (in situ)

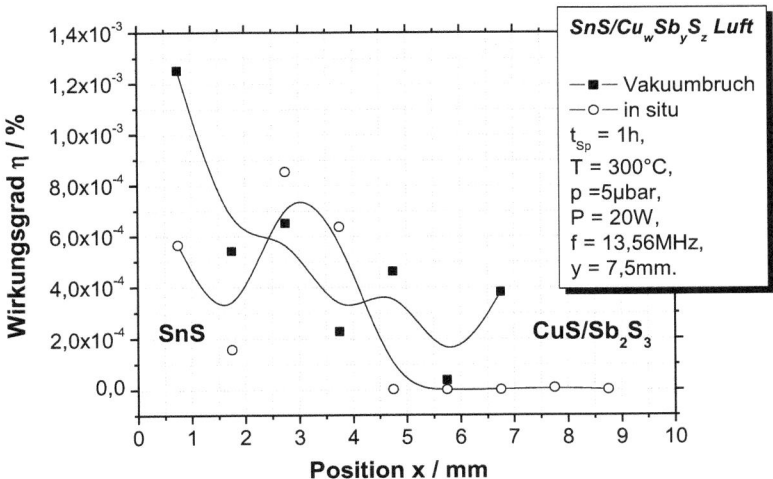

Abb. 3.118 Wirkungsgrad als Funktion der Position, also auch des Sn- bzw. Cu/Sb-Gehalts der Absorberschicht. Einerseits wurde nach dem Sputtern der Absorberschicht das Vakuum gebrochen, andererseits nicht (in situ)

gesputtert wurden und für solche, die nach Abscheiden der Absorberschicht mit Luft in Kontakt gekommen sind. Die Füllfaktoren belaufen sich durchwegs auf etwa 25 %.

Bei den in situ gefertigten Solarzellen schwanken die Leerlaufspannungen und Kurzschlussstromdichten um den Nullpunkt; lediglich für hohe Sn-Gehalte steigen deren Beträge an. Wenngleich hier die Vorzeichen der beiden Größen noch unbeantwortete Fragen aufwerfen, so sind hier jedoch die Wirkungsgrade von null verschieden.

Der Sauerstoffeinfluss auf die Absorberschicht macht sich durchwegs positiv bemerkbar. Es ergaben sich zwar außerordentlich kleine U_{oc}- und j_{sc}-Werte, die jedoch alle dasselbe Vorzeichen aufweisen. Entsprechend der kleinen Beträge dieser Größen ist auch der Wirkungsgrad klein; er nimmt vom Sn-reichen Bereich zum Cu/Sb-reichen Bereich ab.

Diese Ergebnisse sind jedoch, wegen der auftretenden kleinen Werte – *hergestellt ohne CdS-Pufferschicht* – nur unter Vorbehalt zu nutzen.

3.5.5.8 CdS-Pufferschichten und i-ZnO:Al- bzw. Bi$_2$S$_3$-Zwischenschichten

Grundlegende Größen der Cadmiumsulfid-Pufferschichten und i-ZnO:Al-Zwischenschichten wurden bereits im ersten Band dieses Werkes ausführlich untersucht. Die physikalischen Eigenschaften der n-dotierten Bismutsulfidschichten wurden in vorangegangenen Kapiteln eingehender behandelt. Hier nun soll der Einfluss dieser Puffer- und Zwischenschichten auf die Funktionsweise von Dünnschicht-Solarzellen untersucht werden. Dazu werden diese zwischen der Absorber- und TCO-Schicht positioniert. Im Fall von i-ZnO:Al und Bi_2S_3 kann dies in situ erfolgen, im Fall von CdS war für die nasschemische Schichtabscheidung das Vakuum zu brechen.

Im nun Folgenden wird zuerst der Einfluss von Cadmiumsulfid-Pufferschichten unterschiedlicher Dicke auf die charakteristischen physikalischen Größen von Dünnschicht-Solarzellen untersucht. In einem Exkurs wird dann, mit optimaler CdS-Pufferschicht, die Schichtdicke des Absorbers variiert. Abschließend wird die Wirkung der optimalen CdS-Schicht in einer Dünnschicht-Solarzelle denjenigen Wirkungen vergleichbar dünner i-ZnO:Al- und Bi_2S_3-Zwischenschichten gegenübergestellt.

- **Die Dicke d_{CdS} von CdS-Pufferschichten**

Hier nun soll der Einfluss von CdS-Pufferschichten unterschiedlicher Dicke auf die charakteristischen physikalischen Größen von Dünnschicht-Solarzellen mit $SnS/Cu_wSb_yS_z$ Gradienten-Absorberschichten untersucht werden. Dazu werden identische Schichtenstapel, bestehend aus Substrat/Molybdän/Absorber, unterschiedlich lang (t_{CdS} = 5 min bzw. t_{CdS} = 60 min) in eine temparierte (T_{CdS} = 75 °C bzw. T_{CdS} = 80 °C) $CdSO_4$(1,2 mmol/l) : NH3(35 %) : Thioharnstoff(0,1 mol/l) = 1 : 1 : 1 Lösung gehalten. Anschließend wird dieser, rundum um eine Schicht erweiterte, Schichtenstapel mit H_2O gespült und getrocknet. Etwa linear zur Temperatur der Lösung T_{CdS} und zur Verweildauer t_{CdS} des Schichtenstapels in ihr, wächst die Schichtdicke d_{CdS}. Die dünnere der beiden CdS-Schichten (t_{CdS} = 5 min, T_{CdS} = 75 °C) weist, wie bereits gezeigt wurde, so gut wie keine Reflexionen und Absorptionen auf, so dass nahezu 100 % des einfallenden Lichts transmittiert wird. Ihr elektrischer Schichtwiderstand ist jedoch sehr hoch.

Abb. 3.119 zeigt, dass die – insbesondere über die CdS-Pufferschichten – abfallenden Leerlaufspannungen U_{oc} ab einer gewissen Schichtdicke d_{CdS} nicht mehr nennenswert ansteigen. Je dicker jedoch die sehr hochohmige Pufferschicht ist, desto höher sind der immanente Serienwiderstand R_s der Zelle und desto kleiner folglich die entsprechende Kurzschlussstromdichte j_{sc}.

Dünne CdS-Pufferschichten optimieren damit offensichtlich auch die Bandanpassung zwischen Absorber- und TCO-Schicht, mit Blick auf die Funktionsweise dieser Dünnschicht-Solarzellen – und damit über U_{oc} und j_{sc} auch den Wirkungsgrad η sowie geringfügig den Füllfaktor FF (Abb. 3.120).

- **Exkurs: Variation der Dicke d_{Sch} der Absorberschichten**

Mit nur wenigen Ausnahmen wird die oben beschriebene Standard-Solarzelle verwendet, wobei lediglich die Schicht(enfolge) zwischen dem Molybdän-Grundkontakt und der ZnO:Al TCO-Schicht variiert wird. Hier besteht diese Schichtenfolge aus einer $SnS/Cu_wSb_yS_z$ Gradienten-Absorberschicht und einer CdS-Pufferschicht. Während bislang die Dicke d_{CdS} der Pufferschicht über die Temperatur und die Verweildauer in der

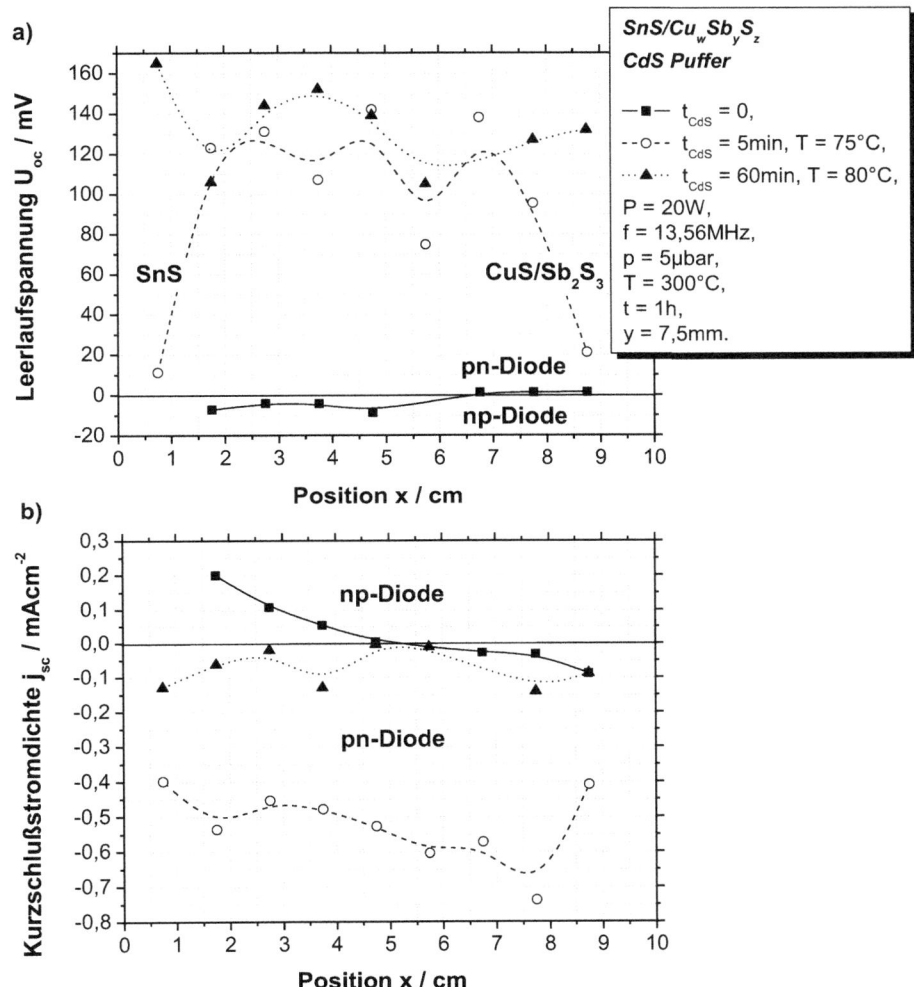

Abb. 3.119 a Leerlaufspannungen und **b** Kurzschlussstromdichten als Funktion der Position, also auch des Sn- bzw. Cu/Sb-Gehalts der Absorberschicht. Hier wurde über die Temperatur und die Zeit des nasschemischen Prozesses die Dicke der CdS-Pufferschicht variiert

CdS-Lösung variiert wurde, soll nun die Dicke der Absorberschicht d_{Sch}, bei gleichbleibend dünnem CdS-Puffer, über die Sputterdauer t variiert werden.

Es wurden also Standard-Solarzellen hergestellt, deren SnS/Cu$_w$Sb$_y$S$_z$ Gradienten-Absorberdicke über die Sputterdauer, $t = 1$ h und $t = 2$ h, variiert wurde. Dies, da sich bei konstanter Depositionsrate $v_{Sch} = d_{Sch}/t_{Sp}$ mit der Sputterdauer auch die Schichtdicke d_{Sch} ändert. Auf diese wurden nasschemisch dünne CdS-Pufferschichten aufgebracht

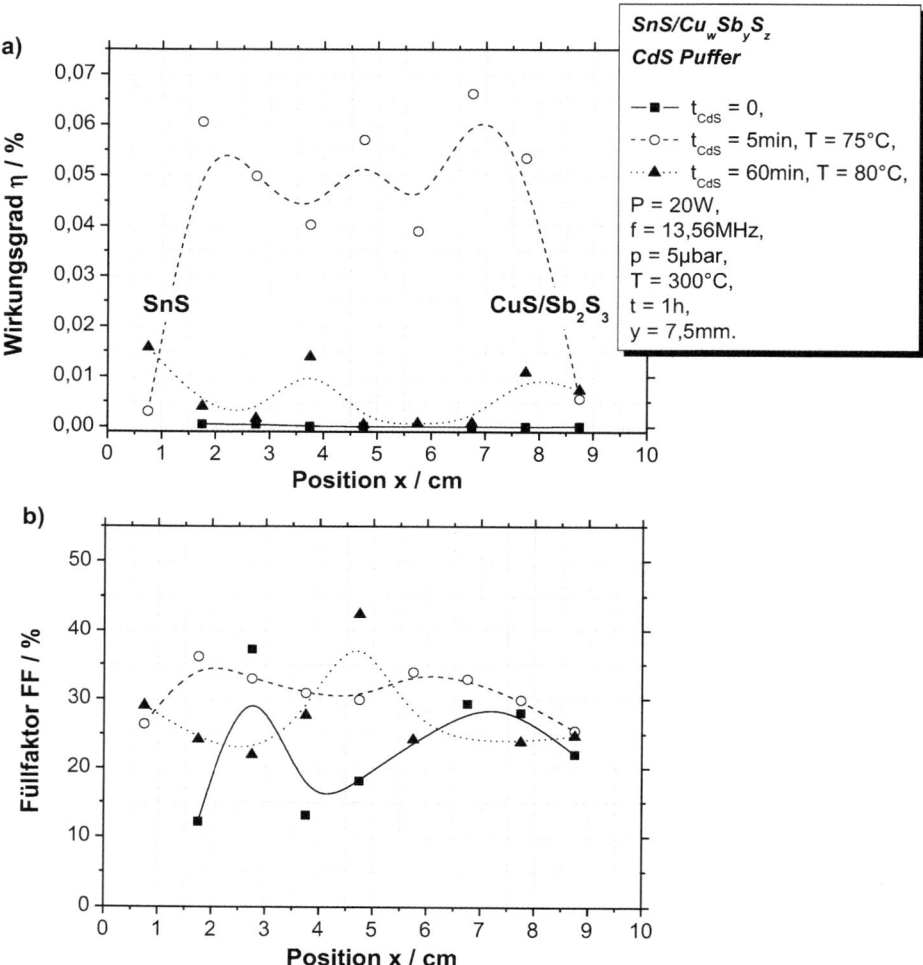

Abb. 3.120 a Wirkungsgrade und **b** Füllfaktoren als Funktion der Position, also auch des Sn- bzw. Cu/Sb-Gehalts der Absorberschicht. Hier wurde über die Temperatur und die Zeit des nasschemischen Prozesses die Dicke der CdS-Pufferschicht variiert

(t_{CdS} = 5 min, T_{CdS} = 75 °C). Über Strom-Spannungs Messungen wurden dann, unter Sonnenlichteinstrahlung, die charakteristischen Größen der fertigen Solarzellen bestimmt, vgl. Abb. 3.121 und 3.122.

Allgemein sind insbesondere die gemessenen Ströme, aber auch die gemessenen Spannungen im Zentrum der Deposition am höchsten. Im Fall der Ströme ist dies primär auf die größere Schichtdicke zurückzuführen, da mit steigender Schichtdicke auch die Wahrscheinlichkeit für einen Stoßprozess zwischen Photon und Elektron steigt. Im Fall der Spannungen ist dies auf den, mit steigender Absorberdicke, ansteigenden elektrischen

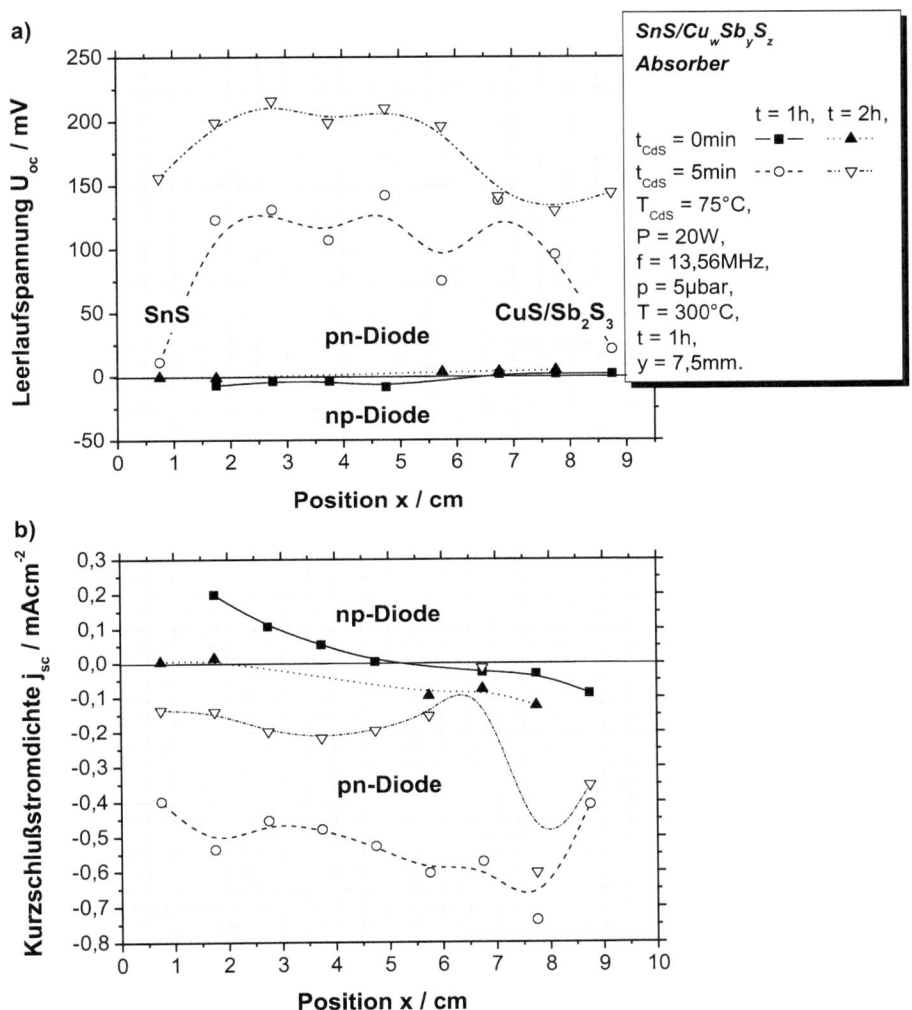

Abb. 3.121 **a** Leerlaufspannungen und **b** Kurzschlussstromdichten als Funktion der Position, also auch des Sn- bzw. Cu/Sb-Gehalts der Absorberschicht. Hier wurde über die Sputterdauer die Dicke der Absorberschicht variiert

Widerstand der Schicht zurückzuführen. Dieser Tendenz der Ströme und Spannungen wirkt der immanente Serienwiderstand R_s der Solarzelle entgegen.

Diese gegenläufigen Effekte führen je nach Gewichtung zu den in Abb. 3.121 und 3.122 gezeigten Leerlaufspannungen U_{oc}, Kurzschlussstromdichten j_{sc}, Wirkungsgraden η und Füllfaktoren *FF*.

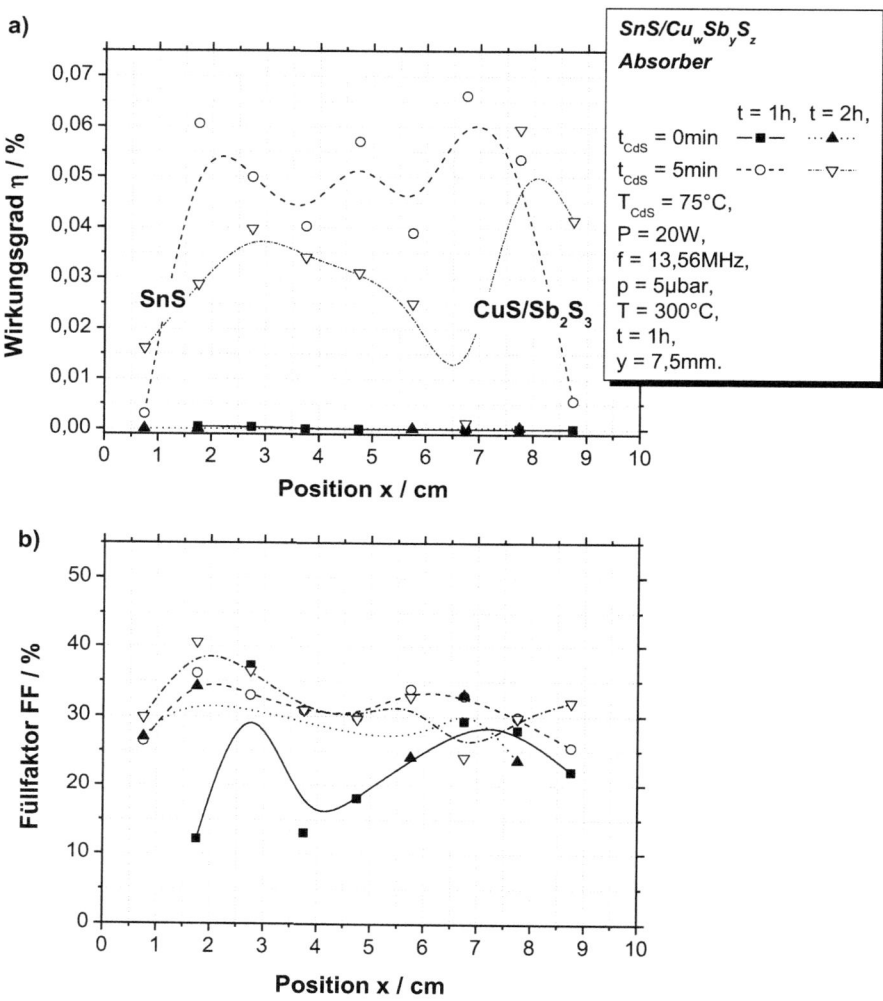

Abb. 3.122   a Wirkungsgrade und **b** Füllfaktoren als Funktion der Position, also auch des Sn- bzw. Cu/Sb-Gehalts der Absorberschicht. Hier wurde über die Sputterdauer die Dicke der Absorberschicht variiert

- **Vergleich unterschiedlicher Puffer- und Zwischenschichten**

Auch hier wurden wieder Standard-Solarzellen verwendet, wobei die Dicke d_{CdS} der Puffer- oder Zwischenschicht ebenso wie die Dicke der Absorberschicht d_{Sch} konstant gehalten wurden, jedoch das Material der Puffer- bzw. Zwischenschicht variiert wurde. So wurde einerseits eine Cadmiumsulfid-Pufferschicht und andererseits aluminiumdotierte intrinsische Zinkoxid sowie Bismutsulfid Zwischenschichten auf die Absorberschicht aufgebracht. Erstere nasschemisch (Vakuumbruch), letztere gesputtert (in situ). Die fertigen

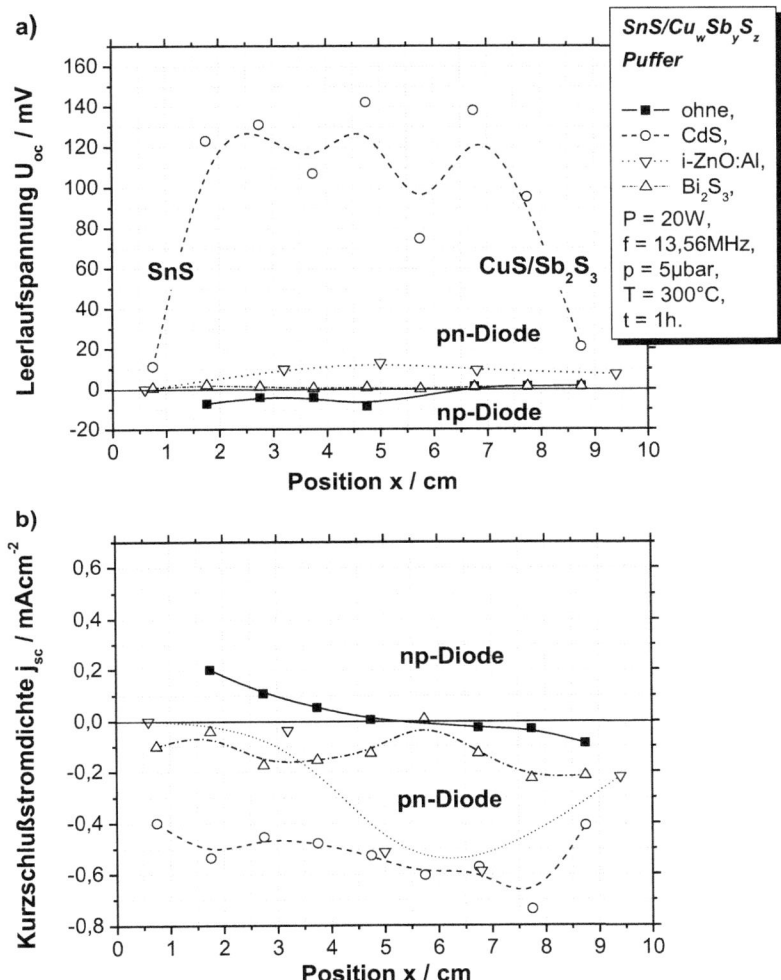

Abb. 3.123 a Leerlaufspannungen und **b** Kurzschlussstromdichten als Funktion der Position, also auch des Sn- bzw. Cu/Sb-Gehalts der Absorberschicht. Hier wurden nahezu gleich dicke CdS-Puffer- und i-ZnO:Al- bzw. Bi$_2$S$_3$-Zwischenschichten miteinander verglichen. Zum Vergleich wurden die verwendeten Standard-Solarzellen auch ohne Puffer- oder Zwischenschicht hergestellt und vermessen

Standard-Solarzellen wurden dann bezüglich ihrer charakteristischen Größen: Leerlaufspannung, Kurzschlussstromdichte, Wirkungsgrad und Füllfaktor vermessen.

Deutlich erkennbar ist, vgl. Abb. 3.123 und 3.124, dass Leerlaufspannungen, Kurzschlussstromdichten und Wirkungsgrade der Zelle mit CdS-Pufferschicht über den gesamten Sn- bzw. Cu/Sb-Gradientenbereich optimal werden. Die Füllfaktoren betragen durchwegs etwa 25 %, lediglich für Solarzellen mit CdS-Pufferschichten liegen sie bei Werten zwischen 30 % und 35 %.

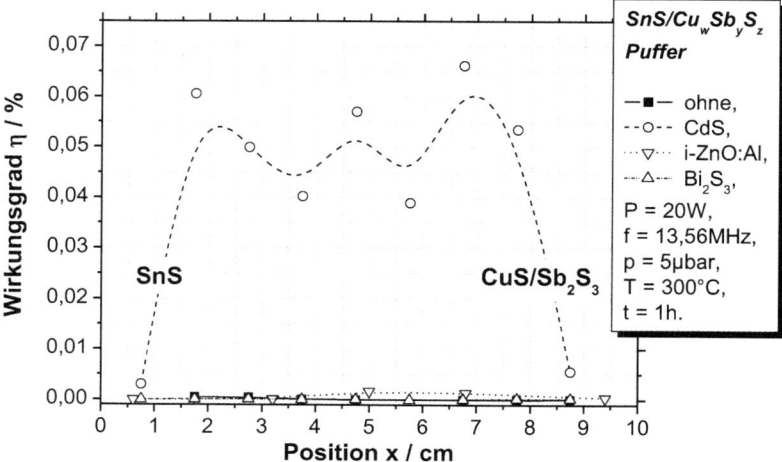

Abb. 3.124 Wirkungsgrade als Funktion der Position, also auch des Sn- bzw. Cu/Sb-Gehalts der Absorberschicht. Hier wurden nahezu gleich dicke CdS-Puffer- und i-ZnO:Al- bzw. Bi$_2$S$_3$-Zwischenschichten einander gegenübergestellt. Zum Vergleich wurden die verwendeten Standard-Solarzellen auch ohne Puffer- oder Zwischenschicht hergestellt und vermessen

3.5.5.9 TCO-Schichten: Vergleich von ZnO:Al und ITO

Hier wurden Standard-Solarzellen ohne und mit dünner Cadmiumsulfid-Pufferschicht hergestellt, wobei als TCO-Schicht (Transparent Conducting Oxide) sowohl aluminium-dotiertes Zinkoxid (n-ZnO:Al), als auch Indium-Zinn-Oxid (ITO = Indium-Tin-Oxide) zur Anwendung kam. Beide TCO-Schichten wurden unter gleichen Bedingungen gesputtert (Argon Atmosphäre, d_{TarSub} = 8,5 cm, t = 15 min, p = 3 µbar, ϕ = 19 sccm, T = 300 °C, P = 250 W, f = 50 kHz, t_{Br} = 1 µs). Die Cadmiumsulfidschicht wurde nasschemisch aufgebracht (Für t_{CdS} = 5 min in T_{CdS} = 75 °C heißer CdSO$_4$(1,2 mmol/l) : NH3(35 %) : Thioharnstoff(0,1 mol/l) = 1 : 1 : 1 Lösung). Die Prozessparameter der gesputterten SnS/Cu$_w$Sb$_y$S$_z$ Gradientenschicht sind, wie üblich, in den Legenden der Abbildungen zu finden.

Grundsätzlich zeigen nur die Zellen mit CdS-Pufferschicht nennenswerte Leerlauf-spannungen U_{oc}, Kurzschlussstromdichten j_{sc} und damit auch Wirkungsgrade η. Erfreulicherweise sind über fast die ganze untersuchte Distanz in x-Richtung, d. h. auch über nahezu alle Sn- und Cu/Sb-Gehalte der Absorberschicht, die gezeigten Werte besser, wenn eine n-ZnO:Al TCO-Schicht anstelle einer ITO-Schicht verwendet wird – und dies gilt auch für den Füllfaktor FF, vgl. Abb. 3.125 und 3.126.

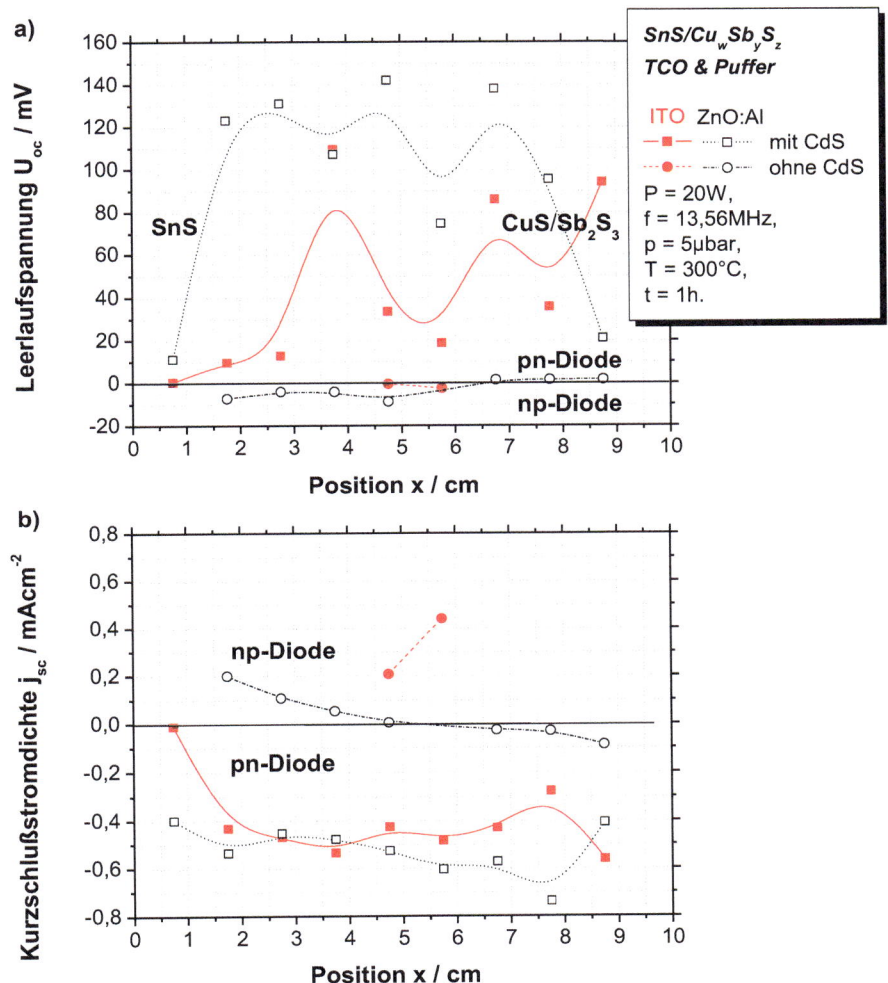

Abb. 3.125 a Leerlaufspannungen und **b** Kurzschlussstromdichten als Funktion der Position, also auch des Sn- bzw. Cu/Sb-Gehalts der Absorberschicht. Hier kamen bei Standard-Solarzellen (ohne und mit CdS-Pufferschicht) sowohl n-ZnO:Al- als auch ITO-TCO-Schicht zum Einsatz

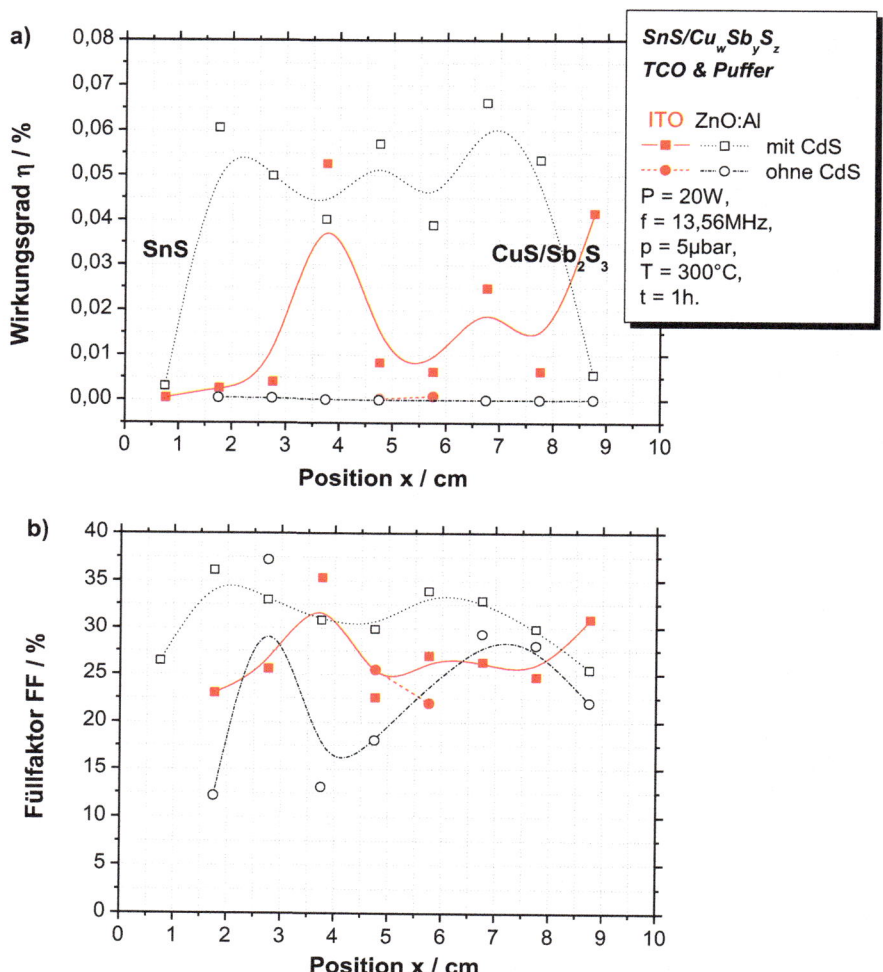

Abb. 3.126 a Wirkungsgrade und **b** Füllfaktoren als Funktion der Position, also auch des Sn- bzw. Cu/Sb-Gehalts der Absorberschicht. Hier kamen bei Standard-Solarzellen (ohne und mit CdS-Pufferschicht) sowohl n-ZnO:Al- als auch ITO-TCO-Schicht zum Einsatz

3.6 Das quaternäre Materialsystem $Cu_wPb_xBi_yS_z$

3.6.1 Opto-elektronische Messungen an $Cu_wPb_xBi_yS_z$-Schichten

3.6.1.1 Positions-, Konzentrations- und Temperaturabhängigkeit

Theorie

Bislang wurden für die Verwendung als Absorber in Dünnschicht-Solarzellen die **binären Materialien** SnS, Bi_2S_3 und Sb_2S_3 untersucht. Diese wurden technologisch vielfältig (homogene Targets, Heterostrukturen aus zwei binären Sulfiden, Gradienten-Schichten, etc.) zu folgenden **ternären Sulfiden** kombiniert: $Sn_xBi_yS_z$ und $Sn_xSb_yS_z$. Durch Zusatz geringer Mengen Kupfer Cu, sollte die elektronische Aktivität des halbleitenden **quaternären Materialsystems** $Cu_wSn_xSb_yS_z$ erhöht werden – $Cu_wSn_xBi_yS_z$ wurde bislang nicht untersucht.

Nun wird in diesen beiden genannten quaternären Systemen das Zinn Sn durch das Blei Pb *ersetzt*, welches das nächst schwerere Element aus der gleichen Gruppe des Periodensystems der Elemente ist. Dies führt zu den beiden Sulfiden $Cu_wPb_xBi_yS_z$ und $Cu_wPb_xSb_yS_z$, deren physikalische Eigenschaften als Absorber im Folgenden analysiert werden sollen.

Die Ergebnisse der UV/Vis/NIR-Spektroskopie, d. h. Reflexionen R und Transmissionen T, für $PbS/Cu_wBi_yS_z$ Gradienten-Absorberschichten sind in Abb. 3.127 als Funktion der Wellenlänge λ und der Energie E zu finden. Gemessen wurde an verschiedenen Positionen auf der Probe – d. h. auch für unterschiedliche Pb- und Cu/Bi-Gehalte in den Schichten. Zudem wurden diese $PbS/Cu_wBi_yS_z$ Gradienten-Schichten bei unterschiedlichen Temperaturen hergestellt. Diese Positions- und Temperaturabhängigkeit aller Messwerte führt zu einer ganzen „Matrix" von Messergebnissen, welche im Folgenden möglichst kompakt abgebildet und diskutiert werden sollen.

Die Brechungsindizes und Dielektrizitätskonstanten der Schichten steigen primär mit der Wellenlänge des einfallenden Lichts. Sekundär sind sie auch für zentrale Positionen (große Schichtdicken, ausgeglichenes Pb/(Cu/Bi)-Verhältnis) niedriger als in den Randbereichen der 10 cm langen Probe. Weitgehend vernachlässigbar ist hier der Einfluss der Temperatur, vgl. Abb. 3.128. Die Schichtdicken und Depositionsraten sind in zentralen Positionen etwa doppelt so hoch, wie in den Randbereichen. Sie nehmen in Richtung Cu/Bi-reicher Bereiche stärker ab als in Richtung Pb-reicher Bereiche. Zudem steigen die Schichtdicken mit der Temperatur in Cu/Bi-reichen Bereichen etwas an, während sie in Pb-reichen Bereichen eher mit steigender Temperatur abfallen, vgl. Abb. 3.129.

Im Gegensatz zu den Brechungsindizes steigen die Absorptionskoeffizienten, sowie Real- und Imaginärteile der Wellenzahlen (Lambertsches Gesetz), typischerweise primär mit steigender Energie der einfallenden Photonen zur Bandlückenenergie E_g hin an – und dies weitgehend unabhängig von der Temperatur. Auch eine Abhängigkeit von der Position ist kaum erkennbar, siehe Abb. 3.130.

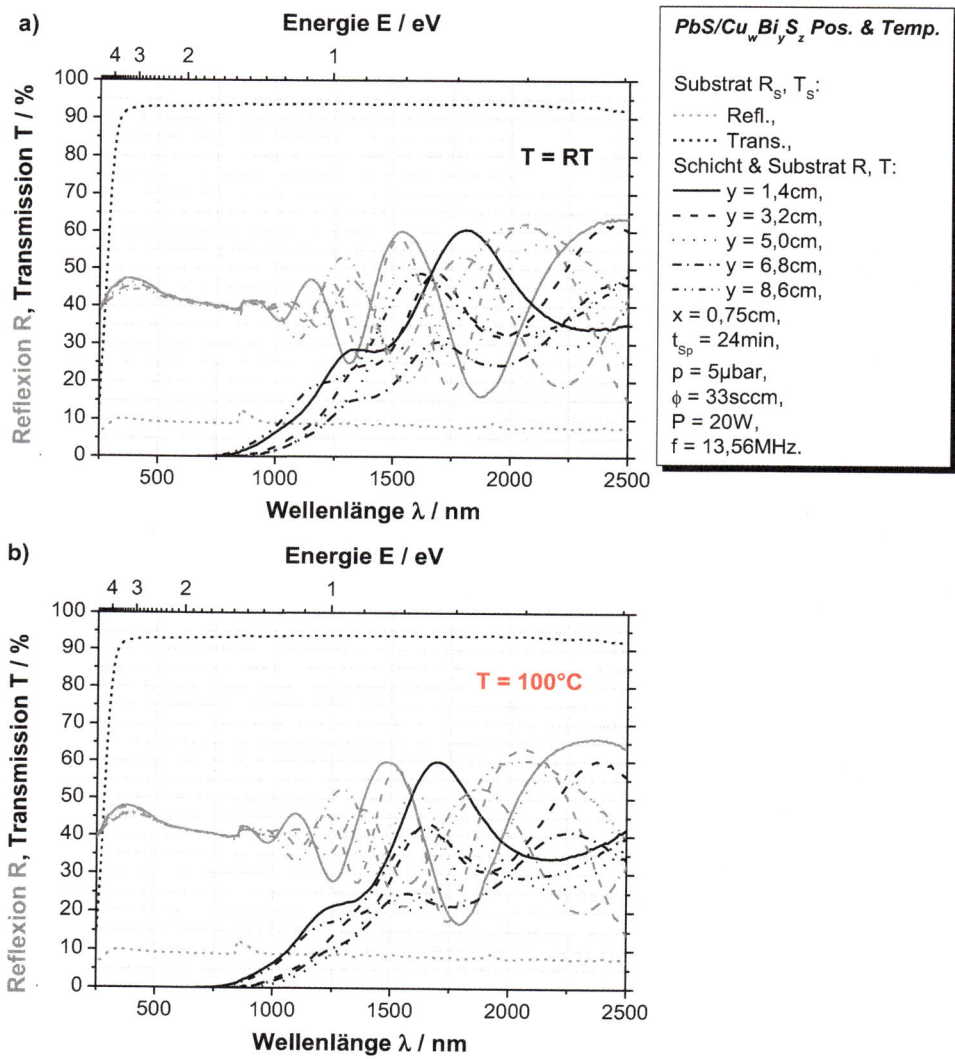

Abb. 3.127 UV/Vis/NIR Spektroskopie: Reflexionen R und Transmissionen T des Schichtensystems $Cu_wPb_xBi_yS_z$-Absorber/BSG-Substrat. Zu sehen sind Spektren von Schichten, die bei unterschiedlichen Temperaturen, **a** Raumtemperatur, **b** T = 100 °C, **c** T = 200 °C und **d** T = 300 °C, gesputtert wurden

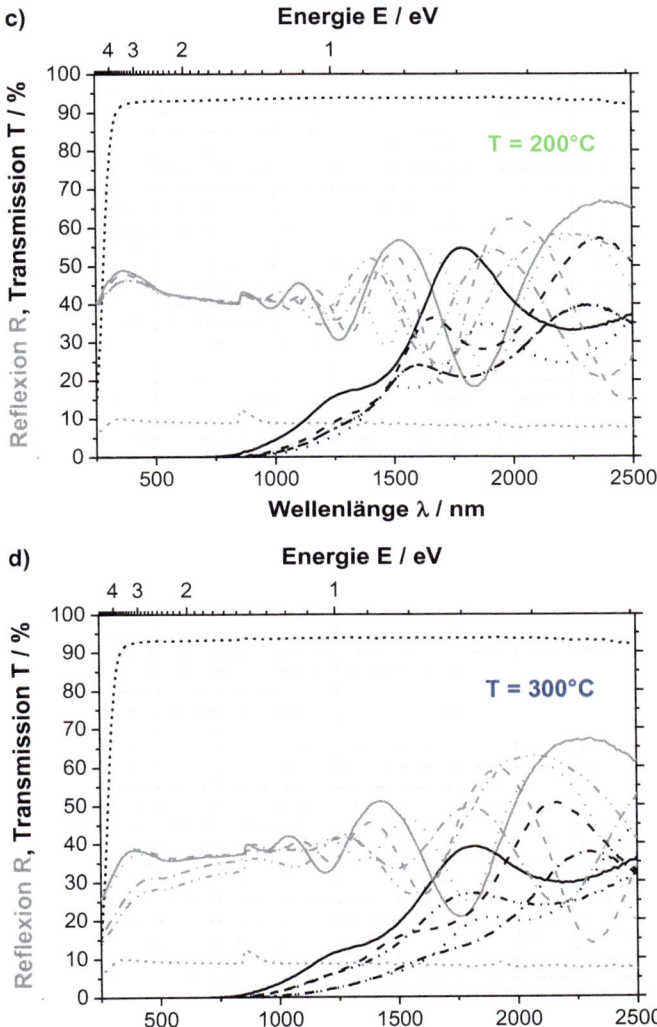

Abb. 3.127 (Fortsetzung)

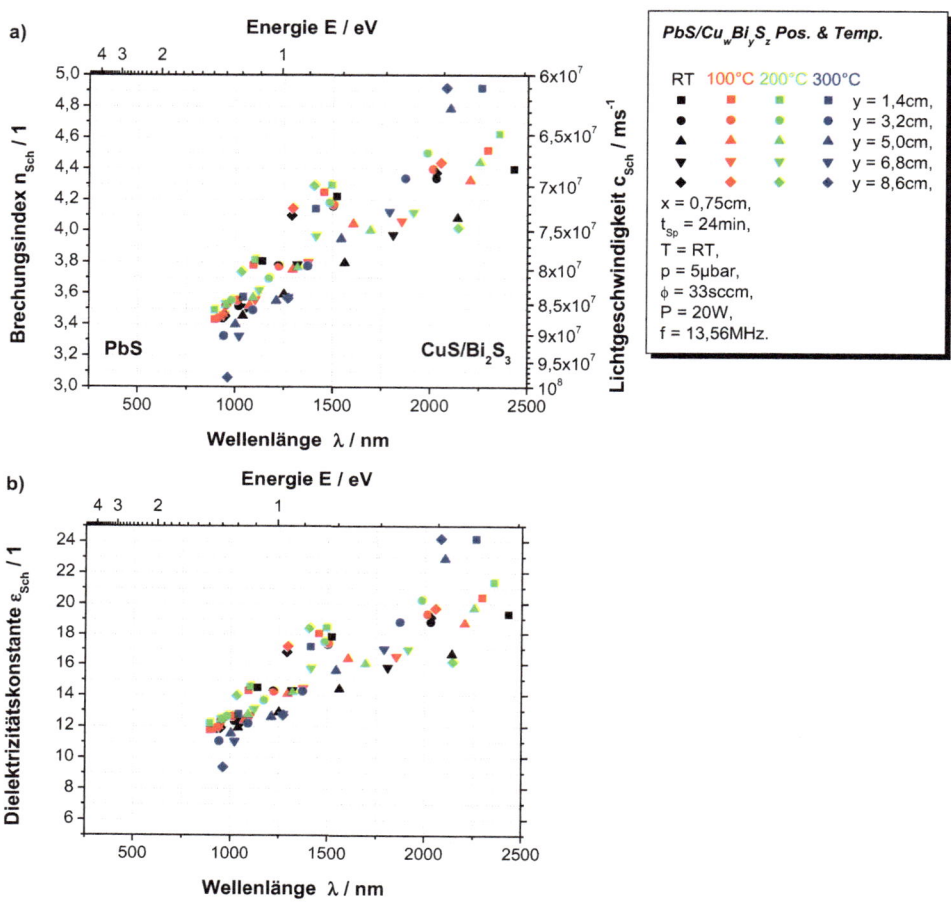

Abb. 3.128 **a** Brechungsindizes, Lichtgeschwindigkeiten und **b** relative Dielektrizitätskonstanten von PbS/Cu$_w$Bi$_y$S$_z$ Gradienten-Absorberschichten als Funktion der Position (des Pb- und Cu/Bi-Gehalts) und der Temperatur

Berücksichtigt man, dass bei den optisch (UV/Vis/NIR) gemessenen Leitfähigkeiten mit steigender Energie einfallender Photonen zur Bandlücke hin zusätzliche Ladungsträger generiert werden, dann stimmen diese Leitfähigkeiten gut mit den elektrisch (Vier-Spitzen-Messplatz) gemessenen Leitfähigkeiten überein. Die elektrisch gemessenen Leitfähigkeiten nehmen für Sputtertemperaturen bis $T = 200\,°C$ ab, um dann für $T = 300\,°C$ über nahezu alle Positionen hinweg maximal zu werden. Die optisch gemessenen Leitfähigkeiten hingegen steigen eher kontinuierlich mit der Temperatur sehr leicht an. Wird der Cu/Bi-Gehalt der Schichten erhöht, so neigen die Leitfähigkeiten nach beiden Messverfahren eher dazu anzusteigen, vgl. Abb. 3.131.

Entsprechend der Tauc-Plots aus Abb. 3.132 ergeben sich für alle Schicht-Positionen und Sputtertemperaturen je zwei Bandlückenenergien E_g und $E_g{}^*$. Die Bandlücke E_g wird bevorzugt von etwas hochenergetischeren Elektronen (Photonen) passiert werden. Dies sollte auch die primär genutzte Bandlücke für die Generation von Ladungsträgern sein.

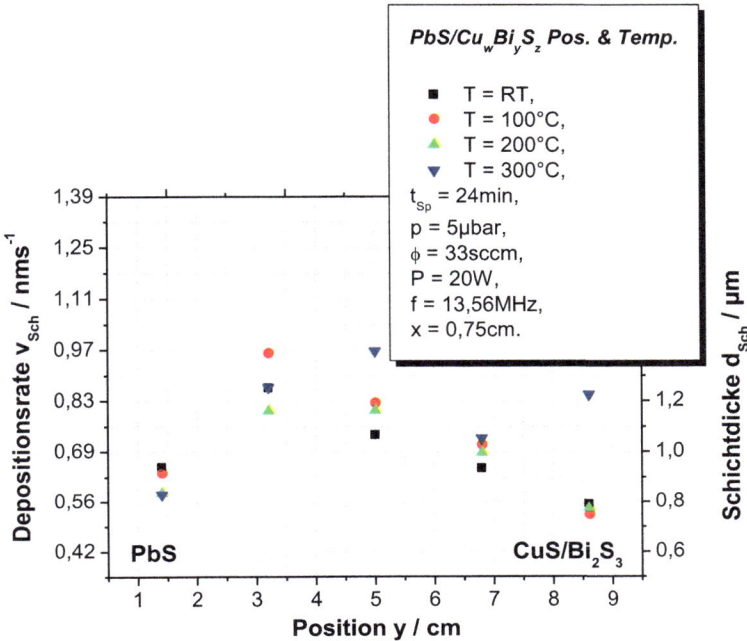

Abb. 3.129 Depositionsraten und Schichtdicken von $PbS/Cu_wBi_yS_z$ Gradienten-Absorberschichten als Funktion der Position (des Pb- und Cu/Bi-Gehalts) und der Temperatur

Systematisch sind beide Bandlücken in Abb. 3.133 zusammengestellt. Die Werte für die Bandlückenenergie E_g steigen durchwegs mit dem Cu/Bi-Gehalt, wohingegen dies bei E_g^* nur für Temperaturen über 300 °C der Fall ist. E_g fällt bis 200 °C mit der Energie und nimmt für 300 °C durchwegs maximale Werte an. E_g^* steigt im untersuchten Temperaturbereich nahezu exponentiell an – wenngleich auch diese Werte durchwegs unter E_g bleiben.

Bemerkung

Verglichen werden sollen hier die Temperaturabhängigkeiten der Bandlücken E_g und E_g^* mit denjenigen der elektrisch und optisch gemessenen Leitfähigkeiten. Die Bandlücke E_g weist eine weitgehend analoge Temperaturabhängigkeit zur elektrisch mit dem Vier-Spitzen-Messplatz gemessenen Leitfähigkeit auf. Ebenso weisen E_g^* und die optisch über das UV/Vis/NIR bestimmten Leitfähigkeiten nahezu vergleichbare Tendenzen auf.

Deshalb ist anzunehmen, dass bei **optischer Bestimmung der Leitfähigkeiten** die Ladungsträger vorwiegend über die **Bandlücke E_g^*** angeregt werden. Zudem ergibt sich bei der Bestimmung der Leitfähigkeiten über das UV/Vis/NIR Spektrometer eine Wellenlängen- und Energieabhängigkeit. Elektrische Generation von Ladungsträgern (**Vier-Spitzen-Messplatz**) erfolgt hingegen etwas hochenergetischer, so dass hier von den Ladungsträgern vorwiegend die **Bandlücke E_g** überbrückt werden dürfte.

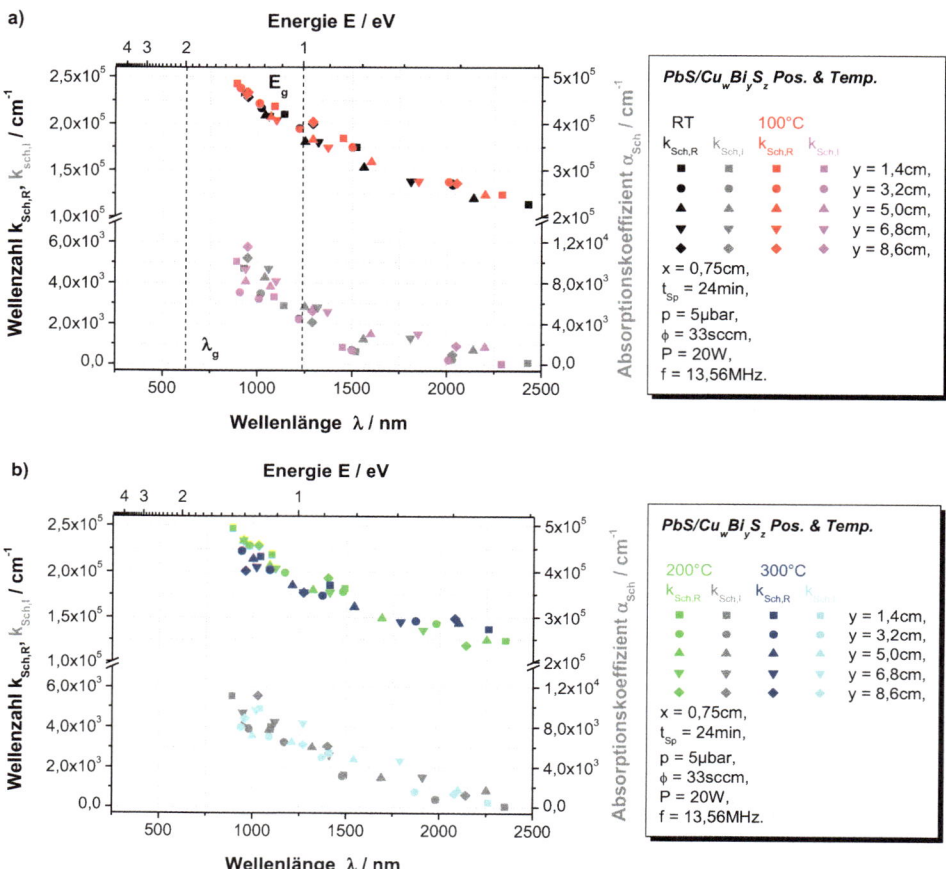

Abb. 3.130 Real- und Imaginärteile der komplexwertigen Wellenzahlen, sowie Absorptionskoeffizienten für PbS/Cu$_w$Bi$_y$S$_z$ Gradienten-Absorberschichten als Funktion der Position (des Pb- und Cu/Bi-Gehalts) und der Temperatur – **a** Raumtemperatur, T = 100 °C, **b** T = 200 °C und T = 300 °C

3.6.1.2 Annealing in Schwfelatmosphäre

Theorie

Bislang wurde versucht, die elektronische Aktivität halbleitender ternärer Material-systeme (Sn$_x$Sb$_y$S$_z$) durch *Zusatz geringer Mengen Kupfer Cu* (Cu$_w$Sn$_x$Sb$_y$S$_z$) zu erhöhen. Einen weitaus stärkeren Einfluss auf die **effektive Dotierung sulfidischer Verbindungshalbleiter** hat jedoch der *Schwefelgehalt in der Schicht*.

Nun ist die Variation des Schwefelgehalts während des Sputterprozesses schwie-rig, da der Schwefel dazu neigt, flüchtig zu sein. Um nun dennoch Schwefel in das Gitter einzubauen, werden die Schichten nach dem Sputtern in Schwefelatmosphäre annealt. Mit steigender Temperatur (und Dauer) wird dann zunehmend Schwefel in das Kristallgitter eingebaut oder auch auf Zwischengitterplätzen angelagert.

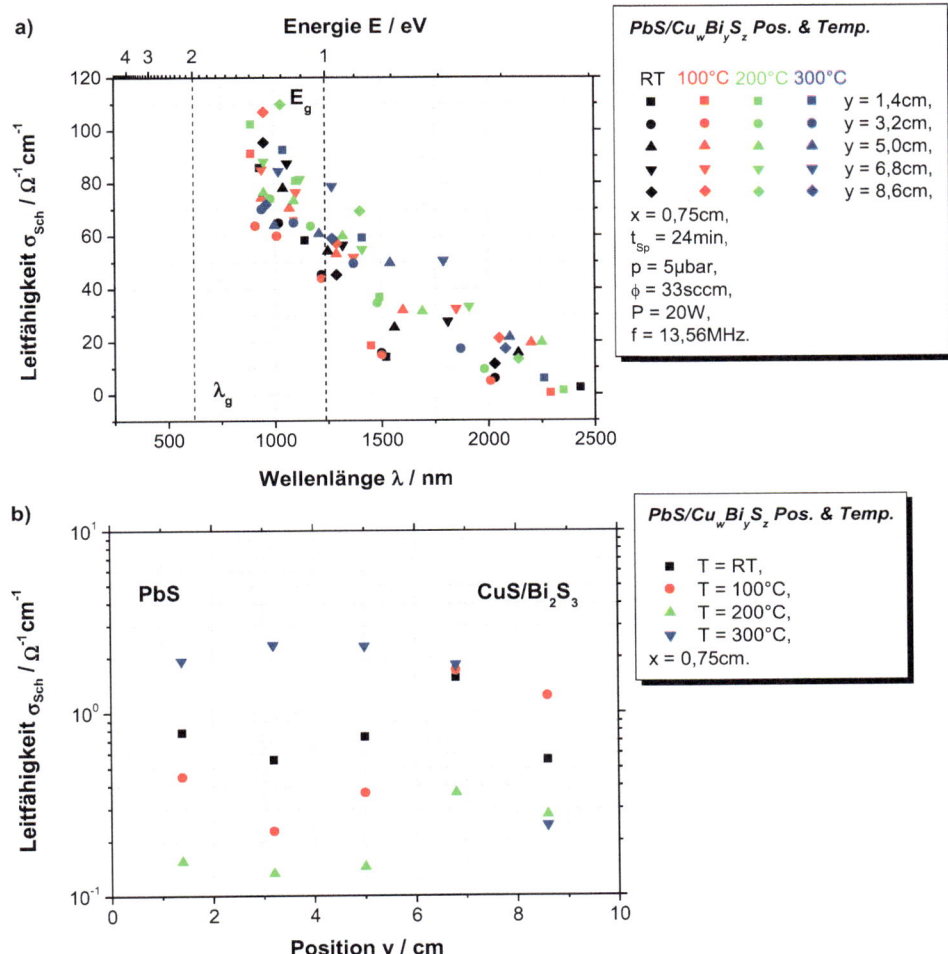

Abb. 3.131 a Optisch über UV/Vis/NIR Spektroskopie und **b** elektrisch mittels Vier-Spitzen-Messplatz bestimmte Leitfähigkeiten für PbS/Cu$_w$Bi$_y$S$_z$ Gradienten-Absorberschichten als Funktion der Position (des Pb- bzw. Cu/Bi-Gehalts) und der Temperatur

Analysiert wurden hier PbS/Cu$_w$Bi$_y$S$_z$ Gradientenschichten nahe dem Depositionszentrum, einerseits ohne Annealing (Tempern) in Schwefelatmosphäre, andererseits mit. Die Anordnung der etwa 7,1 mm breiten Proben um das Depositionszentrum geht aus Tab. 3.19 hervor, weiter oben stehende Werte gehören zu höheren Pb-Gehalten, weiter unten stehende Werte zu höheren Cu/Bi-Gehalten. Eine bei $T_{Ann} = 500\,°C$ getemperte Probe wurde so porös, dass sie sich teilweise selbstständig vom Substrat löste und damit nicht mehr sinnvoll vermessen werden konnte.

Die UV/Vis/NIR Reflexions- und Transmissionsspektren aller, mit niedrigeren Temperaturen, annealten Schichten ist in Abb. 3.134 zu sehen. Die sich daraus ergebenden Brechungsindizes sind in Abb. 3.135 zu sehen. Die Brechungsindizes der nicht-annealten

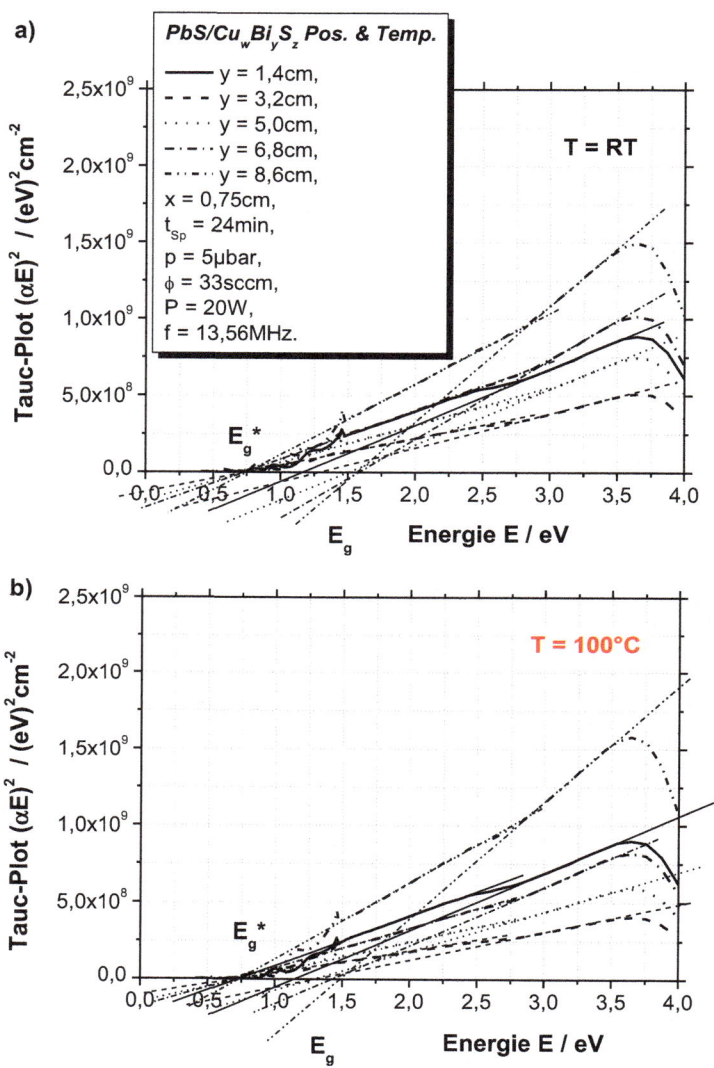

Abb. 3.132 Tauc-Plots zur Bestimmung der Bandlückenenergie für PbS/Cu$_w$Bi$_y$S$_z$ Gradienten-Absorberschichten als Funktion der Position y (des Pb- bzw. Cu/Bi-Gehalts) und der Temperatur – **a** Raumtemperatur **b** T = 100 °C, **c** T = 200 °C, **d** T = 300 °C

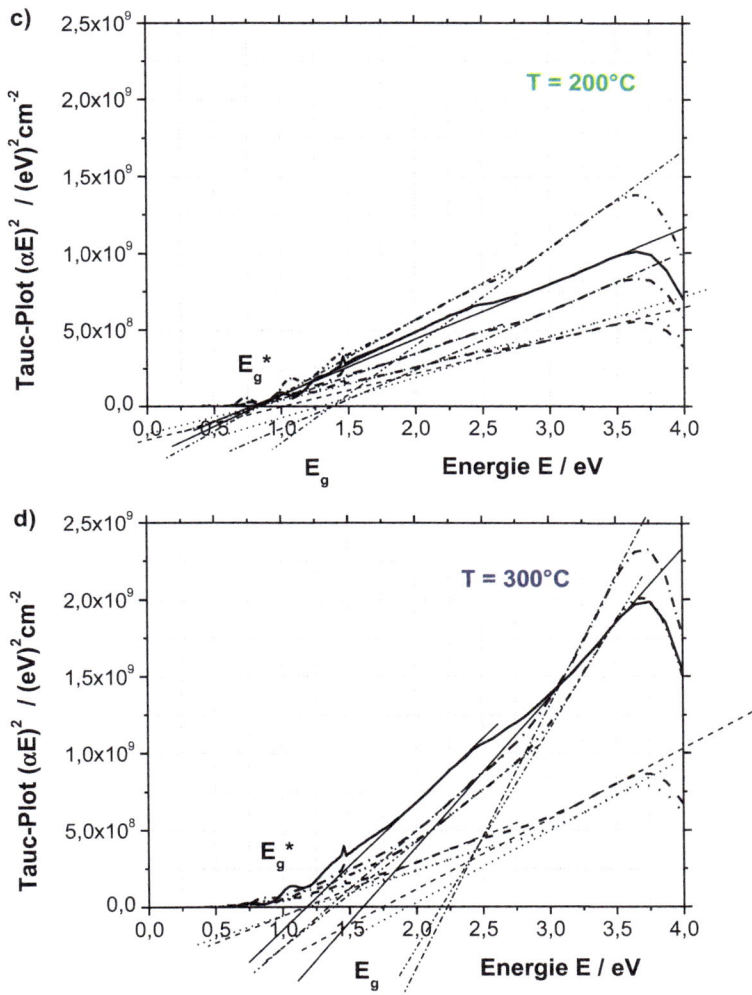

Abb. 3.132 (Fortsetzung)

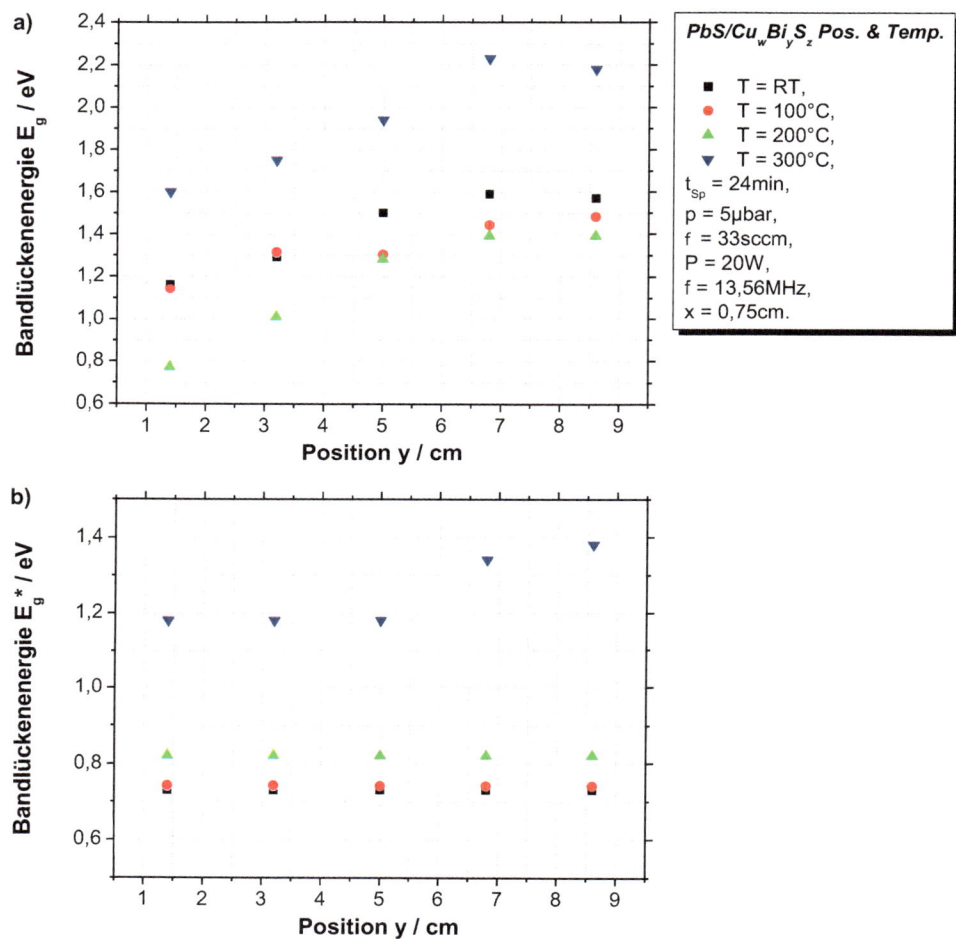

Abb. 3.133 Auftragung **a** der primären Bandlücken E_g und **b** der sekundären Bandlücken E_g^* von PbS/Cu$_w$Bi$_y$S$_z$ Gradienten-Absorberschichten gegenüber der Position y (des Pb- bzw. Cu/Bi-Gehalts), mit der Temperatur als Laufparameter

Tab. 3.19 Schichtwiderstände $\rho_{Sch,Ann}$ bzw. ρ_{Sch} (Messung: Jan Eiberger) und Bandlückenenergien $E_{g,Ann}$, $E_{g,Ann}^*$ bzw. E_g, E_g^* von PbS/Cu$_w$Bi$_y$S$_z$ Gradienten-Absorberschichten, die sowohl bei unterschiedlichen Temperaturen T_{Ann} für t_{Ann} = 60 min in Schwefelatmosphäre annealt wurden, als auch Referenzproben ohne S-Annealing

T_{Ann}/°C	ρ_{Sch}/Ωcm	$\rho_{Sch,Ann}$/Ωcm	E_g/eV	E_g^*/eV	$E_{g,Ann}$/eV	$E_{g,Ann}^*$/eV
200	2,17	2,07	×	0,89	2,18	1,38
100	2,62	169,69	1,74	0,92	1,07	0,90
RT	2,67	19,97	1,78	0,84	1,83	0,89
300	0,96	18.611,97	1,73	0,85	1,69	1,22
400	0,58	1323,75	1,69	0,85	2,02	1,21

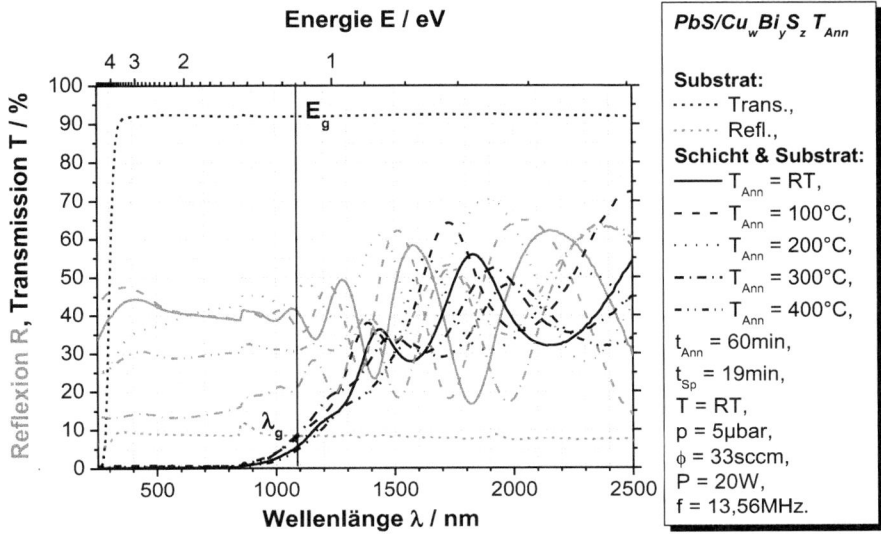

Abb. 3.134   UV/Vis/NIR Spektren für PbS/Cu$_w$Bi$_y$S$_z$ Gradienten-Absorberschichten, die bei unterschiedlichen Temperaturen T$_{Ann}$ für t$_{Ann}$ = 60 min in Schwefelatmosphäre annealt wurden

Referenzproben verlaufen bei etwa 3,5. Unterhalb der Bandlückenenergie fallen sie für
erhöhte Pb-Gehalte etwas ab. Nach dem S-Annealing streuen die Brechungsindizes im
untersuchten Wellenlängenbereich deutlich stärker, d. h. zwischen 1,5 und 4,7. Mit Ausnahme der bei T_{Ann} = 200 °C getemperten Probe fallen die Brechungsindizes primär mit der
Annealing-Temperatur und sekundär mit der Energie der einfallenden Photonen
(Abb. 3.136).

Für die Realteile der Wellenzahlen ist die Wellenlängen- und Energieabhängigkeit
dominant. Die Temperaturabhängigkeit der Absorptionskoeffizienten (Imaginärteile der
Wellenzahlen) ist sowohl für die in Schwefelatmosphäre behandelten, als auch für die
Referenzproben ähnlich. Es scheint somit keine nennenswerte Temperaturabhängigkeit
vorhanden zu sein, sondern vielmehr ein Einfluss des Pb/(Cu/Bi)-Gradienten.

Die optisch gemessenen Leitfähigkeiten der Referenzprobe, ohne S-Annealing, sind im
Absorptionsbereich ($E > E_g$) höher als im Transmissionsbereich ($E < E_g$) und nehmen dort
mit steigendem Cu/Bi-Gehalt, wie erwartet, etwas zu. Nach dem S-Anneal sind sowohl die
Leitfähigkeitswerte als auch deren T_{Ann}-abhängige Streuung geringfügig kleiner. Auch das
ist ad hoc verständlich, da Schwefel zu den Isolatoren zählt und das S-Annealing den
Schwefelgehalt der Schichten erhöht, vgl. Abb. 3.137 und Tab. 3.19. Die Bandlückenener-
gien der annealten, wie auch der entsprechenden Referenzproben, sind in Abb. 3.138 und
Tab. 3.19 zu finden.

Die Schichtdicken und Depositionsraten sind in Abb. 3.139 zu sehen. Für die Referenzprobe sind in zentralen Positionen (vgl. Tab. 3.19, T_{Ann} = RT, 100 °C) die Depositionsraten,
wie gewöhnlich, vergleichsweise hoch. In den Randbereichen (T_{Ann} = 200 °C, 300 °C, 400 °C)

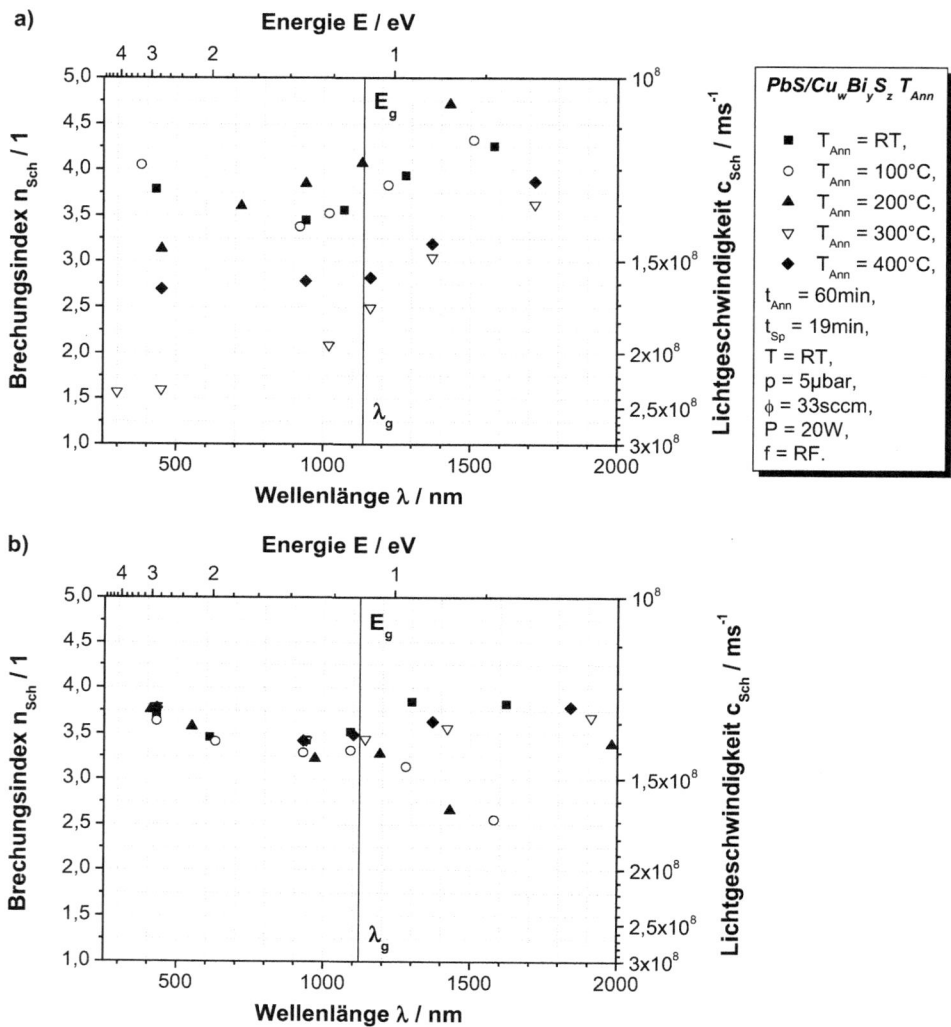

Abb. 3.135 Brechungsindizes und Lichtgeschwindigkeiten für PbS/Cu$_w$Bi$_y$S$_z$ Gradienten-Absorberschichten, die **a** bei unterschiedlichen Temperaturen T$_{Ann}$ für t$_{Ann}$ = 60 min in Schwefelatmosphäre annealt wurden und **b** Referenzproben ohne S-Annealing

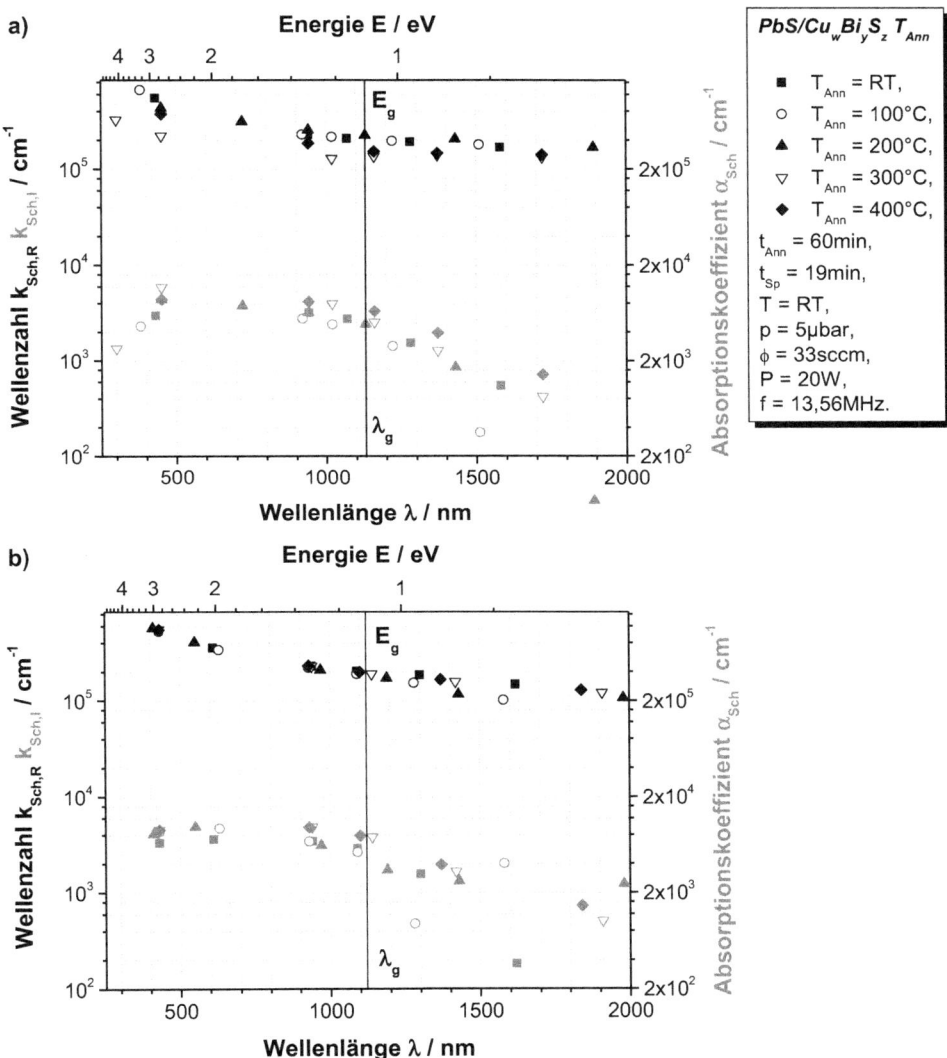

Abb. 3.136 Komplexwertige Wellenzahlen und Absorptionskoeffizienten (Lambertsches Gesetz) für PbS/$Cu_wBi_yS_z$ Gradienten-Absorberschichten, die **a** bei unterschiedlichen Temperaturen T_{Ann} für $t_{Ann} = 60$ min in Schwefelatmosphäre annealt wurden und **b** Referenzproben ohne S-Annealing

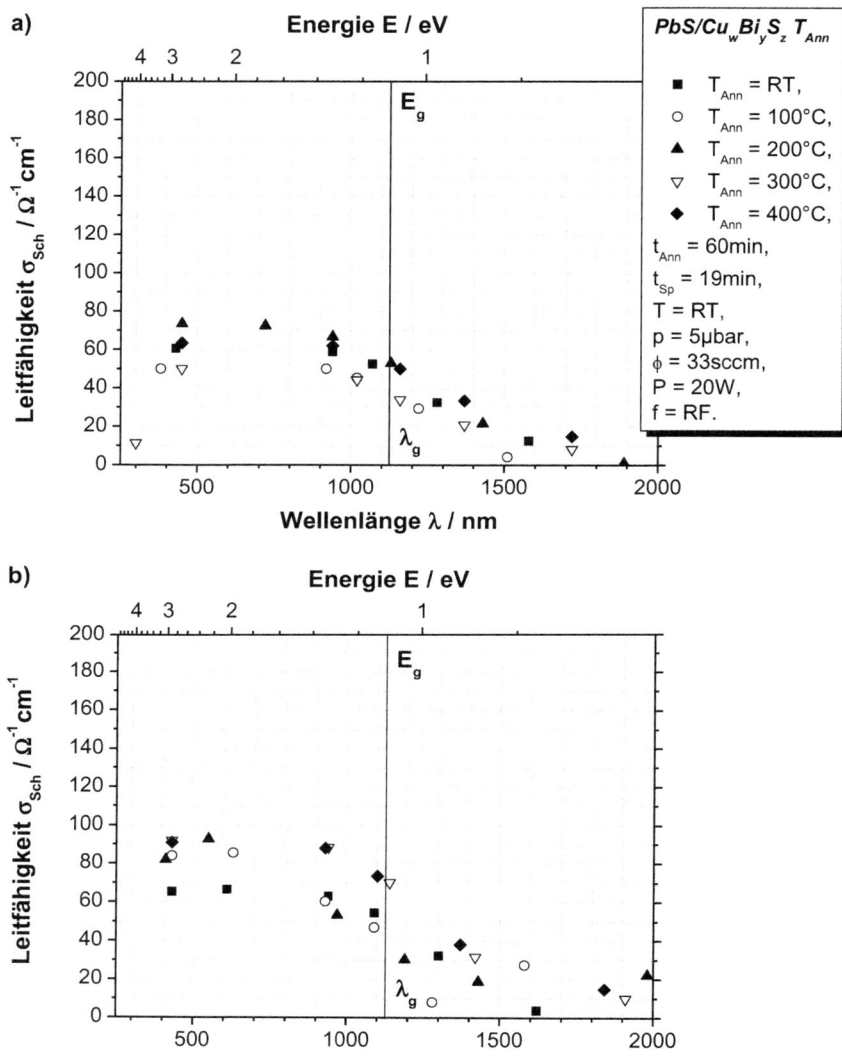

Abb. 3.137 Leitfähigkeiten für PbS/Cu$_w$Bi$_y$S$_z$ Gradienten-Absorberschichten, die **a** bei unterschiedlichen Temperaturen T$_{Ann}$ für t$_{Ann}$ = 60 min in Schwefelatmosphäre annealt wurden und **b** Referenzproben ohne S-Annealing

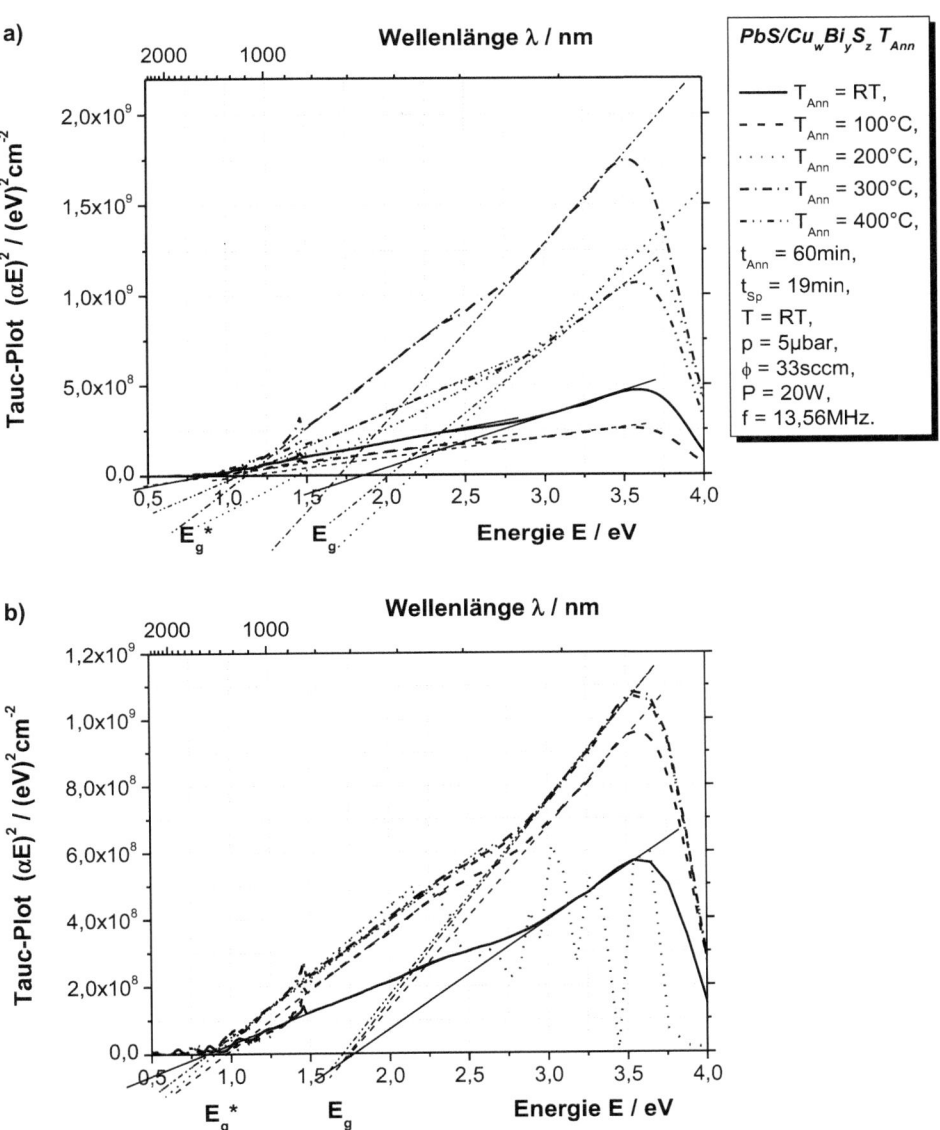

Abb. 3.138 Tauc-Plots zur Bestimmung der Bandlückenenergie für PbS/$Cu_wBi_yS_z$ Gradienten-Absorberschichten, die **a** bei unterschiedlichen Temperaturen T_{Ann} für t_{Ann} = 60 min in Schwefelatmosphäre annealt wurden und **b** Referenzproben ohne S-Annealing

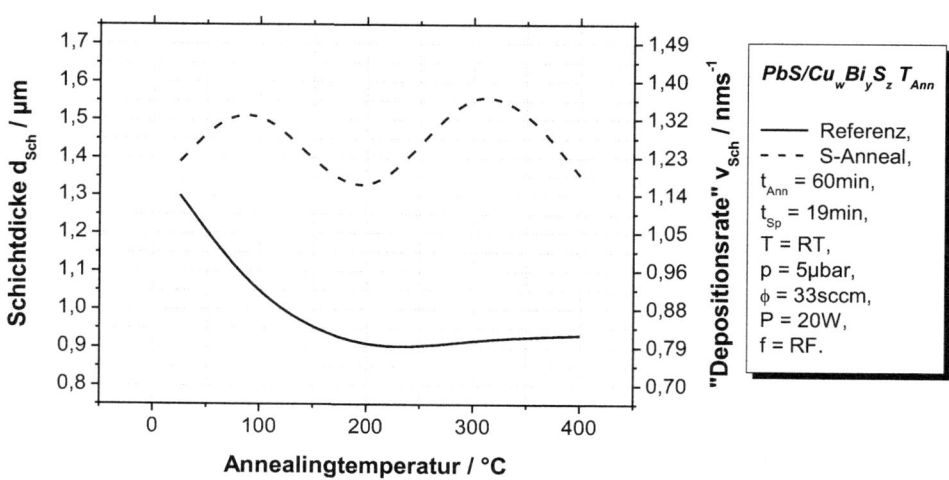

Abb. 3.139 Schichtdicken d_{Sch} und „Depositionsraten" v_{Sch} von PbS/Cu$_w$Bi$_y$S$_z$ Gradienten-Absorberschichten, die **a** bei unterschiedlichen Temperaturen T_{Ann} für t_{Ann} = 60 min in Schwefelatmosphäre annealt wurden und **b** Referenzproben ohne S-Annealing

sind sie nahezu konstant niedrig. Mit dem S-Annealing steigt die Schichtdicke erheblich an, insbesondere für T_{Ann} = 300 °C – während sich bei Raumtemperatur selbstverständlich nicht viel ändert.

3.6.2   Solarzellen mit Cu$_w$Pb$_x$Bi$_y$S$_z$-Absorberschichten

3.6.2.1   Positions- und Konzentrationsabhängigkeit

Es wurde bereits gezeigt, dass die hier verwendeten Standard-Solarzellen mit n-dotierter ZnO:Al TCO-Schicht (ZnO:Al = aluminiumdotiertes Zinkoxid, TCO = Transparent Conducting Oxide) und Molybdän Grundkontakt, vgl. Tab. 3.8, bei Verwendung ternärer Sn$_x$Bi$_y$S$_z$-Absorberschichten keine nennenswerten Wirkungsgrade aufweisen. Dies ist wohl darauf zurückzuführen, dass die Sn$_x$Bi$_y$S$_z$-Absorberschichten, wie auch die ZnO:Al TCO-Schichten n-dotiert sein dürften. Aus diesem Grund wurde, im Rahmen der hier systematisch durchgeführten Versuchsreihen, auch auf die Untersuchung von SnS/Cu$_w$Bi$_y$S$_z$ Gradienten-Absorberschichten und diese enthaltende Solarzellen verzichtet. Mit Hilfe einer Standard-Solarzelle sollte aber die Funktionsweise einer PbS/Cu$_w$Bi$_y$S$_z$ Gradienten-Absorberschicht untersucht werden, da zumindest der Pb-reiche Bereich hier noch Fragen offen ließ.

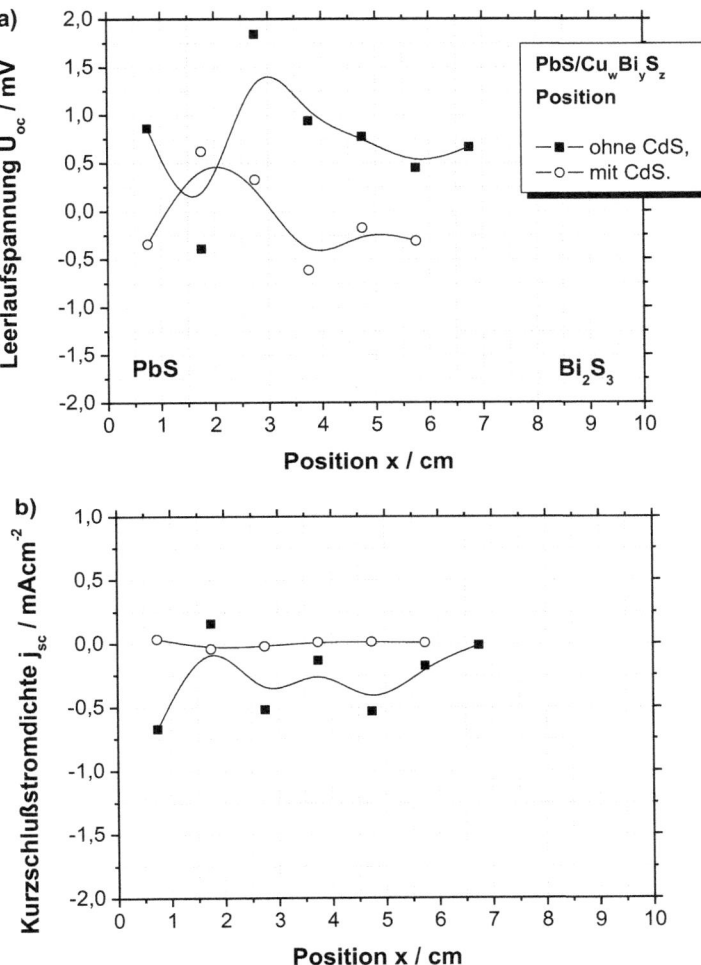

Abb. 3.140 **a** Leerlaufspannungen U_{oc} und **b** Kurzschlussstromdichten j_{sc} von Standard-Solarzellen mit PbS/$Cu_wBi_yS_z$ Gradienten-Absorberschichten. Verglichen werden einerseits unterschiedliche Pb- und Cu/Bi-Gehalte über die Position x, andererseits Zellen mit und ohne CdS-Pufferschicht

Jedoch zeigen Abb. 3.140 und 3.141, dass auch mit Blei in der Absorberschicht keine wesentlich von null verschiedenen Leerlaufspannungen, Kurzschlussstromdichten und Wirkungsgrade zu verzeichnen sind. Die Füllfaktoren, ein Maß für die Krümmung der charakteristischen Dioden-Kennlinie von Solarzellen, weisen durchwegs Werte von etwa 25 % auf. Dies entspricht einem linearen Verlauf der j(U)-Kennlinie.

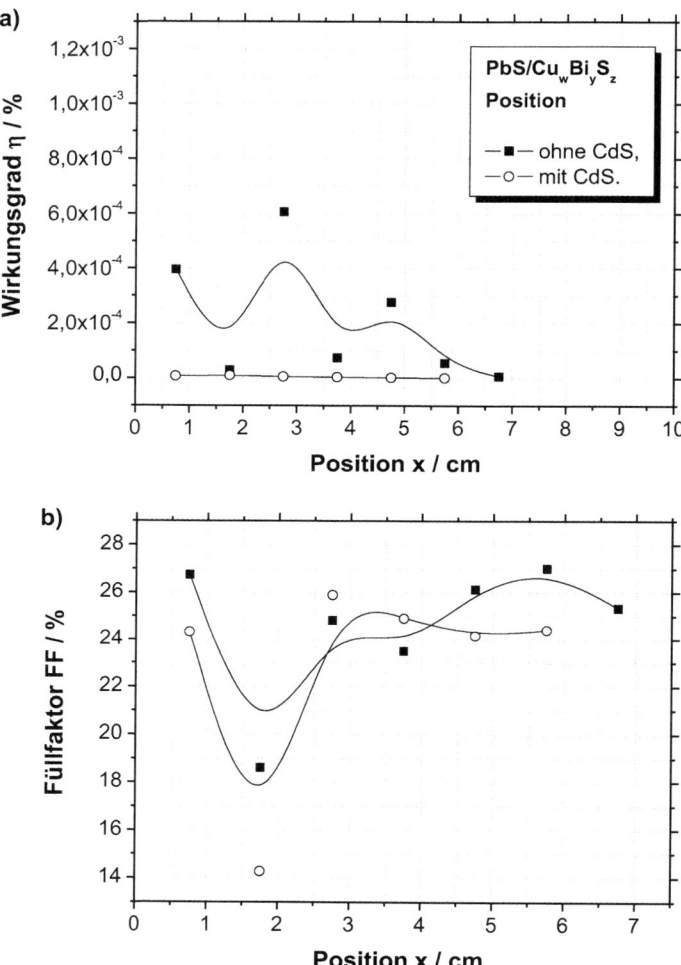

Abb. 3.141   **a** Wirkungsgrade η und **b** Füllfaktoren FF von Standard-Solarzellen mit PbS/Cu$_w$Bi$_y$S$_z$ Gradienten-Absorberschichten. Verglichen werden einerseits unterschiedliche Pb- und Cu/Bi-Gehalte über die Position x, andererseits Zellen mit und ohne CdS-Pufferschicht

3.7 Das quaternäre Materialsystem Cu$_w$Pb$_x$Sb$_y$S$_z$

3.7.1 Opto-elektronische Messungen an Cu$_w$Pb$_x$Sb$_y$S$_z$-Schichten

3.7.1.1 Positions- und Konzentrationsabhängigkeit

Bislang wiesen die antimonsulfidhaltigen binären (Sb$_x$S$_y$), ternären (Sn$_x$Sb$_y$S$_z$) und quaternären (Cu$_w$Sn$_x$Sb$_y$S$_z$) Materialsysteme die günstigsten Eigenschaften für die Verwendung als Absorberschichten in Standard-Dünnschichtsolarzellen auf. Der Zusatz von Zinn, aber auch von Kupfer, hatte hier durchaus einen positiven Einfluss. Nun sollen PbS/Cu$_w$Sb$_y$S$_z$ Gradienten-Absorberschichten hergestellt und sowohl isoliert opto-elektronisch (UV/Vis/NIR Spektroskopie, Vier-Spitzen-Messplatz) vermessen werden, als auch in ihrer Funktion als Absorberschichten in Standard-Solarzellen. Einerseits wird damit in der einen Hälfte des Targets Zinn Sn durch Blei Pb (gleiche Gruppe im Periodensystem der Elemente, jedoch eine Periode höher) ersetzt, andererseits in der anderen Hälfte des Targets der Kupfergehalt von bislang durchwegs 10 %$_{wt}$ auf 5 %$_{wt}$ gesenkt.

Wieder wurden Feldversuche durchgeführt, in welchen sowohl über die Position der Pb- bzw. Cu/Sb-Gehalt variiert wurde, als auch die Substrattemperatur während des Sputterns der Schichten (T = RT = Raumtemperatur, T = 100 °C, T = 200 °C, T = 300 °C). UV/Vis/NIR Reflexions- und Transmissions-Spektren, in Abhängigkeit von der Pb- bzw. Cu/Sb-Konzentration in den Dünnschichten, für die niedrigste und höchste Sputtertemperatur, sind in Abb. 3.142 zu finden.

Die sich aus den Spektren ergebenden Brechungsindizes liegen bei Werten um $n_{Sch} \approx 4$ (etwas geringer im Bereich der Bandlückenenergie) und nehmen mit steigendem Cu/Sb-Gehalt (steigenden y-Werten) tendenziell ab. Diese Abnahme ist sowohl für Energien einfallender Photonen unter einer Bandlücke von etwa $E_g \approx 1,3$ eV, als auch für Schichten, die bei Raumtemperatur hergestellt wurden, etwas höher, vgl. Abb. 3.143. Während die Realteile der Wellenzahlen $k_{Sch,R}$ für Photonen in der Schicht weitestgehend unabhängig von der Temperatur und dem Pb-, Cu/Sb-Gehalt sind, gilt dies nicht für deren Imaginärteile $k_{Sch,I}$ und die entsprechenden Absorptionskoeffizienten $\alpha_{Sch} = 2k_{Sch,I}$. Diese fallen, auch temperaturabhängig (siehe Abb. 3.144), für Energien unterhalb der Bandlückenenergie mit steigenden Cu/Sb-Gehalten deutlich steiler ab. Verlaufen die Energien einfallender Photonen oberhalb der Bandlücke, so wird die Abhängigkeit vom Cu/Sb-Gehalt sehr klein. Ähnliche Abhängigkeiten weisen die optisch mittels UV/Vis/NIR Spektroskopie bestimmten Leitfähigkeiten auf. Die Leitfähigkeiten zeigen jedoch eine deutlichere Temperaturabhängigkeit, insofern als dass die Kurven im Bereich der Bandlückenenergie bei einer Sputtertemperatur von T = 300 °C in Abhängigkeit vom Pb-, Cu/Sb-Gehalt deutlich breiter auffächern als bei T = RT.

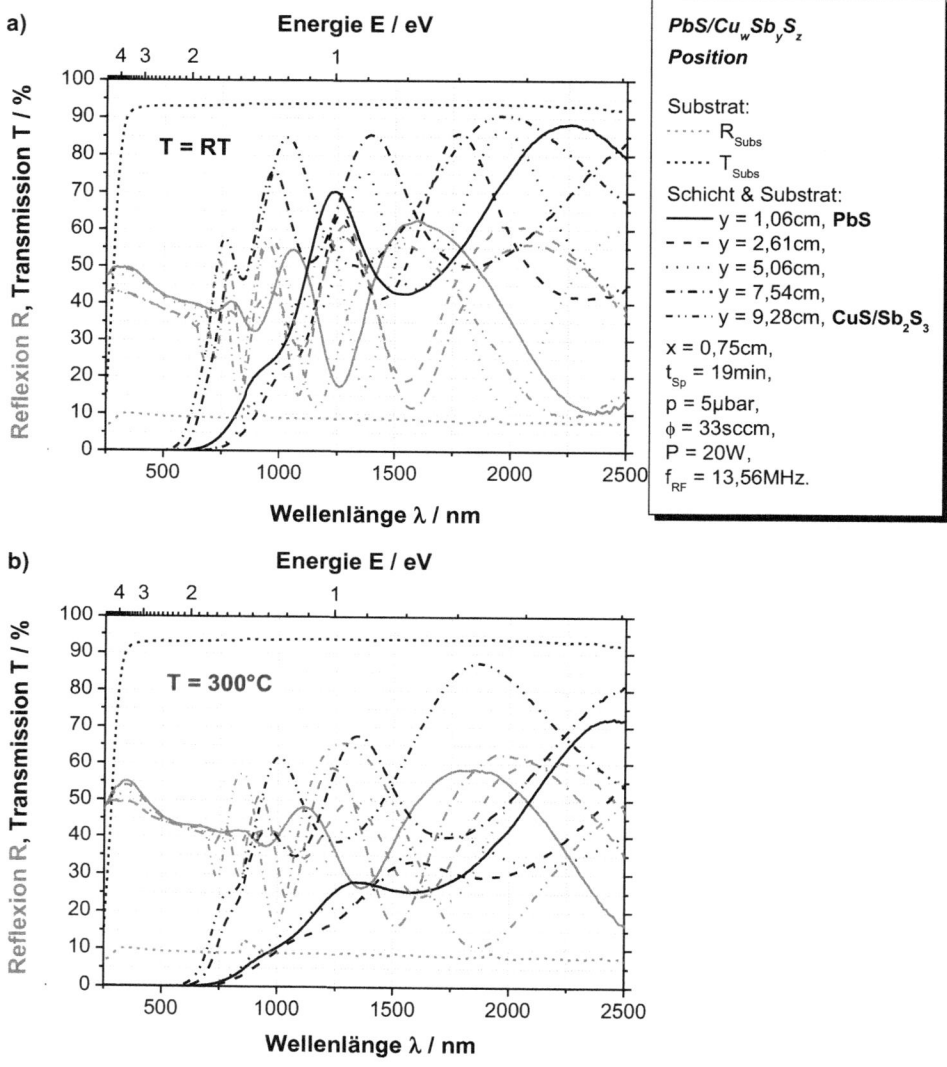

Abb. 3.142 UV/Vis/NIR Reflexions- und Transmissionsspektren für PbS/Cu$_w$Sb$_y$S$_z$ Gradienten-Absorberschichten als Funktion von der Wellenlänge und der Energie, sowie des Pb- bzw. Cu/Sb-Gehalts (Position y) der Schicht – **a** gesputtert bei Raumtemperatur und **b** bei $T = 300\,°$C

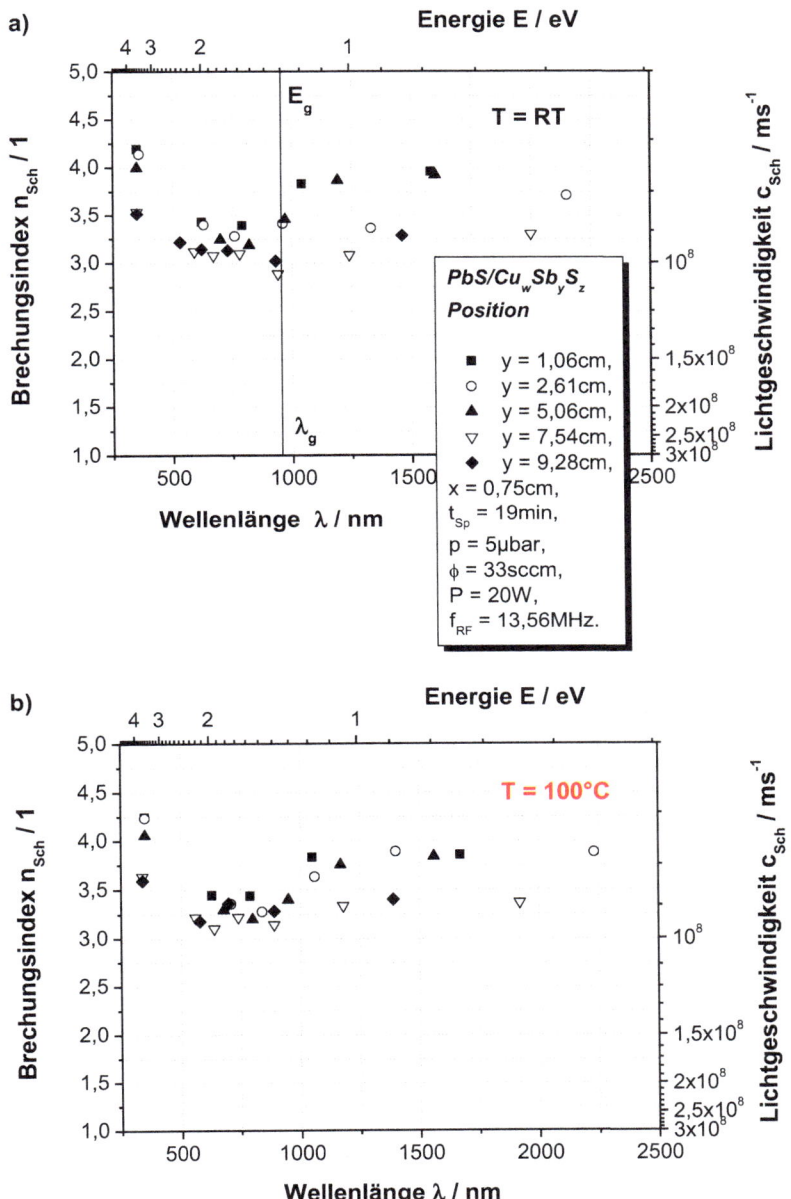

Abb. 3.143 Brechungsindizes und Lichtgeschwindigkeiten für PbS/Cu$_w$Sb$_y$S$_z$ Gradienten-Absorberschichten als Funktion von der Wellenlänge und der Energie, sowie des Pb- bzw. Cu/Sb-Gehalts (Position y) der Schicht – **a** gesputtert bei Raumtemperatur, **b** bei $T = 100\,°C$, **c**) bei $T = 200\,°C$ und **d** bei $T = 300\,°C$

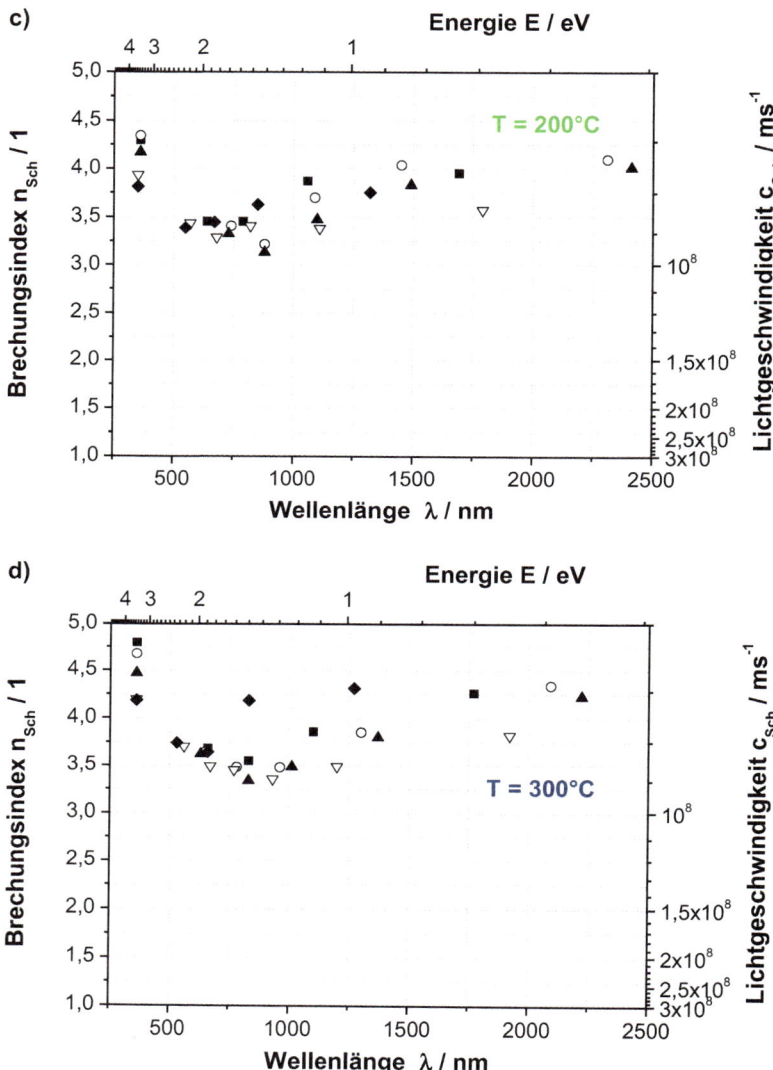

Abb. 3.143 (Fortsetzung)

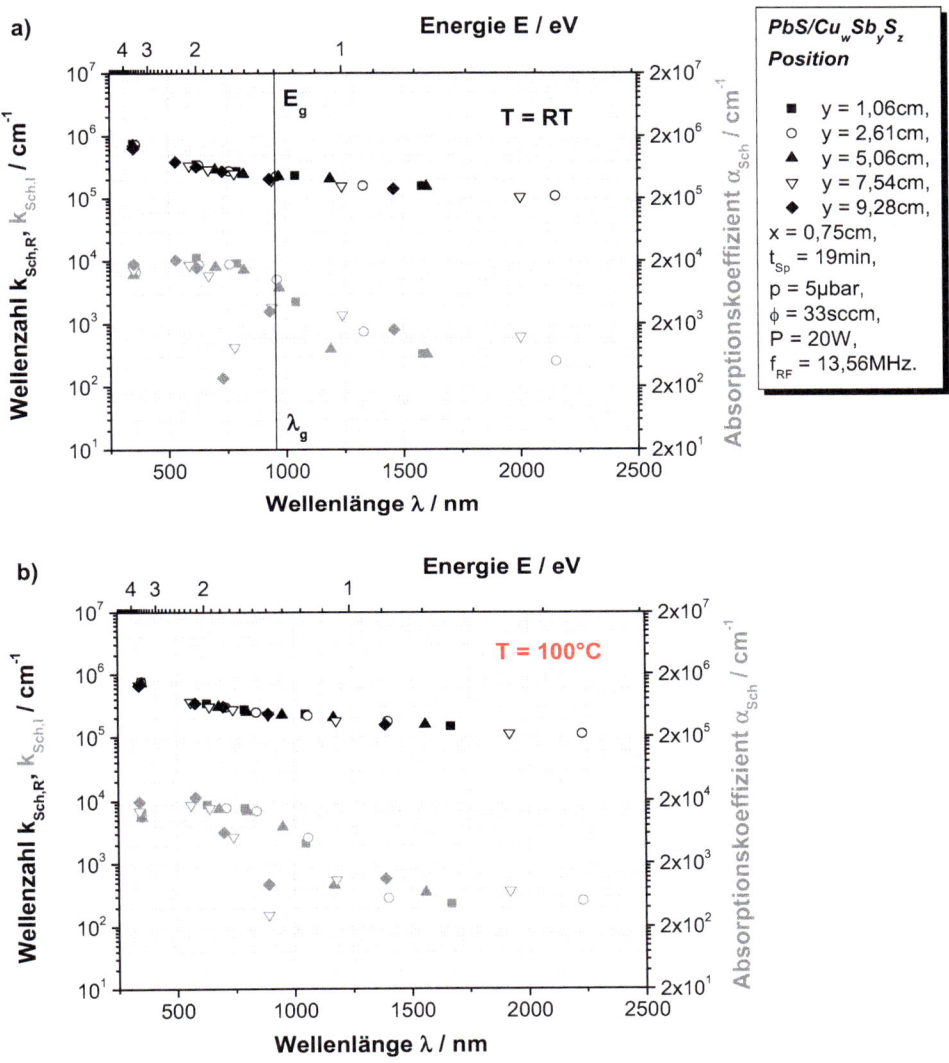

Abb. 3.144 Absorptionskoeffizienten, Real- und Imaginärteil der komplexwertigen Wellenzahlen für PbS/Cu$_w$Sb$_y$S$_z$ Gradienten-Absorberschichten als Funktion der Wellenlänge und der Energie, sowie des Pb- bzw. Cu/Sb-Gehalts (Position y) der Schicht – **a** gesputtert bei Raumtemperatur, **b** bei $T = 100\,°C$, **c** bei $T = 200\,°C$ und **d** bei $T = 300\,°C$

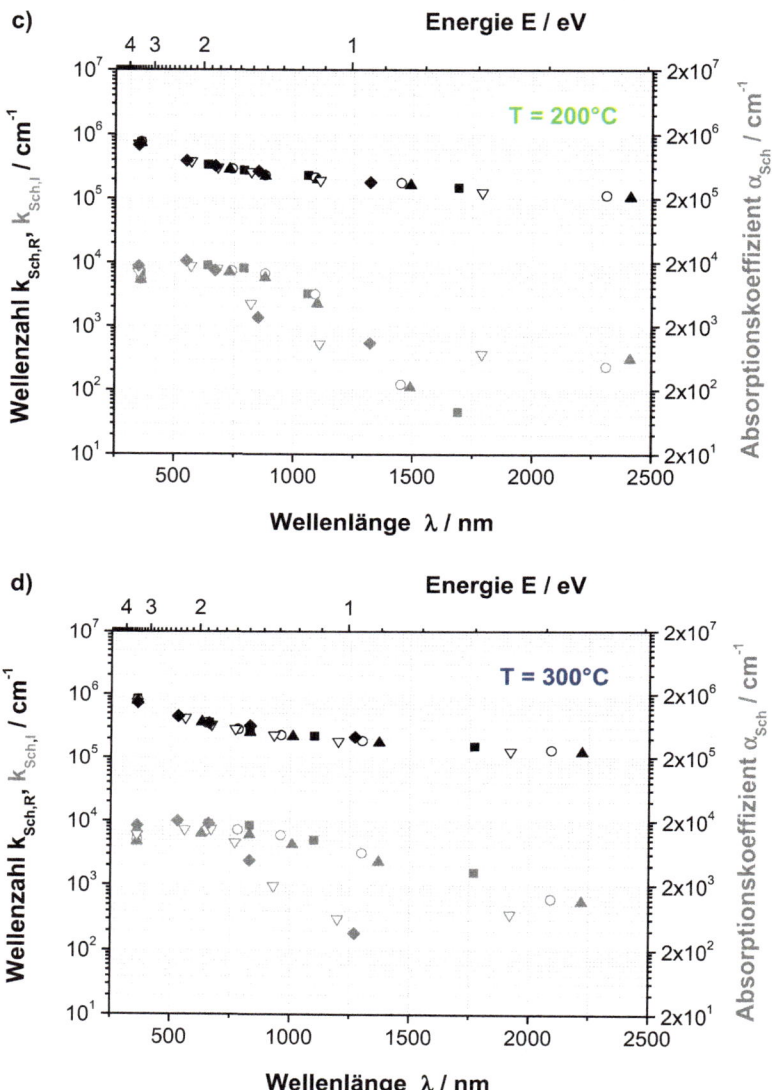

Abb. 3.144 (Fortsetzung)

3.7.1.2 Temperaturabhängigkeit

Theorie

Diese **Feldversuche** sind sozusagen zweidimensional – eine Dimension ist die sich mit der Position y ändernde Pb-, Cu/Sb-Konzentration in den Schichten, die andere Dimension ist die sich ändernde Temperatur T. Nun ist die Diskussion der einen Richtung dieses zweidimensionalen Versuchsfeldes auch abhängig von der zweiten Richtung, wie aus den Leitfähigkeitskurven, Abb. 3.145, deutlich ersichtlich ist.

Genauer betrachtet, handelt es sich jedoch um einen *zumindest* acht-dimensionalen **Parameterraum**, berücksichtigt man auch den Target-Substrat Abstand d_{TarSub}, die Sputterdauer t, den Druck p, die Sputterleistung P, die Sputterfrequenz f und ggf. die Pausenzeit t_{Br} und deren Einfluss auf die Ergebnisse.

Grundsätzlich wird man bemüht sein, für die Analyse eines Materialsystems den Parameterraum auf die Anzahl an Größen (Dimension des Versuchsfeldes) zu reduzieren, die erfahrungsgemäß den größten Einfluss auf die Ergebnisse haben. Dennoch bleibt bei diesem, aus wirtschaftlichen Gründen, zwingend erforderlichen Vorgehen immer die Frage offen, ob man nicht doch die optimale Parameter-Kombination für die Erreichung der physikalischen Ziele verpasst.

Betrachten wir nun das, wegen Variation der Position y und der Temperatur T, zweidimensionale Versuchsfeld primär aus der Blickrichtung der Temperatur. Hierfür wurden zentrale Positionen mit ausgeglichenen Pb- und Cu/Sb-Gehalten in der Schicht optisch untersucht. Entsprechende UV/Vis/NIR Reflexions- und Transmissions-Spektren sind in Abb. 3.146 zu finden. Die, temperatur-, wellenlängen- und energieunabhängig, bei $n_{Sch} \approx 4$ liegenden Brechungsindizes weisen lediglich im Bereich der Bandlückenenergie ein lokales Minimum $n_{Sch} \approx 3{,}2$ auf. Gleiches gilt für die Dielektrizitätskonstanten der $Cu_wPb_xSb_yS_z$ Absorberschicht, siehe Abb. 3.147.

Entsprechend Abb. 3.148, steigen – bei hohem Pb-Gehalt in der Schicht – die Schichtdicken und Depositionsraten mit der Temperatur, $T = RT \dots 200\,°C$. Dies kehrt sich für überwiegende Cu/Sb-Gehalte um. Durchwegs hohe Abscheideraten ergeben sich für $T = 300\,°C$.

Die Realteile der Wellenzahlen fallen, vergleichsweise temperaturunabhängig, mit der Wellenlänge des einfallenden Lichts ab. Die Absorptionskoeffizienten $\alpha_{Sch} = 2k_{Sch,I}$ und Imaginärteile der Wellenzahlen $k_{Sch,I}$ fallen unterhalb der Bandlückenenergie für kleine Prozesstemperaturen deutlich stärker über ein bis zwei Zehnerpotenzen ab als dies bei hohen Temperaturen der Fall ist. Gleiches gilt für die optisch (UV/Vis/NIR Spektroskopie) bestimmten Leitfähigkeiten, siehe Abb. 3.149. Auch die elektrisch (Vier-Spitzen-Messplatz) bestimmten Leitfähigkeiten, Abb. 3.150, sind für $T = 300\,°C$ durchwegs am

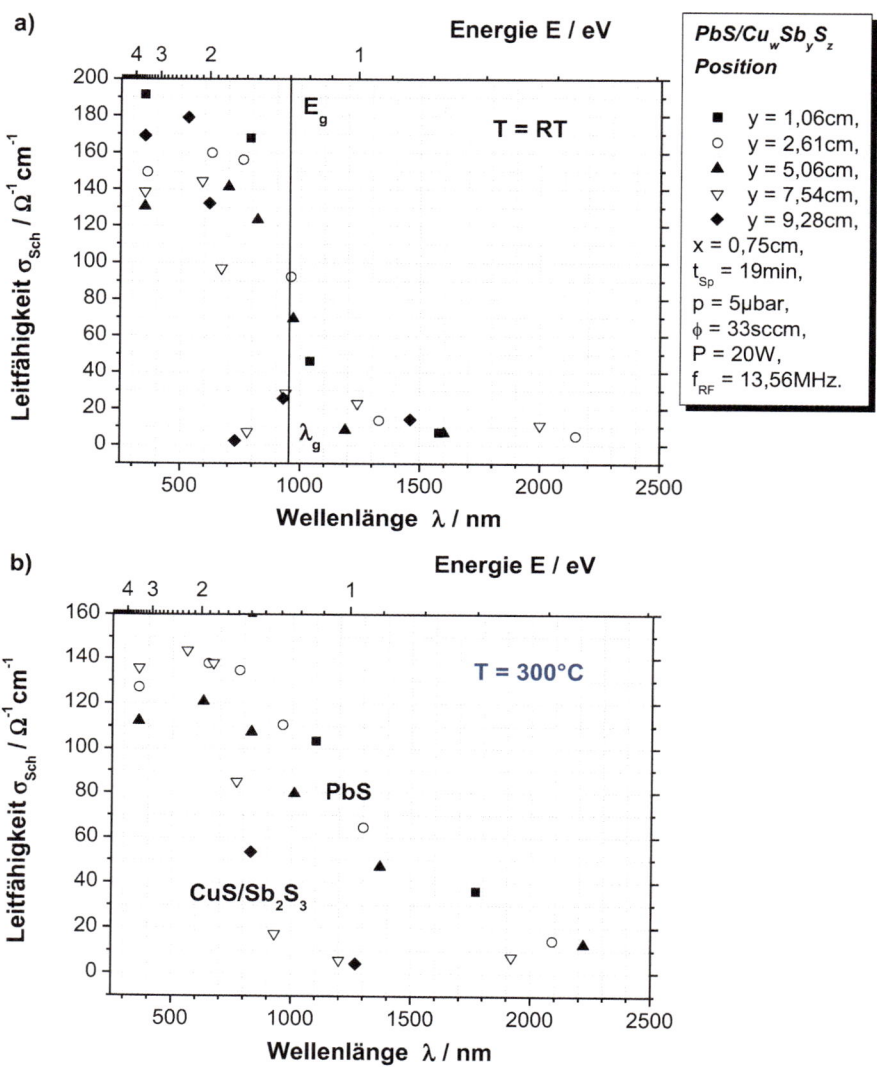

Abb. 3.145 Leitfähigkeiten für PbS/Cu$_w$Sb$_y$S$_z$ Gradienten-Absorberschichten als Funktion von der Wellenlänge und der Energie, sowie des Pb- bzw. Cu/Sb-Gehalts (Position y) der Schicht – **a** gesputtert bei Raumtemperatur, **b** bei $T = 300\,°C$

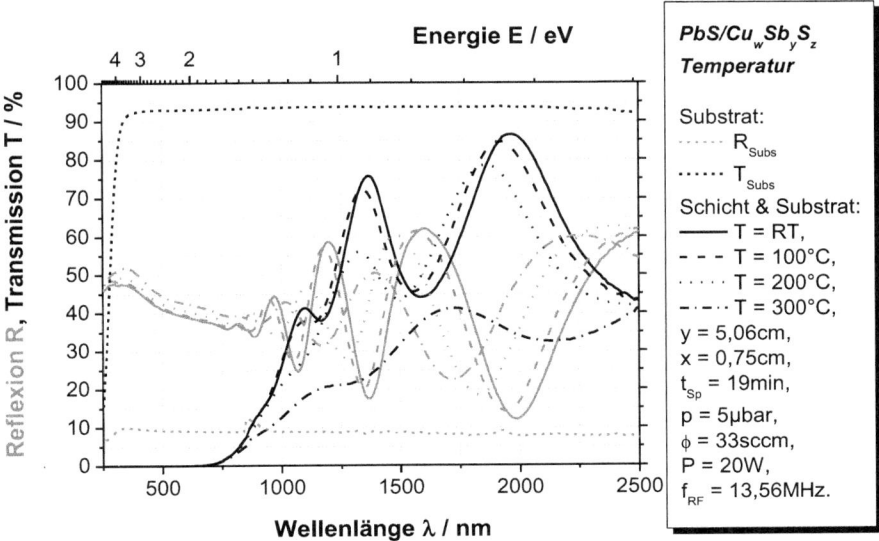

Abb. 3.146 UV/Vis/NIR Reflexions- und Transmissionsspektren für PbS/$Cu_wSb_yS_z$ Gradienten-Absorberschichten als Funktion der Wellenlänge und der Energie, sowie der Temperatur für gleich große Pb- und Cu/Sb-Gehalte in der Schicht

höchsten und nehmen ansonsten mit steigender Temperatur, T = RT ... 200 °C, und steigendem Cu/Sb-Gehalt in den Schichten deutlich ab. Die elektrisch gemessenen Leitfähigkeiten sind erheblich kleiner, als die optisch gemessenen. Dies ist auf die unterschiedlichen, bevorzugt genutzten Bandübergänge zurückzuführen. So erfolgt die Anregung optisch primär über E_g^*, elektrisch über $E_g > E_g^*$.

Abb. 3.151 zeigt den Tauc-Plot zur Bestimmung der Bandlückenenergien für den gesamten untersuchten Energiebereich. Als Beleg dafür, dass durchwegs ausreichend Messpunkte verwendet wurden, sind diese für T = RT eingezeichnet. Zahlreiche Kurvenbereiche erlauben das Ansetzen einer Geraden und führen, über deren Schnittpunkte mit der Abszisse, zu einer Vielzahl möglicher Bandlückenenergien. Weisen diese Werte über $E_g > 3,6$ eV auf, so sind sie auf das zugrunde liegende Substrat zurückzuführen. Die Bandlücke des SiO$_2$-haltigen Glases ($E_{g,SiO2} \approx 8,9$ eV) wird durch enthaltene Flussmittel deutlich herabgesetzt. Negative Bandlückenenergien sind physikalisch nicht sinnvoll. Die verbleibenden beiden Bandlücken, $E_g > E_g^*$, bezeichnen mögliche Übergänge im untersuchten $Cu_wPb_xSb_yS_z$ Absorbermaterial und sind in Tab. 3.20 gelistet.

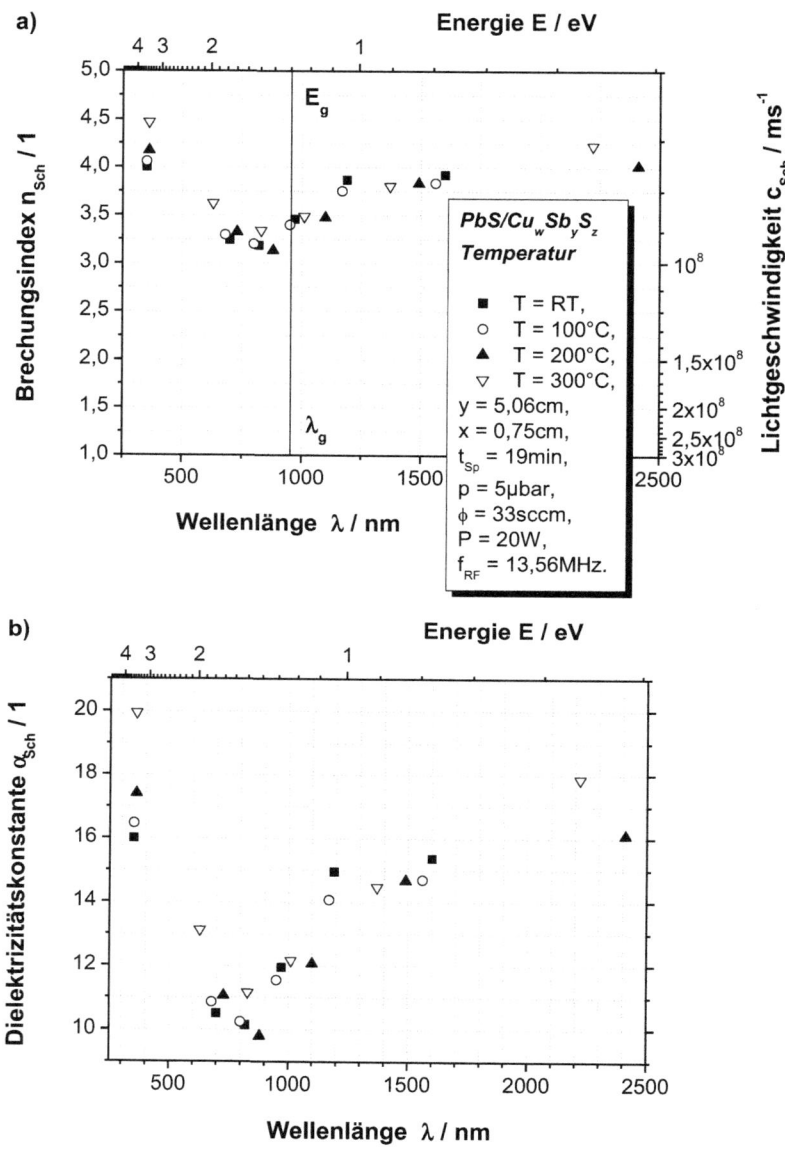

Abb. 3.147 **a** Brechungsindizes, Lichtgeschwindigkeiten und **b** Dielektrizitätskonstanten für PbS/
$Cu_wSb_yS_z$ Gradienten-Absorberschichten als Funktion der Wellenlänge und der Energie, sowie der
Temperatur für gleich große Pb- und Cu/Sb-Gehalte in der Schicht

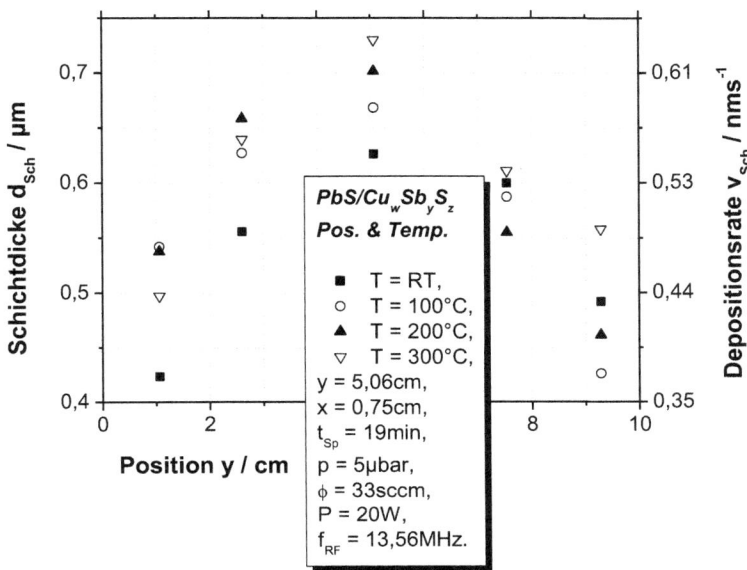

Abb. 3.148 Schichtdicken und Depositionsraten für $PbS/Cu_wSb_yS_z$ Gradienten-Absorberschichten als Funktion der Temperatur und der Pb- und Cu/Sb-Gehalte (Position y) in der Schicht

3.7.1.3 Annealing in Schwefelatmosphäre

Wie schon bei den $SnS/Cu_wSb_yS_z$ und $PbS/Cu_wBi_yS_z$ Schichten soll auch bei den $PbS/Cu_wSb_yS_z$ Absorbern der Einfluss des Schwefelgehalts in der Schicht auf die optoelektronischen Eigenschaften untersucht werden. Zu diesem Zweck wurden auch die gesputterten $PbS/Cu_wSb_yS_z$ Dünnschichten ($P = 20$ W, $f = 13,56$ MHz = RF, $p = 5$ µbar, $\phi = 33$ sccm, $T =$ RT, $t_{Sp} = 19$ min) nachträglich bei Temperaturen zwischen $T_{Ann} =$ Raumtemperatur und $T_{Ann} = 500\,°C$ für $t_{Ann} = 1$ Stunde in Schwefelatmosphäre annealt. Die Spektren der derart nachbehandelten Schichten sind in Abb. 3.152 zu finden.

Die Brechungsindizes der nicht nachbehandelten Schichten streuen etwas um $n_{Sch} = 3,3$. Mit Ausnahme der bei $T_{Ann} = 300\,°C$ und $T_{Ann} = 500\,°C$ in Schwefelatmosphäre annealten Proben, gilt $n_{Sch} = 3,3$ im Absorptionsbereich, $E > E_g$, auch für alle anderen annealten Schichten. Im Transmissionsbereich des Spektrums, $E < E_g$, steigen die Brechungsindizes bis auf $n_{Sch} = 4,2$ an, wenn die Annealing Temperaturen kleiner werden.

Bemerkung
Das außergewöhnliche Verhalten aller Kurven im Wellenlängenbereich $\lambda = 250$ nm … 300 nm ist auf den **Einfluss des Glassubstrats** zurückzuführen. Dies geht aus den Transmissionsspektren der Substrate hervor, vgl. z. B. Abb. 3.152.

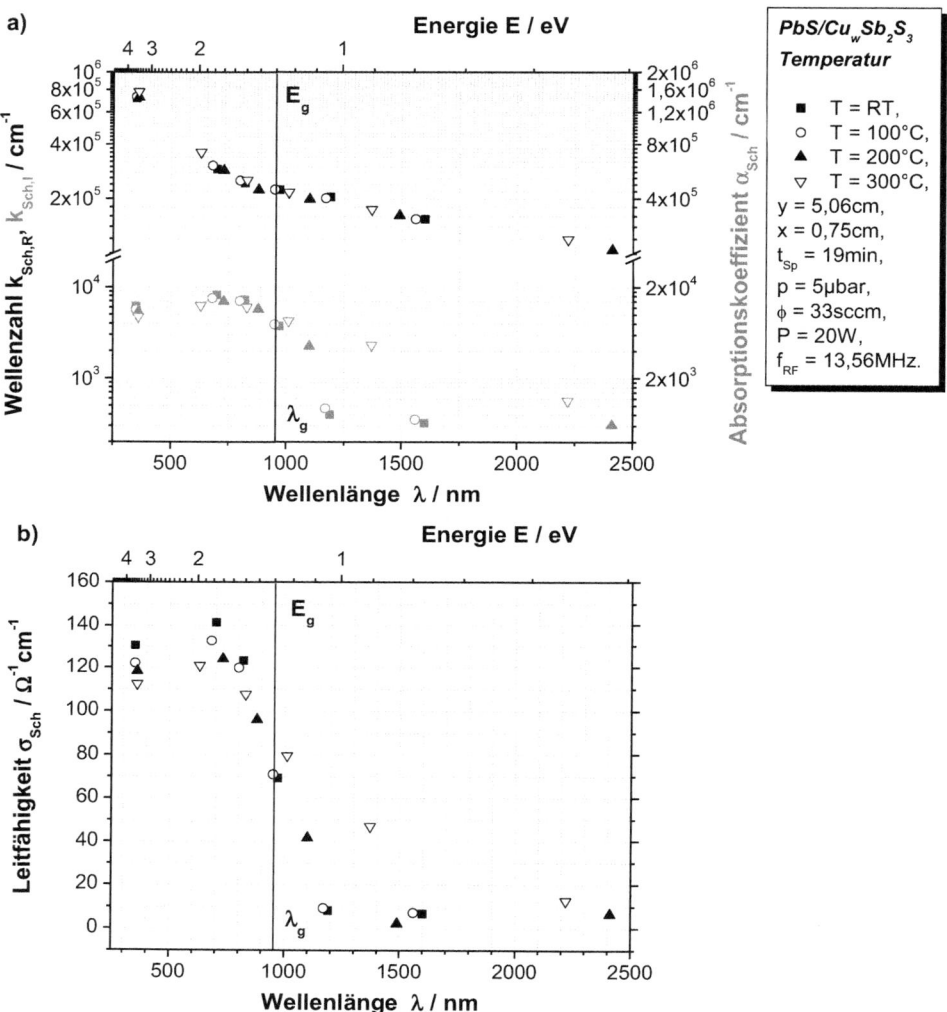

Abb. 3.149 **a** Absorbtionskoeffizienten, Real- sowie Imaginärteile der Wellenzahlen und **b** Leitfähigkeiten für PbS/Cu$_w$Sb$_y$S$_z$ Gradienten-Absorberschichten. Gezeigt ist die Abhängigkeit von der Wellenlänge und der Energie, sowie der Temperatur für gleich große Pb- und Cu/Sb-Gehalte in der Schicht

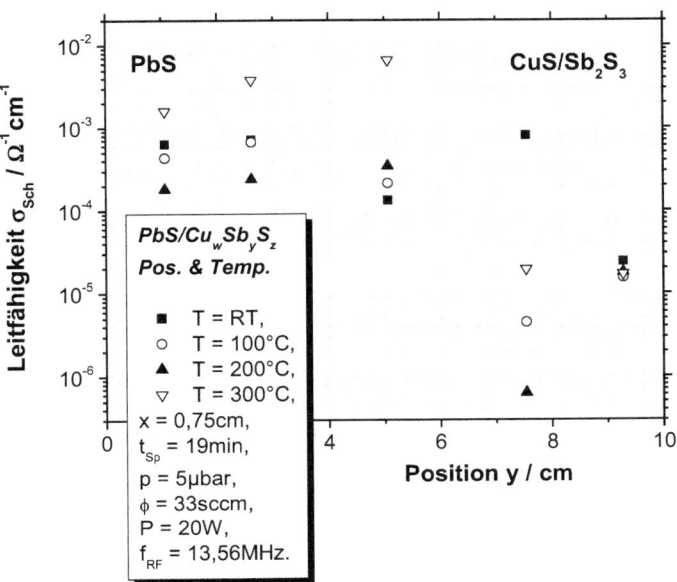

Abb. 3.150 Leitfähigkeiten für PbS/Cu$_w$Sb$_y$S$_z$ Gradienten-Absorberschichten als Funktion der Temperatur und der Pb- und Cu/Sb-Gehalte (Positionen y) in der Schicht

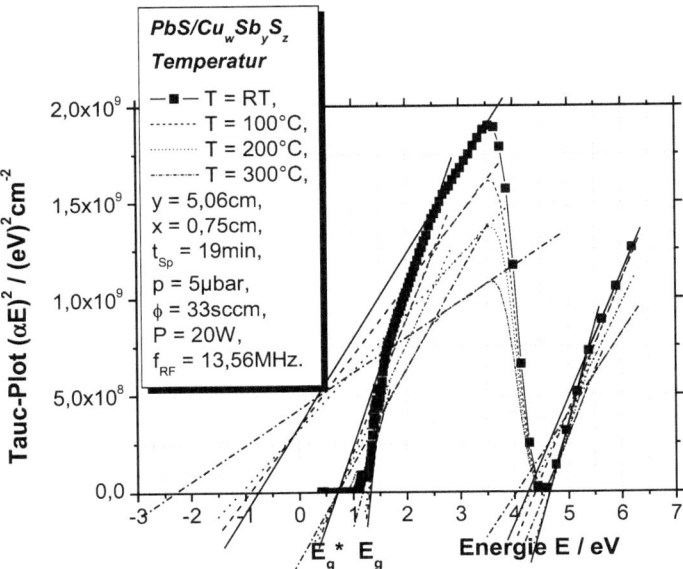

Abb. 3.151 Tauc-Plot zur Bestimmung der Bandlückenenergie für PbS/Cu$_w$Sb$_y$S$_z$ Gradienten-Absorberschichten als Funktion der Temperatur für gleich große Pb- und Cu/Sb-Gehalte in der Schicht

Tab. 3.20 Bandlückenenergien für PbS/
Cu$_w$Sb$_y$S$_z$ Gradienten-Absorberschichten
als Funktion der Temperatur für gleich
große Pb- und Cu/Sb-Gehalte in der
Schicht, vgl. Abb. 3.150

T/°C	E$_g$/eV	E$_g$*/eV
RT	1,33	0,71
100	1,31	0,71
200	1,28	0,71
300	1,19	0,71

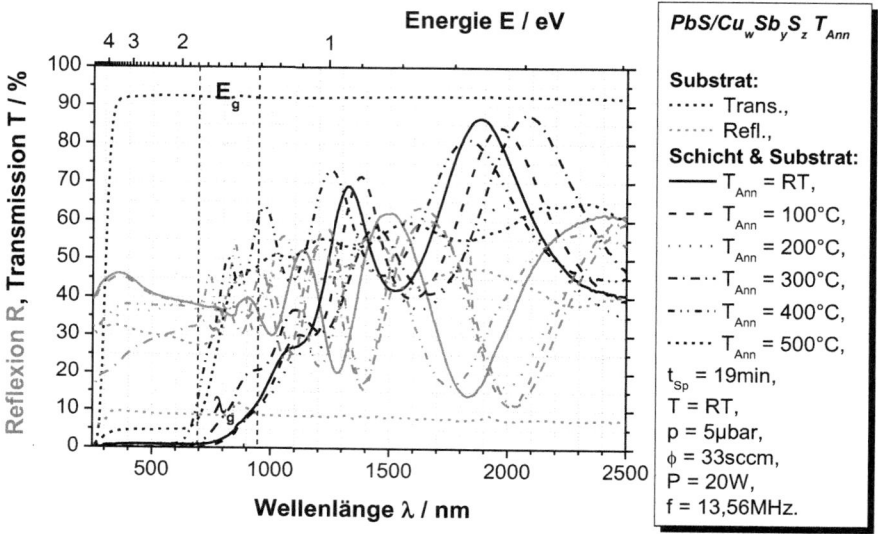

Abb. 3.152 UV/Vis/NIR Reflexions- und Transmissionsspektren für PbS/Cu$_w$Sb$_y$S$_z$ Gradienten-
Absorberschichten als Funktion der Wellenlänge und der Energie, sowie der Annealing-Temperatur
für gleich große Pb- und Cu/Sb-Gehalte in der Schicht

Die Realteile der Wellenzahlen sinken mit steigender Wellenlänge – vernachlässigbar
aber auch mit steigender Annealing Temperatur (Abb. 3.153). Für $E > E_g$ besteht keine
Temperaturabhängigkeit der Absorptionskoeffizienten. Sie scheinen jedoch, bei Energien
im Bereich der Bandlücke, für höhere Annealing Temperaturen deutlich steiler abzufallen,
als für kleine T_{Ann}. Dies gilt jedoch auch für die nicht nachbehandelten Schichten, siehe
Abb. 3.154. So dass der vorhandene Pb/(Cu/Sb)-Gradient in der Schicht dafür zu verant-
worten sein dürfte. Dies geht auch aus Abb. 3.144 sowie aus Tab. 3.21 und 3.22 hervor, in
welchen entsprechend der angegebenen Temperaturen die etwa 7,1 mm breiten Proben um
das Depositionszentrum sortiert sind. Folglich dürfte für die Absorptionskoeffizienten hier
keine nennenswerte Abhängigkeit von der Annealingtemperatur vorhanden sein.

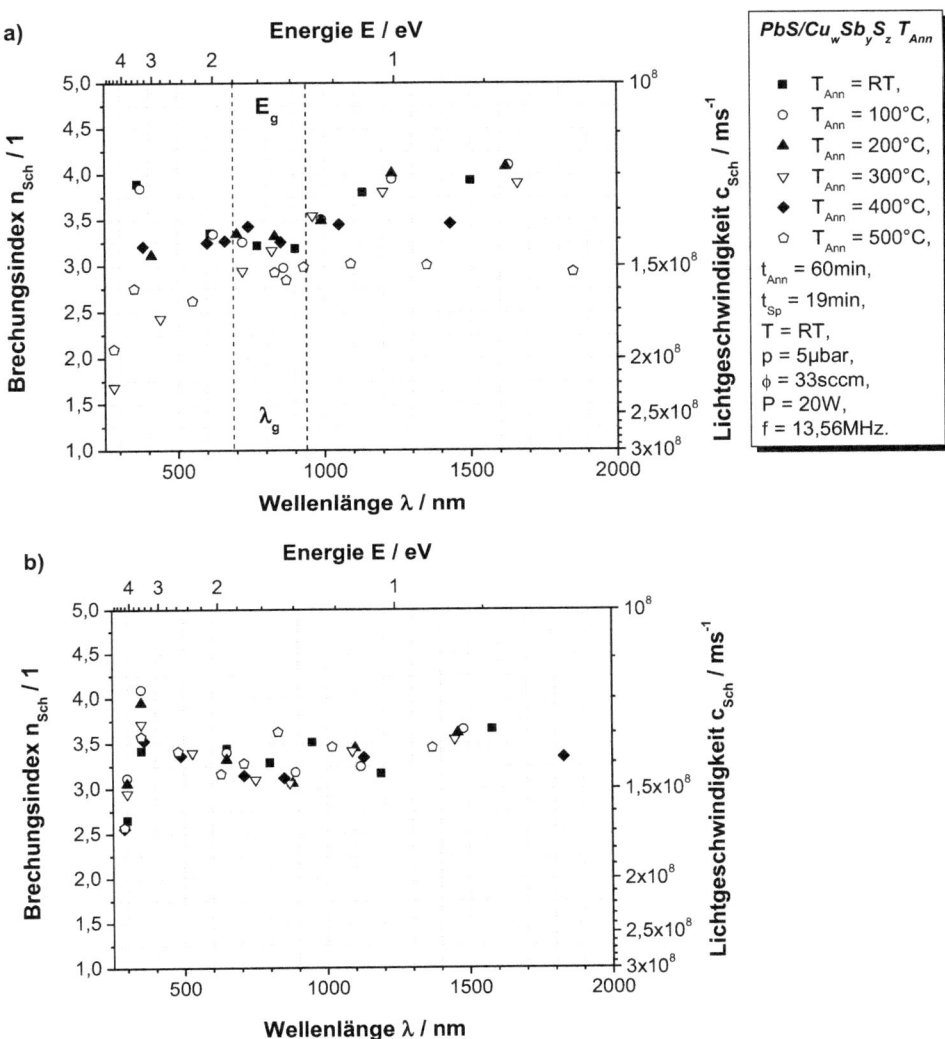

Abb. 3.153 Brechungsindizes und Lichtgeschwindigkeiten für PbS/Cu$_w$Sb$_y$S$_z$ Gradienten-Absorberschichten, die **a** bei unterschiedlichen Temperaturen T$_{Ann}$ für t$_{Ann}$ = 60 min in Schwefelatmosphäre annealt wurden und **b** Referenzproben ohne S-Annealing

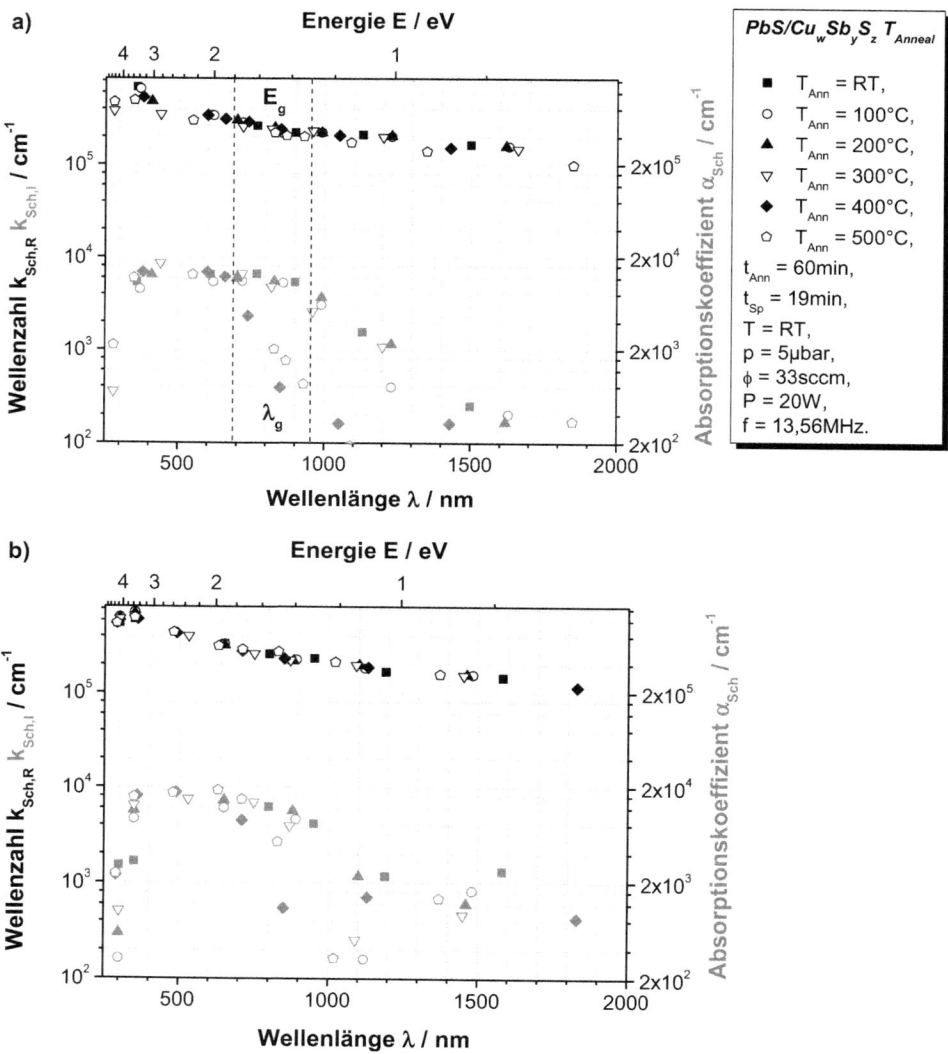

Abb. 3.154 Absorptionskoeffizienten, Real- und Imaginärteile der Wellenzahlen für PbS/Cu$_w$Sb$_y$S$_z$ Gradienten-Absorberschichten, die **a** bei unterschiedlichen Temperaturen T$_{Ann}$ für t$_{Ann}$ = 60 min in Schwefelatmosphäre annealt wurden und **b** Referenzproben ohne S-Annealing

Tab. 3.21 Elektrisch (Vier-Spitzen-Messplatz) gemessene Schichtwiderstände für PbS/Cu$_w$Sb$_y$S$_z$ Gradienten-Absorberschichten, die bei unterschiedlichen Temperaturen T$_{Ann}$ für t$_{Ann}$ = 60 min in Schwefelatmosphäre annealt wurden und für Referenzproben ohne S-Annealing (Messung: Jan Eiberger)

T/°C	ρ_{Sch}/Ωcm	$\rho_{Sch,Ann}$/Ωcm
RT	1292,43	1271,62
100	1314,50	2451,74
200	1449,46	3871,28
300	5013,29	94.821,06
500	103.878,71	217.776,17
400	124.330,26	203.771,76

Tab. 3.22 Bandlückenenergien für PbS/Cu$_w$Sb$_y$S$_z$ Gradienten-Absorberschichten, die bei unterschiedlichen Temperaturen T$_{Ann}$ für t$_{Ann}$ = 60 min in Schwefelatmosphäre annealt wurden und für Referenzproben ohne S-Annealing, vgl. Abb. 3.156

T/°C	RT	100	200	300	500	400
E$_{g,Ann}$/eV	1,22	1,04	2,14	2,45	1,22	2,00
E$_{g,Ann}$*/eV	0,84	0,84	1,02	1,33	0,87	1,17
E$_g$/eV	1,25	1,15	1,16	1,26	1,25	1,29

Hingegen beeinflusst das Annealing die optisch gemessenen Leitfähigkeiten (Abb. 3.155) und die elektrisch gemessenen Schichtwiderstände (Tab. 3.21) durchaus. So werden die optisch gemessenen Leitfähigkeiten ebenso wie die elektrisch gemessenen, für T_{Ann} = RT ... 300 °C, groß. Dies ist jedoch etwas zu relativieren, da die Referenzproben dasselbe Leitfähigkeitsverhalten aufweisen, jedoch nicht so ausgeprägt. Das Annealing in Schwefelatmosphäre beeinflusst auch die Bandlückenenergien. So sind in Abb. 3.156 und Tab. 3.22 für PbS/Cu$_w$Sb$_y$S$_z$ Dünnschichten bei T_{Ann} = 300 °C ± 100 °C, im Vergleich zu den Referenzproben, deutlich erhöhte Bandlücken zu sehen. Entsprechend Abb. 3.157, zeigen die mit T_{Ann} = 300 °C und T_{Ann} = 500 °C hergestellten Proben nach dem Annealing lokal etwas überdurchschnittlich erhöhte Schichtdicken und Depositionsraten – bei Raumtemperatur ändert sich sinnvollerweise nicht viel.

3.7.2 Solarzellen mit Cu$_w$Pb$_x$Sb$_y$S$_z$-Absorberschichten

3.7.2.1 Positions- und Konzentrationsabhängigkeit

Bislang wiesen Standard-Solarzellen mit n-dotierten ZnO:Al TCO-Schichten (ZnO:Al = aluminiumdotiertes Zinkoxid, TCO = Transparent Conducting Oxide) und Molybdän Grundkontakten, vgl. Tab. 3.8 und 3.23, bei Verwendung ternärer Sn$_x$Sb$_y$S$_z$ oder quaternärer Cu$_w$Sn$_x$Sb$_y$S$_z$ Absorberschichten durchwegs vergleichbar ansprechende Wirkungsgrade aus. Dies soll nun auch für PbS/Cu$_w$Bi$_y$S$_z$ Gradienten-Absorberschichten untersucht werden.

Abb. 3.158 und 3.159 zeigen Leerlaufspannungen U_{oc} und Kurzschlussstromdichten j_{sc} für Solarzellen mit TCO-Schichten aus aluminiumdotiertem Zinkoxid (ZnO:Al) und

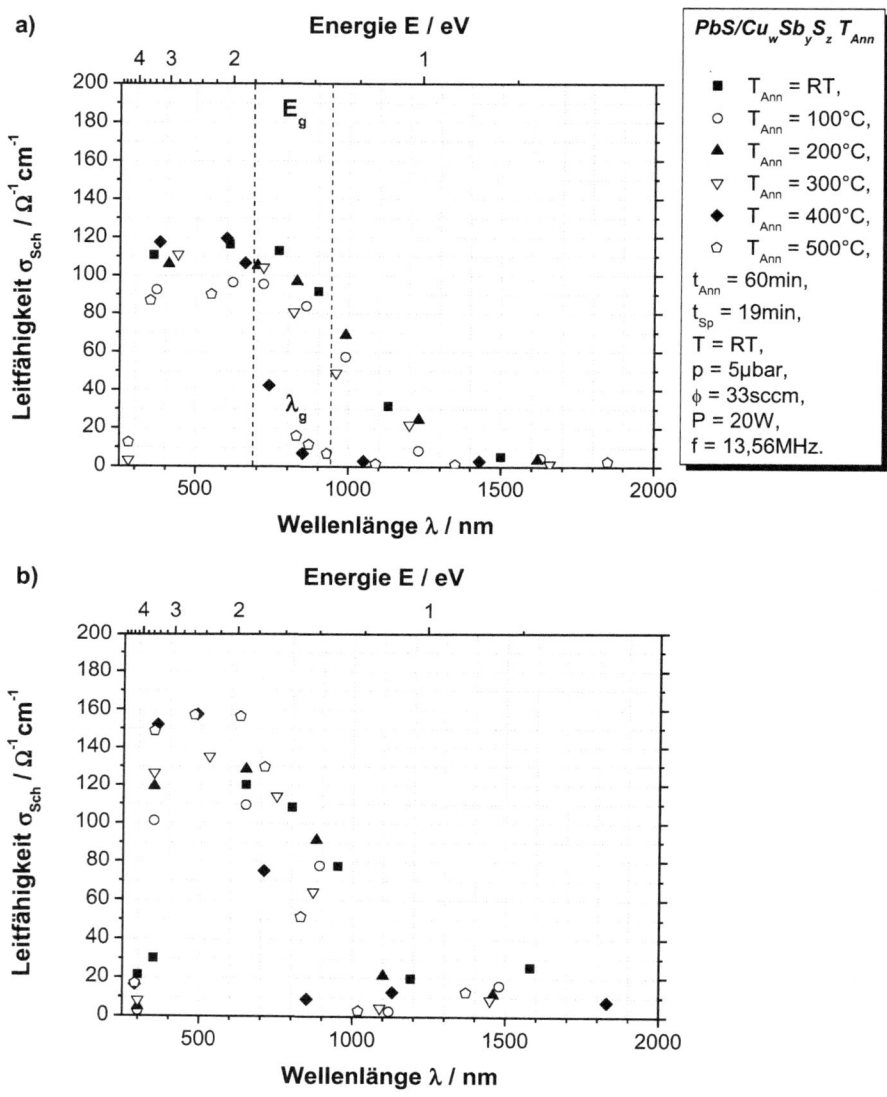

Abb. 3.155 Leitfähigkeiten für PbS/Cu$_w$Sb$_y$S$_z$ Gradienten-Absorberschichten, die **a** bei unterschiedlichen Temperaturen T$_{Ann}$ für t$_{Ann}$ = 60 min in Schwefelatmosphäre annealt wurden und **b** Referenzproben ohne S-Annealing

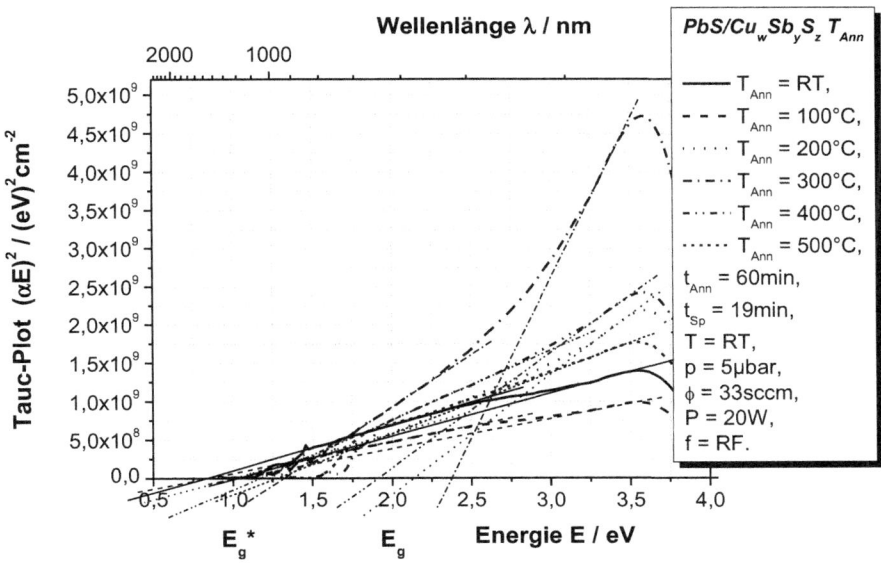

Abb. 3.156 Tauc-Plot zur Bestimmung der Bandlückenenergie für PbS/$Cu_wSb_yS_z$ Gradienten-Absorberschichten, die **a** bei unterschiedlichen Temperaturen T_{Ann} für t_{Ann} = 60 min in Schwefelatmosphäre annealt wurden und **b** Referenzproben ohne S-Annealing

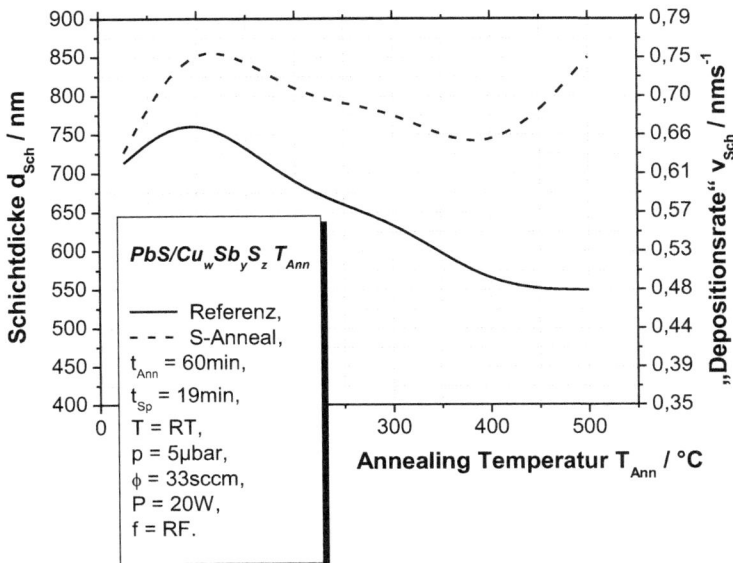

Abb. 3.157 Schichtdicken und „Depositionsraten" für PbS/$Cu_wSb_yS_z$ Gradienten-Absorberschichten, die bei unterschiedlichen Temperaturen T_{Ann} für t_{Ann} = 60 min in Schwefelatmosphäre annealt wurden und für Referenzproben ohne S-Annealing

Tab. 3.23 Prozessdaten für die Herstellung gesputterter Dünnschicht-Solarzellen mit nasschemisch aufgebrachter Cadmiumsulfid Schicht

Schicht	t_{Sp}/min	T/°C	Gas	p/µbar	φ/sccm	P/W	f/Hz	t_{Br}/µs
Mo	10	RT	Ar	3	19	250	0	×
PbS/Cu$_w$Sb$_y$S$_z$	19	RT	Ar	5	33	20	13,56 M	×
S-Tempern	60	500	×	×	×	×	×	×
CdS	5	75	×	×	×	×	×	×
ZnO:Al	15	300	Ar	3	19	250	50	1

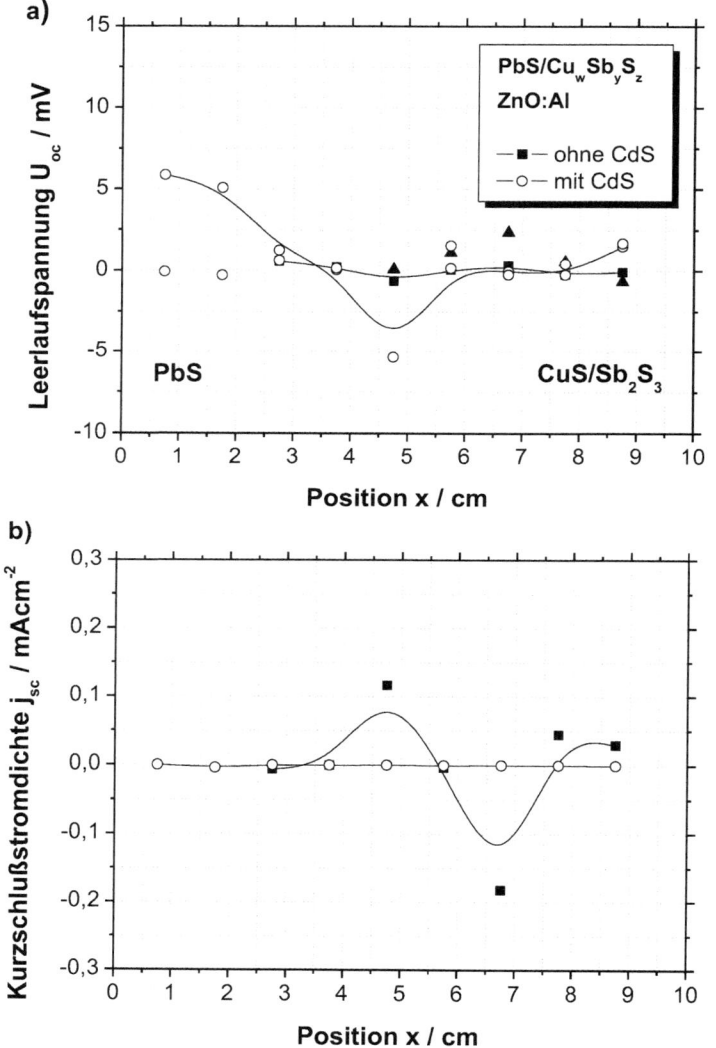

Abb. 3.158 a Leerlaufspannungen und **b** Kurzschlussstromdichten für Standard-Solarzellen mit PbS/Cu$_w$Sb$_y$S$_z$ Gradienten-Absorberschichten, mit/ohne CdS Pufferschichten und mit ZnO:Al TCO-Schichten in Abhängigkeit vom Pb- und Cu/Sb-Gehalt der Absorberschicht (Position x)

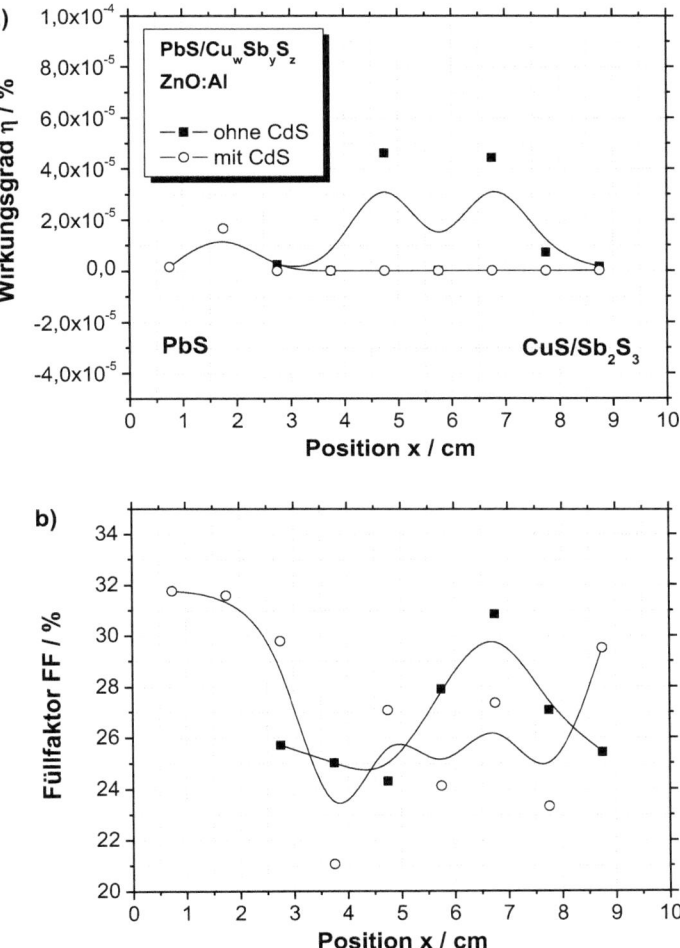

Abb. 3.159 **a** Leerlaufspannungen und **b** Kurzschlussstromdichten für Standard-Solarzellen mit PbS/$Cu_wSb_yS_z$ Gradienten-Absorberschichten, mit/ohne CdS Pufferschichten und mit ITO TCO-Schichten in Abhängigkeit vom Pb- und Cu/Sb-Gehalt der Absorberschicht (Position x)

Indium-Zinn-Oxid (ITO = Indium-Tin-Oxide). In Abb. 3.160 und 3.161 sind die entsprechenden Wirkungsgrade η und Füllfaktoren FF zu sehen. Die Füllfaktoren der Zellen mit ITO TCO-Schichten liegen durchwegs bei etwa 25 %. Unabhängig von der TCO-Schicht, ergeben sich überraschenderweise für kein Pb/(Cu/Sb)-Verhältnis nennenswerte Wirkungsgrade. Daran ändert auch eine optionale Cadmiumsulfid (CdS) Pufferschicht nichts. Von null verschieden werden die Wirkungsgrade eher für höhere Cu/Sb-Gehalte in der Schicht.

Versucht man nun durch S-Annealing bei $T_{Ann} = 500\,°C$ für $t_{Ann} = 1$ Stunde die effektive Dotierung der Schicht zu beeinflussen – und bei dieser vergleichsweise hohen Temperatur auch eine Strukturänderung zu erzwingen, dann verschlechtern sich diese Resultate noch,

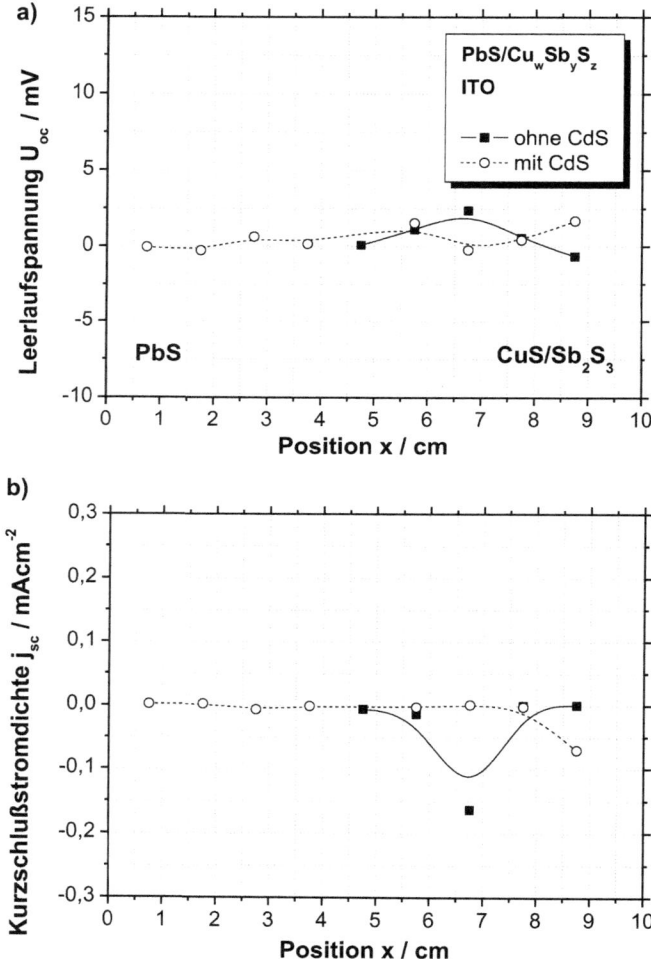

Abb. 3.160 **a** Leerlaufspannungen und **b** Kurzschlussstromdichten für Standard-Solarzellen mit PbS/Cu$_w$Sb$_y$S$_z$ Gradienten-Absorberschichten, mit/ohne CdS Pufferschichten und mit ZnO:Al TCO-Schichten in Abhängigkeit vom Pb- und Cu/Sb-Gehalt der Absorberschicht (Position x)

vgl. Tab. 3.23 und Abb. 3.162. Versucht man letztendlich durch einen Temperschritt mit Luft bei $T_{Temp} = 200\,°C$ und $t_{Temp} = 2$ min noch etwas zu retten, dann verbessern sich zwar die Standardabweichungen der Stromdichte-Spannungskurven, nicht aber die Leerlaufspannungen, Kurzschlussstromdichten und damit die Wirkungsgrade, siehe Abb. 3.163.

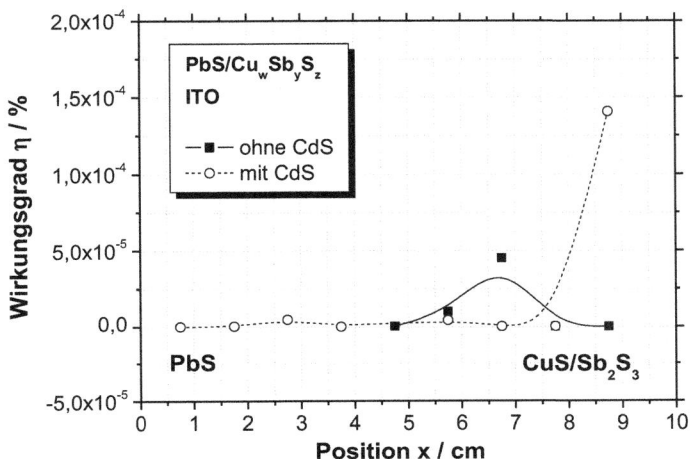

Abb. 3.161 Wirkungsgrade für Standard-Solarzellen mit PbS/Cu$_w$Sb$_y$S$_z$ Gradienten-Absorberschichten, mit/ohne CdS Pufferschichten und mit ITO TCO-Schichten in Abhängigkeit vom Pb- und Cu/Sb-Gehalt der Absorberschicht (Position x)

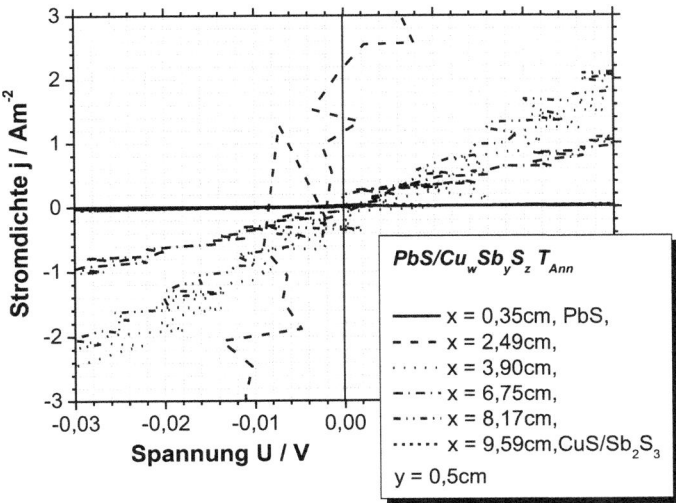

Abb. 3.162 Stromdichte-Spannungs Kennlinien für Standard-Solarzellen in Abhängigkeit vom Pb- und Cu/Sb-Gehalt der Absorberschicht (Position x), vgl. Tab. 3.22. Zu sehen sind Kurven nach einem 500 °C Annealing Schritt für 60 min in Schwefel-Atmosphäre

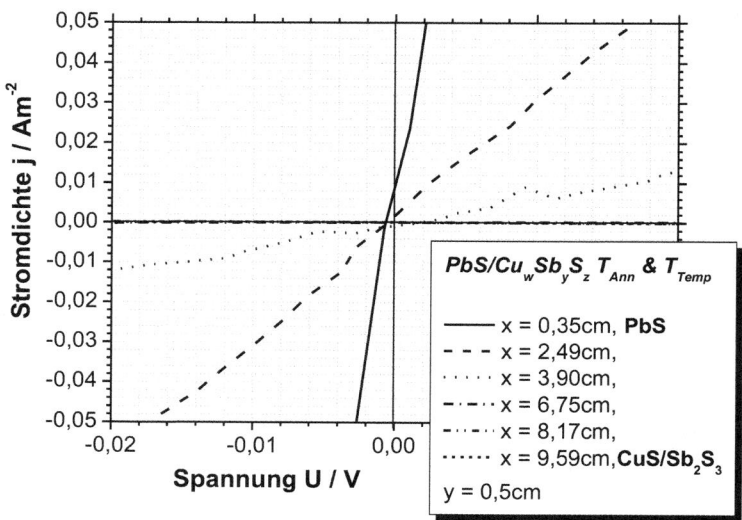

Abb. 3.163 Stromdichte-Spannungs Kennlinien für Standard-Solarzellen in Abhängigkeit vom Pb- und Cu/Sb-Gehalt der Absorberschicht (Position x), vgl. Tab. 3.22. Zu sehen sind Kurven nach einem 500 °C Annealing Schritt für 60 min in Schwefel-Atmosphäre und einem nachfolgenden Temperschritt in Luft, mit einer Temperatur von 200 °C für die Dauer von 2 min

Literatur

1. Medles et al., Thin Solid Films 497, 58–64, 2006.
2. Ahire et al., Materials Research Bulletin 36, 199–210, 2001.
3. Liu et al., Adv. Mater. 15, No. 11, 936–940, 2003.
4. Rincón, Semicond. Sci. Technol. 12, 467–474, 1997.
5. Monteiro et al., Materials Letters 58, 119–122, 2003.
6. Rincón et al., J. Phys. Chem. Solids, Vol. 57, No. 12, 1937–1945, 1996a.
7. Rincón et al., J. Phys. Chem. Solids, Vol. 57, No. 12, 1947–1955, 1996b.
8. V.P. Zakaznova-Herzog et al., Surface Science 600 (2006) 348–356.
9. K.Y. Rajpure, C.H. Bhosale, Mater. Chem. and Phys. 63 (2000) 263–269.
10. S. Messina, M.T.S. Nair, P.K. Nair, Thin Solid Films 515 (2007) 5777–5782.
11. Y. Rodríguez-Lazcano, M.T.S. Nair, P.K. Nair, Jour. Crys. Growth, Vol. 223(3) (2001) 399–406.
12. A.M. Salem, M.S. Selim, J. Phys. D: Appl. Phys. 34 (2001) 12–17.
13. M.Y. Versavel, J.A. Haber, Thin Solid Films 515 (2007) 7171–7176.
14. B. Frumarová, Journal of Non-Crystalline Solids 326&327 (2003) 348–352.
15. N. Tigau, Cryst. Res. Technol. 42(3) (2007) 281–285.
16. T. Kyratsi et al., Adv. Mater. 15(17) (2003) 1428–1431.
17. Z. Zivcovic et al., Thermochimica Acta 383 (2002) 137–143.
18. H. Kim, Thin Solid Films, 377–378 (2000) 798–802.

Anhänge

4

4.1   Anhang A: Verbindungen, ausschließlich mit Zink Zn und Sauerstoff O, entsprechend der Inorganic Crystal Structure Database ICSD 2010/2

Name	Summenformel	Raumgruppe	C Code
Zinc Oxide, Zincite	Zn_1O_1	P63MC	26170
Zinc Oxide	Zn_1O_1	P63MC	29272
Zinc Oxide, Zincite	Zn_1O_1	P63MC	31052
Zinc Oxide, Zincite	Zn_1O_1	P63MC	31060
Zinc Oxide, Zincite	Zn_1O_1	P63MC	34477
Zinc Oxide – Hp	Zn_1O_1	FM3-M	38222
Zinc Oxide, Zincite	Zn_1O_1	P63MC	41488
Zinc Oxide, Zincite	Zn_1O_1	P63MC	52362
Zinc Oxide – Hp	Zn_1O_1	FM3-M	57156
Zinc Oxide, Zincite	Zn_1O_1	P63MC	57450
Zinc Oxide, Zincite	Zn_1O_1	P63MC	57478
Zinc Peroxide	Zn_1O_2	PA3-	60763
Zinc Oxide, Zincite	Zn_1O_1	P63MC	65119 … 65122
Zinc Oxide	Zn_1O_1	P63MC	67454
Zinc Oxide	Zn_1O_1	P63MC	67848
Zinc Oxide	Zn_1O_1	P63MC	67849
Zinc Oxide, Zincite	Zn_1O_1	P63MC	76641
Zinc Oxide	Zn_1O_1	P63MC	82028
Zinc Oxide	Zn_1O_1	P63MC	82029
Zinc Oxide	Zn_1O_1	P63MC	94002

(Fortsetzung)

© Springer Fachmedien Wiesbaden GmbH, ein Teil von Springer Nature 2018
A. Stadler, *Photonik der Solarzellen II*,
https://doi.org/10.1007/978-3-658-23026-5_4

Name	Summenformel	Raumgruppe	C Code
Zinc Oxide	Zn_1O_1	P63MC	94004
Zinc Oxide – Lp, Zincite	Zn_1O_1	P63MC	154486
Zinc Oxide – Hp, Zincite	Zn_1O_1	P63MC	154487 … 154490
Zinc Oxide	Zn_1O_1	P63MC	155780
Zinc Oxide, Zincite	Zn_1O_1	P63MC	157132
Zinc Oxide, Zincite	Zn_1O_1	P63MC	157724
Zinc Oxide – Wurzite-type	Zn_1O_1	P63MC	161836
Zinc Oxide	Zn_1O_1	F4-3M	162753
Zinc Oxide	Zn_1O_1	P63MC	162843
Zinc Oxide	Zn_1O_1	P63MC	163380
Zinc Oxide – B1 … B3	Zn_1O_1	FM3-M, PM3-M, F4-3M	163381 … 163383
Zinc Oxide	Zn_1O_1	P63MC	164209
Zinc Oxide – Nanocrystalline	Zn_1O_1	P63MC	164690
Zinc Oxide	Zn_1O_1	P63MC	165002
Zinc Oxide – Nanocrystalline	Zn_1O_1	P63MC	165009 … 165 014
Zinc Oxide	Zn_1O_1	P63MC	166243
Zinc Oxide – Wurzite-type	Zn_1O_1	P63MC	166353
Zinc Oxide	Zn_1O_1	P63MC	166354 … 166356
Zinc Oxide – Rocksalt-type	Zn_1O_1	FM3-M	166357 … 166360
Zinc Oxide	Zn_1O_1	P63MC	647667
Zinc Peroxide	Zn_1O_2	PA3-	647668
Zinc Oxide	Zn_1O_1	P63MC	647681
Zinc Oxide	Zn_1O_1	F4-3M	647683
Zinc Oxide	Zn_1O_1	F4-3M	656331

4.2 Anhang B: Verbindungen, ausschließlich mit Zink Zn, Sauerstoff O und Aluminium Al entsprechend der Inorganic Crystal Structure Database ICSD 2010/2

Name	Summenformel	Raumgruppe	C Code
Zinc Dialuminium Oxide, Gahnite	$Zn_1Al_2O_4$	Fd-3mZ	9559
Zinc Dialuminium Oxide, Gahnite	$Zn_1Al_2O_4$	Fd-3mS	24494
Zinc Dialuminium Oxide, Gahnite	$Zn_1Al_2O_4$	Fd-3mZ	26849
Zinc Dialuminium Oxide, Gahnite magnesian	$Zn_1Al_2O_4$	Fd-3mS	26856
Zinc Aluminium Ox. (0,3/2,4/4), Gahnite (Al-rich)	$Zn_{0,3}Al_{2,4}O_4$	Fd-3mZ	39473

(Fortsetzung)

Name	Summenformel	Raumgruppe	C Code
Zinc Dialuminium Oxide, Gahnite	$Zn_1Al_2O_4$	Fd-3mS	56118
Zinc Dialuminium Oxide, Gahnite	$Zn_1Al_2O_4$	Fd-3mZ	75091
Zinc Dialuminium Oxide, Gahnite	$Zn_1Al_2O_4$	Fd-3mZ	75098
Zinc Dialuminium Oxide, Gahnite	$Zn_1Al_2O_4$	Fd-3mZ	75628
Zinc Dialuminium Oxide, Gahnite	$(Zn_{0,984}Al_{0,016})$ $(Zn_{1,984}Al_{0,016})O_4$	Fd-3mZ	75629
Zinc Dialuminium Oxide, Gahnite	$(Zn_{0,976}Al_{0,024})$ $(Zn_{1,976}Al_{0,024})O_4$	Fd-3mZ	75630
Zinc Dialuminium Oxide, Gahnite	$(Zn_{0,964}Al_{0,036})$ $(Zn_{1,964}Al_{0,036})O_4$	Fd-3mZ	75631
Zinc Dialuminium Tetraoxide, Gahnite	$(Zn_{0,95}Al_{0,05})$ $(Zn_{1,95}Al_{0,05})O_4$	Fd-3mZ	75632
Zinc Dialuminium Tetraoxide, Gahnite	$(Zn_{0,9643}Al_{0,0357})$ $(Zn_{1,9643}Al_{0,0357})O_4$	Fd-3mZ	75633
Zinc Dialuminium Oxide, Gahnite	$Zn_1Al_2O_4$	Fd-3mZ	94155 … 94183
Zinc Dialuminate (III), Gahnite	$Zn_1(Al_2O_4)$	Fd-3mZ	157692
Zinc Dialuminate, Gahnite	$Zn_1(Al_2O_4)$	Fd-3mZ	163268
Zinc Dialuminate, Gahnite	$Zn_1(Al_2O_4)$	Fd-3mZ	164210
Zinc Dialuminate, Gahnite	$Zn_1(Al_2O_4)$	Fd-3mZ	260584, 260585
Dialuminium Zincate	$Al_2 (Zn_1O_4)$	Fd-3mS	609005

4.3   Anhang C: Verbindungen, ausschließlich mit Zink Zn, Sauerstoff O, Stickstoff N und Aluminium Al entsprechend der Inorganic Crystal Structure Database ICSD 2010/2

Für $Zn_xN_yAl_z$ und $Zn_wO_xN_yAl_z$ existieren keine Einträge in der ICSD 2010/2.

4.4   Anhang D: Verbindungen, ausschließlich mit Indium In, Zinn Sn und Sauerstoff O entsprechend der Inorganic Crystal Structure Database ICSD 2010/2

Name	Summenformel	Raumgruppe	C Code
Indium Tin Oxide (1,94/0,06/3)	$In_{1,94}O_3Sn_{0,06}$	IA3-	50847
Indium Tin Oxide (1,87/0,13/3)	$In_{1,875}O_3Sn_{0,13}$	IA3-	50848
Indium Tin Oxide (1,88/0,12/3)	$In_{1,88}O_3Sn_{0,12}$	IA3-	50849
Tetraindium Tritin (IV) Oxide	$In_4O_{12}Sn_3$	R3-H	85084
Tritin (IV) Tetraindium Oxide	$In_4O_{12}Sn_3$	R3-H	162147 … 162153

4.5   Anhang E: Verbindungen, ausschließlich mit Zinn Sn und Schwefel S, entsprechend der Inorganic Crystal Structure Database ICSD 2010/2

Name	Summenformel	Raumgruppe	C Code
Tin Catena-Trithiostannate	S_3Sn_2	PNAM	15338
Tin Sulfide	S_1Sn_1	PNMA	24376
Tin (IV) Sulfide	S_2Sn_1	P3-M1	29012
Tin Sulfide	S_1Sn_1	PMCN	30271
Tin Trithiostannate	S_3Sn_2	PNMA	31995
Tin Sulfide	S_1Sn_1	PBNM	41739
Tin Sulfide	S_1Sn_1	PNMA	41750
Tin (IV) Sulfide – 2h	S_2Sn_1	P3-M1	42566
Tin (IV) Sulfide	S_2Sn_1	P63MC	43003
Tin (IV) Sulfide	S_2Sn_1	P3-M1	43004
Tin Sulfide	S_1Sn_1	F4-3M	43409
Tin Sulfide – Ht	S_1Sn_1	CMCM	52106
Tin Sulfide	S_1Sn_1	FM3-M	52107
Tin Sulfide – Lt	S_1Sn_1	PNMA	52108 … 52110
Tin Sulfide	S_1Sn_1	C2MB	67442
Tin Sulfide	S_1Sn_1	C2MB	79129
Tin Tin (IV) Sulfide	S_3Sn_2	PNMA	97513
Tin (IV) Sulfide	S_2Sn_1	P3-M1	100610 … 100612
Tin Sulfide – Beta,Ht	S_1Sn_1	CMCM	100672
Tin Sulfide	S_1Sn_1	PBNM	106028 … 106030
Tin Sulfide	S_1Sn_1	PNMA	156130
Tin (IV) Sulfide	S_2Sn_1	P3-M1	602283
Tin Sulfide, Herzenbergite	S_1Sn_1	PNMA	650990
Tin Sulfide (2/1)	S_2Sn_1	P3-M1	650992
Tin (IV) Sulfide, Berndtite-3R	S_2Sn_1	P3-M1	650993
Tin (IV) Sulfide, Berndtite-3R	S_2Sn_1	P3-M1	650996
Tin (IV) Sulfide, Berndtite-3R	S_2Sn_1	P3-M1	650999
Tin Sulfide	S_1Sn_1	CMCM	651004
Tin Sulfide	S_1Sn_1	PNMA	651008
Tin (IV) Sulfide, Berndtite-3R	S_2Sn_1	P3-M1	651010
Tin (IV) Sulfide, Berndtite-3R	S_2Sn_1	P3-M1	651013
Tin Sulfide-Ht	S_1Sn_1	CMCM	651020
Tin (IV) Sulfide, Berndtite-3R	S_2Sn_1	P3-M1	651022
Tin Sulfide, Herzenbergite	S_1Sn_1	PNMA	651025
Tin Sulfide	S_1Sn_1	FM-3M	651015

(Fortsetzung)

Name	Summenformel	Raumgruppe	C Code
Tin Sulfide	S_1Sn_1	PNMA	651018
Tin Sulfide, Herzenbergite	S_1Sn_1	PNMA	651019
Tin Sulfide	S_3Sn_2	PNMA	653956
Tin Sulfide	S_1Sn_1	PNMA	656776
Tin (IV) Sulfide	S_2Sn_1	P3-M1	656779
Tin (IV) Sulfide	S_2Sn_1	P3-M1	656217

4.6   Anhang F: Verbindungen, ausschließlich mit Zinn Sn, Schwefel S und Kupfer Cu, entsprechend der Inorganic Crystal Structure Database ICSD 2010/2

Name	Summenformel	Raumgruppe	C Code
Tetracopper (I) Tetrathiostannate	$Cu_4S_4Sn_1$	PNMA	833
Copper Tin Sulfide	$Cu_1S_8Sn_{3,75}$	F4-3M	32525
Copper Tin Sulfide	$Cu_{2,66}S_{3,99}Sn_{1,33}$	F4-3M	43532
Tetracopper(I) Heptatin Sulfide	$Cu_4S_{16}Sn_7$	R3-MH	50964
Dicopper(I) Tin(IV) Sulfide, Kuramite	$Cu_2S_3Sn_1$	I-42M	50965
Dicopper Tin Trisulfide – Monoclinic	$Cu_2S_3Sn_1$	C1C1	91762
Tetracopper Tin (IV) Sulfide	$Cu_4S_6Sn_1$	R3-MH	88972
Tetracopper(I) Heptatin (IV) Sulfide	$Cu_4S_{16}Sn_7$	R3-MH	154696
NN	$Cu_{5,32}S_8Sn_{2,68}$	I4-2D	628882

4.7   Anhang G: Verbindungen, ausschließlich mit Bismut Bi und Schwefel S, entsprechend der Inorganic Crystal Structure Database ICSD 2010/2

Name	Summenformel	Raumgruppe	C Code
Bismuth Sulfide	Bi_2S_3	PBNM	30775
Bismuth (II) Sulfide	Bi_1S_1	B2MM	67650
Bismuth (II) Sulfide	Bi_1S_1	FM2M	69495
Bismuth Sulfide	Bi_1S_1	F2MM	79515
Bismuth Sulfide	Bi_2S_3	PBNM	89323 … 89325
Bismuth Sulfide	Bi_2S_3	PNMA	153946 … 153953
Dibismuth Trisulfide	Bi_2S_3	PNMA	171570
Bismuth Sulfide, Bismuthinite	Bi_2S_3	PNMA	171863 … 171865
Bismuth Sulfide	Bi_2S_3	PMCN	201066
Bismuth Sulfide	Bi_2S_3	PNMA	617028

4.8 Anhang H: Verbindungen, ausschließlich mit Zinn Sn, Bismut Bi und Schwefel S, entsprechend der Inorganic Crystal Structure Database ICSD 2010/2

Hier sind in der ICSD 2010/2 keine Eintragungen vorhanden. Lediglich eine Stoffverbindung mit zusätzlichem Antimon Sb wäre hier entsprechend der Eintragungen in der Datenbank denkbar, da auch Prozesse mit Antimon mit dieser Kammer realisiert werden.

Name	Summenformel	Raumgruppe	C Code
Bismuth Antimony Tin Sulfide (0,3/1,7/2/5)	$Bi_{0,3}S_5Sb_{1,7}Sn_2$	PMCN	35241

4.9 Anhang I: Verbindungen, ausschließlich mit Zinn Sn, Bismut Bi, Schwefel S und Kupfer Cu, entsprechend der Inorganic Crystal Structure Database ICSD 2010/2

Hier sind in der ICSD 2010/2 keine Eintragungen vorhanden.

4.10 Anhang J: Verbindungen, ausschließlich mit Blei Pb, Bismut Bi, Schwefel S und Kupfer Cu, entsprechend der Inorganic Crystal Structure Database ICSD 2010/2

Name	Summenformel	Raumgruppe	C Code
Gladite	$Bi_5Cu_1Pb_1S_9$	PBNM	167
Lead Copper (I) Bismuth Sulfide, Aikinite	$Bi_1Cu_1Pb_1S_3$	PNMA	9120
Copper (I) Lead Bismuth Sulfide, Aikinite	$Bi_1Cu_1Pb_1S_3$	PNMA	14245
Nuffieldite	$Bi_{2,5}Cu_1Pb_{2,5}S_7$	PBNM	15229
Hodruskite	$Bi_5Cu_4Pb_1S_{11}$	A12/M1	24462
Copper (I) Lead Tribismuth Sulfide, Krupkaite	$Bi_3Cu_1Pb_1S_6$	PMC21	30776
Cosalite	$Bi_2Cu_{0,06}Pb_{1,75}S_{4,5}$	PBNM	30780
Copper (I) Lead Bismuth Sulfide, Aikinite	$Bi_1Cu_1Pb_1S_3$	PNMA	36278
Lindstroemite	$Bi_3Cu_1Pb_1S_6$	PMC21	41892
Copper (I) Lead Tribismuth Sulfide, Krupkaite	$Bi_3Cu_1Pb_1S_6$	PB21M	41970
Gladite	$Bi_5Cu_1Pb_1S_9$	PBNM	41971

(Fortsetzung)

Name	Summenformel	Raumgruppe	C Code
Hammarite	$Bi_4Cu_2Pb_2S_9$	PBNM	60156
N.N.	$Bi_{6,5}Cu_{1,435}Pb_{1,5}S_{12}$	PMC21	89857
Paarite	$Bi_{6,4}Cu_{1,6}Pb_{1,6}S_{12}$	PMCN	92980
Emilite	$Bi_{21,3}Cu_{10,7}Pb_{10,7}S_{48}$	PMC21	94739
Gladite	$Bi_{6,67}Cu_{1,33}Pb_{1,33}S_{12}$	PMCN	95923
Gladite	$Bi_{6,37}Cu_{1,63}Pb_{1,63}S_{12}$	PMCN	95924
Krupkaite	$Bi_{6,05}Cu_{1,95}Pb_{1,95}S_{12}$	PMC21	95925
Krupkaite	$Bi_6Cu_2Pb_2S_{12}$	PMC21	95926
Krupkaite	$Bi_{5,64}Cu_{2,24}Pb_{2,36}S_{12}$	PMC21	95927
Gladite	$Bi_5Cu_1Pb_1S_9$	PMCN	156636
Gladite	$Bi_{6,65}Cu_{1,32}Pb_{1,37}S_{12,3}$	PMCN	156637
Gladite	$Bi_{6,667}Cu_{1,333}Pb_{1,333}S_{12}$	PMCN	156638
Gladite	$Bi_{6,43}Cu_{1,55}Pb_{1,59}S_{12,02}$	PMCN	156639
Paarite	$Bi_{6,32}Cu_{1,64}Pb_{1,68}S_{12}$	PMCN	156640
Salzburgite	$Bi_{6,38}Cu_{1,6}Pb_{1,62}S_{12}$	PMCN	156641
Krupkaite	$Bi_6Cu_2Pb_2S_{12}$	PMCN	156642
Paderaite	$Bi_{11,34}Cu_{7,32}Pb_{1,34}S_{22}$	P121/M1	156651
Lindstroemite	$Bi_{5,6}Cu_{2,5}Pb_{2,4}S_{12}$	PMCN	160416
Krupkaite	$Bi_6Cu_2Pb_2S_{12}$	PMC21	160417
Lindstroemite	$Bi_{5,6}Cu_{2,66}Pb_{2,4}S_{12}$	PMCN	160418
Krupkaite	$Bi_6Cu_2Pb_2S_{12}$	PMC21	160419
Lindstroemite	$Bi_7Cu_3Pb_3S_{15}$	PBNM	200113
Felbertalite	$Bi_8Cu_2Pb_6S_{19}$	C12/M1	411110
Krupkaite	$Bi_3Cu_1Pb_1S_6$	PNMA	616594
Aikinite	$Bi_1Cu_1Pb_1S_3$	PNMA	616595
Nuffieldite	$Bi_5Cu_2Pb_5S_{14}$	PNMA	654103
Hammarite	$Bi_4Cu_2Pb_2S_9$	PNMA	654124
Cosalite	$Bi_{16}Cu_{0,48}Pb_{14}S_{36}$	PNMA	654134
Lindstroemite	$Bi_7Cu_3Pb_3S_{15}$	PNMA	654151
Gladite	$Bi_5Cu_1Pb_1S_9$	PNMA	655341

4.11 Anhang K: Verbindungen, ausschließlich mit Antimon Sb und Schwefel S, entsprechend der Inorganic Crystal Structure Database ICSD 2010/2

Name	Summenformel	Raumgruppe	C Code
Antimony Sulfide	S_3Sb_2	PNMA	22176
Antimony Sulfide – Ht	S_3Sb_2	PBNM	26751
Antimony Sulfide	S_3Sb_2	PBNM	30779

(Fortsetzung)

Name	Summenformel	Raumgruppe	C Code
Antimony Sulfide	S_3Sb_2	PCMN	41929
Antimony Sulfide (9,8/15)	$S_{15}Sb_{9,8}$	C12/C1	60818
Antimony Sulfide	S_3Sb_2	PMMM	82871
Antimony Sulfide – Ii	S_3Sb_2	P21NM	85302
Antimony Sulfide	S_3Sb_2	PNMA	95555 … 95558
Antimony Sulfide	S_3Sb_2	PNMA	99794 … 99800
Diantimony Trisulfide	S_3Sb_2	PNMA	171568
Antimony Sulfide	S_3Sb_2	PNMA	171850 … 171853
Antimony Sulfide (2/3)	S_3Sb_2	PNMA	650806
Antimony Sulfide (2/3)	S_3Sb_2	PNMA	650808
Antimony Sulfide (2/3), Stibnite	S_3Sb_2	PNMA	650810
Antimony Sulfide (2/3), Stibnite	S_3Sb_2	PNMA	653959

4.12 Anhang L: Verbindungen, ausschließlich mit Zinn Sn, Antimon Sb und Schwefel S, entsprechend der Inorganic Crystal Structure Database ICSD 2010/2

Name	Summenformel	Raumgruppe	C Code
Tin Antimony Sulfide (4/6/13)	$S_{13}Sb_6Sn_4$	I12/M1	26332
Tritin Antimony (III) Hexasulfide	$S_6Sb_2Sn_3$	PNMA	29354
Diantimony Ditin Sulfide	$S_5Sb_2Sn_2$	PNMA	35641
Diantimony Ditin Sulfide	$S_6Sb_2Sn_3$	PNMA	48100
Hexatin Decaantimony Sulfide	$S_{21}Sb_{10}Sn_6$	C12/M1	60009
Tin Antimony Sulfide (5/2/9)	$S_9Sb_2Sn_5$	PBCA	200500
Tin Antimony Sulfide (4/6/13)	$S_{13}Sb_6Sn_4$	C12/M1	653855

4.13 Anhang M: Verbindungen, ausschließlich mit Zinn Sn, Antimon Sb, Schwefel S und Kupfer Cu, entsprechend der Inorganic Crystal Structure Database ICSD 2010/2

Hier sind in der ICSD 2010/2 keine Eintragungen vorhanden.

4.14 Anhang N: Verbindungen, ausschließlich mit Blei Pb, Antimon Sb, Schwefel S und Kupfer Cu, entsprechend der Inorganic Crystal Structure Database ICSD 2010/2

Name	Summenformel	Raumgruppe	C Code
Copper (I) Lead Trithioantimonate (III), Bournonite	$Cu_1Pb_1S_3Sb_1$	PN21M	14303
Copper Lead Antimony Sulfide (1/13/7/24), Meneghinite (subcell)	$Cu_1Pb_{13}S_{24}Sb_7$	PBNM	31126
Copper (I) Lead Antimony Sulfide, Bournonite	$Cu_1Pb_1S_3Sb_1$	PN21M	36477

Ihr Bonus als Käufer dieses Buches

Als Käufer dieses Buches können Sie kostenlos das eBook zum Buch nutzen.
Sie können es dauerhaft in Ihrem persönlichen, digitalen Bücherregal
auf **springer.com** speichern oder auf Ihren PC/Tablet/eReader downloaden.

Gehen Sie bitte wie folgt vor:

1. Gehen Sie zu **springer.com/shop** und suchen Sie das vorliegende Buch
   (am schnellsten über die Eingabe der eISBN).
2. Legen Sie es in den Warenkorb und klicken Sie dann auf:
   zum Einkaufswagen/zur Kasse.
3. Geben Sie den untenstehenden Coupon ein. In der Bestellübersicht wird
   damit das eBook mit 0 Euro ausgewiesen, ist also kostenlos für Sie.
4. Gehen Sie weiter **zur Kasse** und schließen den Vorgang ab.
5. Sie können das eBook nun downloaden und auf einem Gerät Ihrer Wahl lesen.
   Das eBook bleibt dauerhaft in Ihrem digitalen Bücherregal gespeichert.

EBOOK INSIDE

eISBN	978-3-658-23026-5
Ihr persönlicher Coupon	WzK8tacwBnqjzgB

Sollte der Coupon fehlen oder nicht funktionieren, senden Sie uns bitte
eine E-Mail mit dem Betreff: **eBook inside** an **customerservice@springer.com**.